农药最大残留限量和膳食摄入风险评估培训手册

联合国粮食及农业组织农药残留专家联席会议　编

单炜力　简　秋　主译

中国农业出版社
联合国粮食及农业组织
北京，2012 年

本出版物的原版系英文，即 *Evaluation of Pesticide Residues for Estimation of Maximum Residue Levels and Calculation of Dietary Intake - Training Manual*，由联合国粮食及农业组织于2012年出版。此中文翻译由中华人民共和国农业部农药检定所安排并对翻译的准确性及质量负全部责任。如有出入，应以英文原版为准。

ISBN 978-92-5-507114-0（粮农组织）
ISBN 978 7 109 17543-3

《农药最大残留限量和膳食摄入风险评估培训手册》译委会名单

主　审：叶纪明

主　译：单炜力　简　秋

译　者（按姓氏拼音排序）：

段丽芳　董丰收　董　崭　龚　勇

郭素静　柯昌杰　简　秋　刘光学

刘新刚　朴秀英　乔雄梧　秦冬梅

单炜力　宋稳成　孙建鹏　徐　军

徐　启　张琬菁　郑尊涛

序　言

　　本手册的编写目的在于让学员了解农药残留联席会议（JMPR）农药残留评估的程序及做法，最初是为 2010 年 11 月布达佩斯培训讲习班准备的，如今它已被编译成单一文稿。

　　本手册第一部分（1～13 章）涵盖了相关议题，并从众多农药残留评估报告中选取了大量实例加以说明。为满足培训班小组实训需求，本手册以实训操作为背景安排了一些练习，便于学员快速入门。幻灯片版的演示文稿是为各议题授课准备的，供培训班使用。

　　由于农药残留评估领域已形成了部分专用术语，许多缩略词都有其独特意义，我们在每章的最后都将本章出现的术语以术语表的形式列出，方便学员学习查找。

　　"学员对课程形式的评价"是用来收集培训班学员意见的。

Árpád Ambrus 和 Denis Hamilton

2011 年 11 月补充：

根据 2011 年在阿克拉、曼谷和圣保罗举办培训班的经验，我们对试用版的培训手册进行了修订，主要变动包括：

- 补充了更多的练习，并依章节关系对习题加以编号，如"练习 10.1"表示与第十章的议题有关。

- 将每一章相关议题的培训班讲义纳入到各自章节中。和以前的幻灯片形式不同，此次培训班讲义采用大纲格式，便于查找其中内容。

- 将习题讲解纳入培训手册中，更有助于未参加培训班的人员自学。某些题目没有给出答案（如编写报告摘要），因为答案不唯一，或涉及重要内容。此时答题人之间的互评或培训机构均可为习题解答提供指导。

- 提供了电子版计算器及工作表单，供培训班使用。电子版计算器是一款电子制表软件，可用于膳食中残留农药摄入量的计算、家畜对

饮食中残留农药耐受力计算以及克鲁斯凯-沃利斯检验。工作表单为
WORD 文档空白工作表，便于练习时使用。

Árpád Ambrus 和 Denis Hamilton

目　　录

第 一 部 分

1 农药残留联席专家会议残留评估导论

引言

概述

评估专家的任务

培训班讲义——引言及概述

培训班讲义——评估专家的任务

引言

近年来，农药残留评估规程日趋复杂，人们对农药残留联席会议（JM-PR）及食品法典农药残留委员会（CCPR）的工作日趋关注，对 JMPR 培训手册需求明显。

同时，FAO 也多次收到请求，要求编写一本在农药残留评估培训中使用的培训手册。2010 年，FAO 的 JMPR 秘书杨永珍女士启动了编写 JMPR 农药残留评估手册项目。该手册适于培训班使用，也适于读者自学。

2008 年首次发行的《〈FAO/WHO 农药标准制定和使用〉手册》推动了农药残留评估培训手册的出版。

1997 年发行了第一版 FAO 农药残留评估手册（通常简称为《JMPR/FAO 评估手册》），2009 年进行了修订。书中全面描述了 FAO-JMPR 工作组有关农药残留的要求及分析方法。该书对农药残留工作者不可或缺，对相关农药主管部门更好地执行农药管理法规也非常有用。

目前，农药评估领域已形成了其独有的专业术语，其单词和短语都有其特定含义，本领域之外的人往往容易混淆。例如，良好农业操作规范（GAP）、为害、风险、暴露、摄入、安全间隔期、审批使用、良好农业操作规范关键措施、每日允许摄入量、周期复评审、残留定义等，每一术语的出现都有其历史背景，都经过了长期的争辩与讨论。对于那些不太熟悉这些术语的人员而言,《JMPR/FAO 评估手册》的使用可能较难。

通常,人们更容易通过实例学习。本培训手册就是通过具体实例讲解的,但是选择的这些实例远不能涵盖农药评估领域各个方面,甚至有可能受到某方面的误导。因此,我们必须依靠《JMPR/FAO 评估手册》来获得更为全面的信息。

本手册的编写目的在于全面介绍农药评估的各个方面,提供丰富的背景信息,便于人们充分理解《JMPR/FAO 评估手册》中的详细信息。其重点在于评估农药残留数据,推荐农药最大残留限量,评估适于膳食暴露和风险评估的农药残留量。

JMPR 评估程序一直在改进,每年的更新都以综合报告的形式录入到 JMPR 报告里。JMPR 评估对问题的预见性促进了科学研究的发展,这正是 JMPR 的优势。例如,人们已经看到 10～15 种风险评估领域中的进展。

用于计算长短期膳食摄入量及家畜可承受摄取量的电子表格模型目前已被普遍使用。如果不按照模型的应用范围使用,那么就有可能产生没有意义的结果。正确使用该模型应了解计算和评估过程中的特定案例,因此本培训手册将列举很多案例。

许多人建议培训手册应有助于人们设计和实施规范残留试验。《JMPR/FAO 评估手册》也提供了这方面资料。然而,这是一个复杂过程,书中内容不能完全替代实际规范残留试验方面的实践经验。

编写本培训手册不是为了培训人们规范残留试验,也不是为了讲授农药、分析化学、耕作方法或食品加工知识。

农药残留数据评估人员应理解相关准则的局限性和评估中数据及参数的不确定性。此外,还应该明确数据点或计算值是趋近于不确定度的中间,还是偏于保守。

需说明的是,对准则的理解应符合当时的评估背景而不应无限制地加以类推,在没有理由的情况下不能超越形成初期的背景而进行更广泛的外推。

概述

评估首先要清晰所鉴定的农药,并描述其理化性质。农药理化性质对理解它在代谢、分析方法、制剂及环境方面的一般行为非常重要。

代谢及环境归趋试验是确定残留定义的基础。代谢包括在生物体内的运输或迁移过程,以及转变为代谢物或降解产物过程,也包括在植物表面的光解过程。应依据在饲料及食品上残留代谢试验结果确定残留定义。

残留采样和分析提供了大量试验数据。分析中应重视良好操作规范，理解相关化学过程，核查数据的有效性，使用有效的提取方法提取目标残留物，所有这些对于准确数据的产生都是必需的。残留样品储存期间其存储条件不应导致残留物浓度发生变化或使残留物的性质发生改变。

选择便于执行和适合风险评估的残留定义需要开展大量试验研究：异构体组成、水解、光解等的农药化学特性，农药在试验动物、家畜及作物体内的代谢，分析方法，各种代谢物的毒性。如果一种农药是另一种农药的代谢物或者两种农药产生同一种代谢物，这将使情况更加复杂化。

整个过程的核心部分是评估规范试验数据，向食品法典委员会（CAC）推荐农药最大残留限量（MRLs）和风险评估所用的规范残留试验中值（STMR）和最高残留值（HR）。许多影响残留量的因素必须予以考虑，如施药次数、施药量、农药剂型、施用适期以及安全间隔期等。尽量从规范残留试验研究中准确提取数据并审核其有效性。

如果能够在一组农产品上得到足够的残留数据，并且这些数据预期会在该组农产品中出现，此时可推荐组 MRLs。比如农药在一组作物上登记，MRLs 适用于相应的农产品组。

食品中的某些残留物来源于环境中曾作农药使用的持久性化合物，如农业中使用的滴滴涕（DDT）。这些残留物与所登记的用途无关，因此正常的数据要求和评估方法不适用，应通过对监测数据的评估制定再残留限量（EMRL）。这些残留物通常在风险评估中占较高百分比，使贸易受到影响。

香料为小宗作物，大多情况下无足够的费用来支付残留试验，目前在特定情况下，是用残留监测数据制定 MRLs 的，并通过风险评估建立香料或香料组的限量标准。

当初级农产品被加工成加工食品（如将水果加工成果汁，小麦加工成面包）时，初级农产品中的农药残留可能会被浓缩、稀释、破坏或转化成其他化合物。应进行加工试验以确定食品加工过程中农药残留物的浓度和特性，必要时进行膳食风险评估并制定加工食品中 MRLs。

家畜饲喂试验是通过饲料中农药残留水平预测肉、奶、蛋中农药残留水平。农药残留也可能来源于为防治家畜寄生虫而直接进行的药物处理。两种来源的残留物的残留评估过程中必须一致，结果才能被用于膳食风险评估及制定 MRLs。

在膳食风险评估过程中，食品中农药残留量评估要与居民膳食结构数据相结合以评估膳食摄入量，并与每日允许摄入量（ADI）以及急性参考剂量（ARfD）相比较。许多计算完全靠电子表格进行，但是为了获得有效结果，需要认真选择正确残留数据及食品消费数据。

当风险评估结果符合要求时，JMPR 就可以将估算的最大残留水平推荐为最大残留限量建议值，这样农药残留评估就完成了。

评估专家的任务

评估专家的任务就是将现有试验数据和支持信息转变成可接受的食品、饲料残留标准。

农药残留评估是基于基础化学科学的，但还需与农业、畜牧业、环境归趋、风险评估以及管理原则结合获得结论。

保证评估的科学性是非常重要的，评估专家要集齐全部经验、专业背景知识于评估过程中。与个人相比团队知识面广、经验丰富，团队努力一般会产生更为一致的结果。

评估专家应审阅与主题相关的公开科学文献，但也有可能会发现评估专家从未遇到的、提交的数据中从未论述过的议题或问题。

评估专家准备的评估文件必须整齐、简洁，因为不必要的细节或前后矛盾的文件往往让人难以获得明确的数据框架。

绘制评估数据表是评审过程的一部分，评估专家要做的首要一点是对那些有争议的数据作出决定。要么不列入汇总表，要么列入但做个脚注，以引起对其有效性问题的重视。

对于某些未提供相关信息数据的重点内容，评估专家应特别注意。例如，对于那些在切碎条件下样品中不稳定的农药残留，却没有提供样品在保存前是切碎状态还是未切碎状态。

对评估专家而言，有效性、合理性、可靠性等问题不断出现，这类问题常要求评估专家从另一角度审视所提供的信息，或从另一方面搜索所有相关信息。

对有效性、合理性、可靠性，可从以下几点来审视：

有效性：

——有合理的分析方法吗？

——在规定的残留水平上测试相关基质时，方法产生的结果可接受吗？

——在添加回收率试验中，针对共轭残留物选用的标准品是什么？

——为什么分析方法不考虑水解？

合理性：

——为什么这种化合物在家禽体内是脂溶性的，而在山羊体内却不是？

——残留物是以鲜重还是干重表示的？

——在提交的数据中，为什么在冷冻储藏稳定性试验中，起始点的回收率通过"分析回收率"计算，而之后以"剩余百分率"计算？

可靠性：

——这些结果真实吗？

——报告为什么不提供分析方法？

——为什么在最低检测浓度下 5 个分析回收率恰好都是 100%？

——为什么仅能提供一个总结报告？

评估状况通常较复杂，即便能够得到全面、合理的试验结果，也可能有多种解释，要求评估专家去判断，以保证结果的真实性、实用性和一致性。

只有当结果是建立在透明的科学程序和有效的方法及数据上时，评估专家的工作才算圆满。

培训班讲义——引言及概述

1. 农药残留评估培训

引言

2. 培训班目标

- 通过具体实例导入主题，提供丰富的知识背景帮助学员理解《JM-PR/FAO 评估手册》中的详细信息。
- 介绍评估过程要点及其逻辑关系。
- 强调应用基础科学和以往经验的重要性，以保障正确表述实验数据，避免得出无效结论。
- 帮助农药登记程序尚不完备的国家和地区做好农药残留数据评估。

3. 背景

- 与最大残留水平估算及膳食暴露评估相关的程序已变得很复杂。
- 《JMPR/FAO 评估手册》（1997 年首次发行，2002 年和 2009 年两次修订）全面描述了 JMPR 评估原则和要求。该书有助于相关农药主管部门更好地实施农药管理。

- 不熟悉本学科术语的人不能很好地使用这本《FAO/JMPR 评估手册》。
- FAO 多次收到请求，要求编写一本用于农药残留评估的培训手册。
- 2008 年首次发行的《〈FAO/WHO 农药标准制定与使用〉培训手册》，加快了农药残留培训手册的出版。

4. JMPR 工作原则

- JMPR 评估程序一直在改进，每年的更新都以综合报告的形式录入到 JMPR 报告里。JMPR 评估对问题的预见性促进了科学研究的发展，这也是 JMPR 的优势。
- 对准则的理解应符合当时的评估背景而不应无限制的加以类推，在没有理由的情况下不能超越形成初期的背景而进行更广泛的外推。
- JMPR 是以团队形式进行评估工作的，这样能更好地利用不同专家的经验和知识。

5. 农药评估过程概述

1) 农药的准确鉴定及其理化性质描述。
2) 代谢及环境归趋试验为确定来源于作物及家畜的农产品中残留物特性提供了重要数据，也有助于确定市场监管和风险评估的残留定义。
3) 取样及分析产生了大量残留试验所需的数据。核实操作规程的适用性对获得有效结果至关重要。

6. 农药评估过程概述

4) 用于监测及风险评估残留定义的选择需要对许多内容进行检测：包括农药的异构体组成、水解、光解等化学特性，农药在试验动物、家畜及作物体内的代谢，分析方法，各种代谢物毒性。如果一种农药是另一种农药的代谢物或者两种农药产生同一种代谢物，这会使情况更加复杂化。
5) 选择合适的用于评估的试验是评估者的关键任务，因为这将影响整个评估结果。

7. 农药评估过程概述

6) 评估管理试验数据是整个过程的核心部分，目的是为了制定易被食品法典采纳的 MRLs 及用于风险评估的 STRMs 和 HRs。必须考虑许多影响残留量的因素，如施药次数、施药量、农药剂型、施用时期以及安全间隔期等。尽量从规范的残留试验中准确选取数据并核实其有效性。

7) 如果在一组农产品上能够得到足够的残留数据，并且这些数据预期会在该组农产品中出现，此时可推荐组 MRLs。比如农药在一组作物上登记，MRLs 适用于相应的农产品组。

8. 农药评估过程概述

8) 食品中的某些残留物来源于环境中曾作农药使用的持久性化合物，如农业中使用的 DDT。残留物与所登记的用途无关，因此正常的数据要求和评估方法不适用，应通过对监测数据的评估制定再残留限量（EMRL）。这些残留物通常在风险评估中占较高百分比，使贸易受到影响。

9) 香料为小宗作物，大多情况下无足够的费用来支付残留试验，目前在特定情况下，是用残留监测数据制定 MRLs 的，并通过风险评估建立香料或香料组的限量标准。

9. 农药评估过程概述

10) 当初级农产品被加工成加工食品（如将水果加工成果汁，小麦加工成面包）时，初级农产品中的农药残留可能被浓缩、稀释、破坏或转化成其他化合物。应进行加工试验确定食品加工过程中农药残留物的浓度和特性，必要时进行膳食风险评估并制定加工食品中 MRLs。

11) 家畜饲喂试验是通过饲料中农药残留水平预测肉、奶、蛋中农药残留水平。农药残留也可能来源于为防治家畜寄生虫而直接进行的药物处理。两种来源的残留物的残留评估过程必须一致，此时结果才能用于膳食风险评估及制定 MRLs。

10. 农药评估过程概述

12) 在膳食风险评估过程中，食品中农药残留量评估要与居民膳食结构数据相结合以评估膳食摄入量，并与每日允许摄入量（ADI）以及急性参考剂量（ARfD）相比较。许多计算完全靠电子表格进行，但是为了获得有效结果，需要认真选择正确残留数据及食品消费数据。

13) 当风险评估结果符合要求时，JMPR 就可以将估算的最大残留水平推荐为最大残留限量建议值，这样农药残留评估就完成了。

培训班讲义——评估专家的任务

1. 评估专家的任务
2. 目的

讲解 JMPR 中农药残留评估专家的任务。

3. 任务

评估专家的任务就是将现有实验数据和支持信息转变成可接受的农畜产品残留规范。

4.

农药残留评估是基于基础化学科学的，但还需与农业、畜牧业、环境归趋、风险评估以及管理原则结合来获得结论。

5. 保证科学性

评估专家应该：
——集齐全部专业经验、知识于评估过程中。
——以团队形式工作。团队的努力一般会产生更为一致的结果。
——审阅与主题相关的公开科学文献，但也有可能发现评估专家从未遇到的、提交的数据中从未论述过的相关议题或问题。

6. 评估文件

- 评估专家应准备整齐、简洁的评估文件。
- 绘制评估数据表是评估过程的一部分——此阶段取决于数据的有效性。
- 评估专家应特别留意对于某些未提供相关信息数据的重点内容。

7. 有效性、合理性、可靠性

- 有效性：数据与结论合理吗？证实了吗？

- 合理性：结果及结论是科学理论与先前经验所期望的吗？
- 可靠性：对某些结果的来源有疑问吗？

8. 有效性

- 实用可行的方法。
- 确保数据有效性的方法。
- 共轭残留物的有效数据——标准品是什么？
- 为什么从分析方法中删去了水解步骤？

9. 合理性

- 为什么这种化合物在家禽体内是脂溶性的，而在山羊体内却不是？
- 残留物是以鲜重还是干重表示的？
- 冷冻储藏条件下检测——"分析回收率"与"剩余百分率"间的问题？

10. 可靠性

- 这些结果真实吗？
- 报告为什么不提分析方法？
- 为什么在最低检测浓度下 5 个分析回收率恰好都是 100％？
- 为什么仅有一个可用的汇总报表？

11. 复杂性

- 评估状况通常较复杂，即便在所要求的试验都能到位且状况良好的情况下亦是如此。
- 同一试验结果的多种解释都有效。
- 需要评估专家去判断，达到真实性、实用性、一致性的结果。

12.

当最终结果是明显建立在科学规程、有效方法和数据的基础之上时，评估专家的工作便圆满结束了。

2 鉴定和理化性质

鉴定

理化性质

JMPR 对于理化性质的要求

理化性质数据的评估

本章旨在辨识及描述试验物质、描述那些与其在环境、家畜、作物、食品、食品加工、分析方法中的行为有关的性质。

《JMPR/FAO 评估手册》的相关部分

鉴定

鉴定目的在于明确鉴定出试验物质。

《JMPR/FAO 评估手册》[①] 在 3.2.1 中列出了鉴定所需要的数据：

——国际标准化组织（ISO）规定的通用名称

——化学名称

 国际纯粹与应用化学联合会（IUPAC）

 美国化学文摘

——美国化学文摘服务社（CAS）登记号

——国际农药分析合作理事会编号

——别名

——化学结构式

---

① http：//www. fao. org/agriculture/crops/core-themes/theme/pests/pm/jmpr/jmpr-docs/en/

——分子式

——分子量

在农药通用名一览表网站①上信息很容易被找到。该网站上提供了 ISO 通用名称和它的地位、国际理论和应用化学联合会（IUPAC）和美国化学文摘名称、CAS 登记号、化学结构式和分子式。

国际农药分析合作理事会编号可以在国际农药分析合作理事会（CIPAC）手册和 CIPAC 网站②上找到。

正确地进行分类命名需要专业的知识和经验。例如首选的 IUPAC 名称。但是 2004 年改变了规则，所以之前准备的名字可能与最终的版本不一样。③

别名包括商业名称和工业代码。例如四螨嗪的商业名称是"阿波罗"（Apollo），工业代码是 NC21314、SN 84866 和 AE B084866。

因为评估试验需要依靠这些代码来描述化合物、同分异构体以及转化产物，所以了解工业代码是非常重要的。同一个化合物的同分异构体、外消旋体和盐可能有不同的工业代码。

实例——草铵膦（JMPR，1998）

草铵膦	外消旋体	L-同分异构体	R-同分异构体
游离酸	AE F035956	AE F057740	AE F090532
铵 盐	AE F039866	AE F058192	AE F093854
盐酸盐	AE F035125	AE F057742	AE F057741

如果市场上可以买到不同的同分异构体或者多种同分异构体的混合物时，试验物质的准确鉴定是非常重要的。例如，氯氰菊酯含有多种同分异构体。鉴定时需要进行同分异构体含量的定量分析。

---

① http：//www. alanwood. net/pesticides/

② http：//www. cipac. org/index. htm

③ Kober R and Bünzli-Trepp U. 2010 年第 54 届 CIPAC 和第 9 届 JMPS 年会 . http：//www. cipac. org/datepla. htm .

实例——氯氰菊酯

同分异构体	氯氰菊酯 CAS 52315-07-8	alpha-氯氰菊酯 CAS 67375-30-8	zeta-氯氰菊酯 CAS 52315-07-8
1R，cis-R	14	—	3
1S，cis-S	14	—	22
1R，cis-S	11	50	22
1S，cis-R	11	50	3
1R，trans-R	14	—	3
1S，trans-S	14	—	22
1R，trans-S	11	—	22
1S，trans-R	11	—	3

CAS 登记号

美国化学文摘服务社有一条非常实用的方法来分配 CAS 登记号。

如果一个复配不同于生物源的化学物或者部分纯化的反应混合物，那么它就会获得一个登记号。这个复配被默认为是非立体构型的物质，因此有可能会遇到相同登记号的具有可能立体构型混合物，却未声明。

识别的要点在于 CAS 登记号可能不是唯一的识别符。

以氯氰菊酯为例，zeta-氯氰菊酯包括在氯氰菊酯的 CAS 登记号里。

理化性质

"physico-chemical properties"，"physical-chemical properties" 和 "physical and chemical properties" 表达的都是相同的意思。

JMPR 的要求都列在了《JMPR/FAO 评估手册》里。

纯活性成分的理化性质有：

——外观

——蒸气压（mPa，规定温度下）

——熔点

——辛醇/水分配系数（规定 pH 和温度下）

——溶解度（规定温度下水和有机溶剂中）

——比重（g/cm^3，规定温度下）

——水解（规定 pH 和温度下）

——光解

——电离常数

——热稳定性

在登记前政府需要有效成分的理化性质的数据，因此数据通常都是可以得到的[①]，包括蒸气压、熔点、水溶性、特定 pH 下辛醇/水分配系数、电离常数、水解率（包括水解产物的鉴定）、水中的光解作用（包括光解产物和有机溶剂中的溶解度）。

通过下面这个简单的例子，可以容易理解"纯有效成分"的描述，即不管来源是否相同，真正的纯有效成分都应该有相同的理化性质，其中不同来源的不同实验值应该是测量误差的反映，而不是真值的不同。

由于有效成分是混合物，不同来源的纯有效成分的组成可以不一样，并且理化性质可能不完全一样。比如，顺反比例为 40∶60 拟除虫菊酯类化合物与 50∶50 和 30∶70 的组成在纯度上没有影响。

不同来源的纯有效成分的混合物可能没有相同的组成或性质，如非对映异构体混合物。

JMPR 对于理化性质的要求

了解物质的理化性质是认识其新陈代谢、分析方法、剂型和环境归趋的前提条件。

蒸气压

纯物质的蒸气压可用于：

——了解一些应用中的扩散和熏蒸；

——了解食品加工过程中的行为和蒸发可能造成的损失；

——了解储藏残留样品的分析方法，如痕量色谱等进行时潜在的困难。

熔点

纯物质的熔点可用于：

——相对纯物质纯度的简单测定方法；

——核实据蒸气压作出的可能推断（通过蒸气压所做出的简单推断是不可靠的）。

---

① OECD 国家农药登记资料要求.

　　http://www.olis.oecd.org/olis/1994doc.nsf/LinkTo/ocde-gd（94）47.

分解温度

纯物质的分解温度可用于：

——理解分析方法中的行为，比如气相色谱分析过程中的行为。

水溶性

应该明确物质在水中的溶解度和其盐的溶解度（或者其他的衍生物）之间的差异。当一个化合物溶于某种缓冲溶液，可能会有一种或几种盐出现，这种情况下测定的溶解度将包括溶解的盐。

测定水溶性的一些方法可能不适用于游离态有机化合物。例如，相比于原来用做测定的缓冲溶液，溶解充分的有机化合物可能会形成更强的缓冲溶液。

低水溶性可能意味着在水中稳定，即使在水解和差向异构化的水溶剂环境内，如果化合物有很低的水溶性，即使其在水溶液中发生水解或异构化，化合物在水存在的剂型或环境中依然稳定。

水溶性可用于：

——判定化合物是否是内吸性的；

——解释哺乳类动物排泄物质的途径；

——了解环境归趋；

——了解分析方法中化合物的行为。

辛醇/水分布系数

辛醇/水分布系数可用于：

——预测脂溶性；

——预测食品加工过程化合物中的行为；

——了解分析方法中化合物的行为。

解离特征

解离特征可用于：

——解释不同 pH 下的水溶性；

——解释不同 pH 下的辛醇/水分配系数（P_{ow}）；

——了解分析方法中化合物的行为。

水解作用特点

水解作用的特点可用于：

——预测样品的储藏稳定性；

——预测环境中混合物的组成变化。

水解作用试验中需要检测手性化合物的差向异构化。

光解作用特点

光解作用的特点可用于：

——理解环境归趋；

——若对光敏感，分析方法应包括提前采取的措施。

光解作用试验中需要检查手性化合物的差向异构化。

理化性质数据的评估

每项性质的试验清单

1) 供试物的鉴定。

2) 供试物的纯度。

3) 试验方法描述及引用［如经济合作与发展组织（OECD）方法］。

4) 试验条件。根据不同的试验，条件包括温度范围、试验溶液的浓度、试验的持续时间等。

5) 计算方法。

6) 报告的理化性质和部分温度（如果数值受温度影响）。

7) 报告的理化性质数据是否和提供的原始数据一致？

理化性质报告实例——噻虫胺（JMPR，2010）

性质	结　果	参考文献	指导方法
蒸气压	纯度 99.7% 1.3×10^{-7} mPa（25℃） 3.8×10^{-8} mPa（20℃）（外推）	Morrisey and Kramer, 2000，THP-0026	EEC A4
熔点	纯度 99.7% 176.8℃	Kamiya and Itoh, 2000, THP-0018	OECD 102
辛醇/水分配系数	研究 1，纯度 99.7% log K_{ow} = 0.7，不含缓冲剂，未标明 pH（25.0℃）	Morrisey and Kramer, 2000，THP-0013	OECD 117
	研究 2，纯度 99.7% log K_{ow}=0.893，pH 4，25℃ log K_{ow}=0.905，pH 7，25℃ log K_{ow}=0.873，pH 10，25℃	O'Connor and Mullee, 2001，THP-0065	EEC A8
溶解度	研究 1，纯度 99.7% 0.327g/L，水中，20℃	Morrisey and Kramer, 2000，THP-0013	OECD 105
	研究 2，纯度 99.7% 0.304g/L，pH 4 缓冲液（0.01mol/L 苯二甲酸氢钾）中，20℃ 0.340g/L，pH 10 缓冲液（0.002mol/L 四硼酸钠：0.004mol/L 氯化钠）中，20℃	O'Connor and Mullee, 2001，THP-0065	OECD 105

要点

——需标明每种试验供试物的纯度。

——需标明记录的每项性质的温度。

——在不同情况下选择 OECD 或欧洲经济共同体（EEC）方法。

——每项测量值的单位有明确规定。

理化性质报告实例——氯氰菊酯（JMPR，2008）

性　质	结　果		参考文献
熔点（纯度 98.3％，顺：反＝37.6：62.4）	41.2～47.3℃		40/30‑D2149（CYP/C65）
辛醇/水分配系数（纯度98.3％，顺：反＝37.6：62.4）	log P_{ow}＝5.3～5.6 4 种成分		40/30‑D2149（CYP/C65）
5μg/L 缓冲液和乙腈中的水解速率（放射化学纯度99％），持续 28d。（半衰期由表中的速率常数计算而得。）	pH 3,25℃，顺,反	＜10％二聚水合，28d	Takahashi *et al.* 1985a
	pH 7，25℃，顺	＜10％二聚水合，28d	
	pH 7，25℃，反	半衰期＝136d	
	pH 11，25℃，顺	半衰期＝38min	
	pH 11，25℃，反	半衰期＝23min	

要点

——标明每种试验供试物的纯度。

——由于氯氰菊酯是混合物，因此需标明混合物的组成。

——在水解作用的试验中，在试验期间（28d）如果化合物减少小于10％，那么认为半衰期不可计算。

——在水解作用的试验中，顺反异构体的半衰期分开计算。

实例——高效氟吡甲禾灵蒸气压的测定（JMPR，2009）

2009 年，JMPR 评估了一项试验，此试验在 59.35～103.9℃的温度范围内的实验材料上测得蒸气压，推测 25℃时的结果。试验材料是一种熔点为 107～108℃的白色块状粉末。即以 59.35～103.9℃固体上的测量值推断 25℃下固体的结果。

然而，精氟吡甲禾灵的熔点为 70.4～74.5℃，而氟吡甲禾灵的熔点为107℃，所以供试物可能是氟吡甲禾灵而非精氟吡甲禾灵。

高效氟吡甲禾灵

评估专家应该注意供试物的鉴定以及结果

的有效性。

要点

——蒸气压力测量是在温度低于供试物熔点的情况下外推 25℃时的结果。

——供试物的熔点与已知供试物精氟吡甲禾灵的熔点不一样时，应质疑供试物的鉴定结果。

实例——氰戊菊酯的水解作用（JMPR，2002）

在 25℃黑暗条件下，pH 7～9，浓度约为 50 μg/L 的无菌缓冲水溶液中测定氰戊菊酯水解率。数据汇总于表1。

在 28 d 内，pH 7 的条件下氰戊菊酯及其差向异构体的总水解率太小而不能测定。在 pH 9 的情况下氰戊菊酯及其差向异构体的总体的半衰期约为 64 d。

在水解作用和差向异构化作用下，25℃时氰戊菊酯在 pH 为 7 和 9 的半衰期分别为 40 d 和 25 d。差向异构化作用要快于水解作用。

表1　25℃黑暗条件下缓冲水溶液中氰戊菊酯的水解作用测定

化合物	[14]C 标记（%）						
	培育期，d						
	0	2	4	7	14	21	28
氰戊菊酯 pH 7							
氰戊菊酯	86	82	78	76	68	58	53
[2S，αR] 对映体	2.2	5.7	12	17	27	34	38
氰戊菊酯 pH 9							
氰戊菊酯	71	48	46	48	41	38	27
[2S，αR] 对映体	20	55	53	48	46	49	42

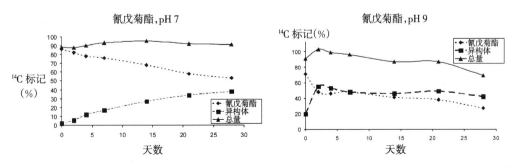

图1　在 pH 7 的情况下，28 d 内水解作用太慢而不能测定，但是差向异构化作用明显。在 pH 9 的情况下，28 d 内水解作用可观测到（总体呈下降趋势），但是差向异构化作用很快发生，在几天内氰戊菊酯及其差向异构体就达到一个平衡状态。

在研究手性化合物时，评估专家应注意可能存在的差向异构化作用。

要点

——如果将氰戊菊酯溶于水溶液中，会很容易发生差向异构化作用，且明显快于水解作用。

——其他拟除虫菊酯类化学物质可能有类似情况。

水溶性实例——烟嘧磺隆（FAO 标准，2006）

烟嘧磺隆是一种磺酰脲类除草剂，pK_a为 4.22。

普通的水溶性测定方法可能不适用于该化合物。

性质	数值和条件	含量	方 法	参考
水溶性	缓冲液 28℃	97.3%	US EPA 农药评估指南 D 卷 63-8	AMR-1333-88
	370mg/L，pH 5（4.6）			
	390mg/L，pH 5（5.1~5.6）			
	9.0g/L，pH 7（6.3）			
	15.0g/L，pH 7（6.6）			
	18.0g/L，pH 9（7.2）			
	>250g/L，pH 9（9）			

缓冲液的初始 pH 为 5、7、9，烟嘧磺隆溶解后的 pH 显示在括号中。当 pH 恢复到初始值时，会溶解更多的烟嘧磺隆。

当烟嘧磺隆溶解在 pH 9 的缓冲溶液中［浓度为 0.05M（20g/L）］，烟嘧磺隆浓度达到 0.044M（18g/L），pH 变为 7.2。

本方法测量了烟嘧磺隆的盐的溶解度而不是烟嘧磺隆的溶解度。

要点

——如果化合物可以生成盐，在选择方法时应注意水溶性或者辛醇/水分配系数。

——是为了测定化合物的性质还是化合物盐的性质？

——检查饱和溶液的 pH，即缓冲溶液的 pH 是否改变？

本章缩写和缩略语

CAS　　　美国化学文摘服务社

CIPAC	国际农药分析协作委员会
EEC	欧洲经济共同体
FAO	联合国粮食及农业组织
GLC	气液色谱
HPLC-UV	高效液相色谱紫外线检测
ISO	国际标准化组织
IUPAC	国际纯粹与应用化学联合会
JMPR	农药残留专家联席会议
JMPS	农药标准专家联席会议
OECD	经济合作与发展组织
P_{ow}	辛醇/水分配系数
US EPA	美国环境保护署

3 家畜和农作物的新陈代谢

试验化合物的 ^{14}C 标记位置

家畜代谢试验

农作物代谢试验

后茬作物

代谢物名称

代谢途径

试验清单的基本信息，应该包括动物和植物的代谢试验概要（评估）

培训班讲义——家畜和农作物代谢

本章主要涉及农药代谢试验，阐明暴露于农药下的家畜和农作物在演变成饲料和食品过程中的农药残留特性。

本文中新陈代谢包括生物体内的运输和迁移过程，以及从药转化成代谢物或者降解产物的过程，植物表面的光解过程也包括在内。

新陈代谢的试验可为残留定义提供必要的数据。

《JMPR/FAO 评估手册》的相关章节

在新陈代谢试验中，当一种化合物是用于害虫防治的时候，在实践中，农药可以以一定量施用于家畜或农作物上，并可以持续一段时间。就家畜来说，人们可以收获牛奶和鸡蛋，并且到一定时期，人们可以屠杀掉动物来获取肉类以及动物的内脏。就农作物来说，在 GAP 条件和规定间隔期时可以收获饲料和食物。

采集的动植物样品用于测定目标化合物的总残留量，在某些情况下，对动物排泄物和呼出气体都进行检测。

试验化合物的¹⁴C 标记位置

一个化合物经历新陈代谢或其他转化（例如水解或光解）时，如果他们携带一个标记，其产物可以被更容易地跟踪和分离并鉴定。特别是，标记允许观察来源于寄主植物或动物的所有的天然化合物的代谢物。

在本试验中，最常用的标记就是^{14}C，也即是原子量为 14 的碳的同位素。它具有放射性，可以发射相对低能量的 β 射线。

一个化合物的一个^{12}C 原子被^{14}C 取代后，在化学和生物化学反应中表现同样的方式，但是标记可以观察母体化合物及其转化产物的演变。

在解释代谢的试验中，我们必须记住，我们能观察到的只有那些有标记的产物，且可以精确地知道^{14}C 标记在分子里的哪个地方。

不同代谢物的观察需要不同的标记位置，动物体内的氰戊菊酯的代谢阐明了这一点。

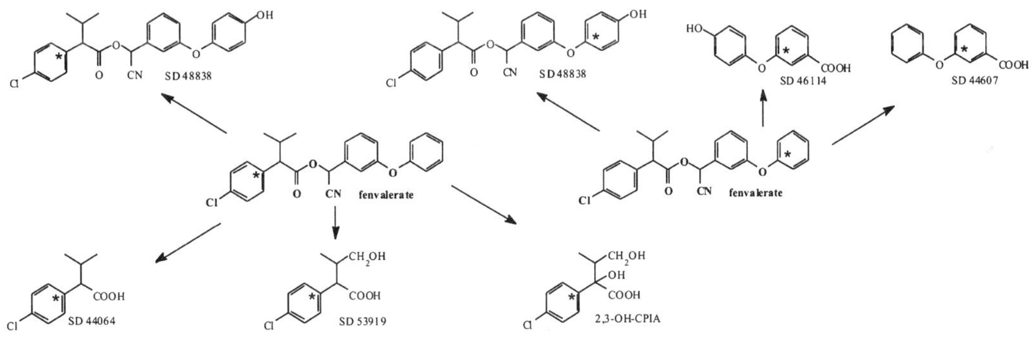

图 1　家畜体内氰戊菊酯的代谢，^{14}C 标记在氯苯环或者是苯氧环上。星号表示标记位置

当氰戊菊酯中的^{14}C 标记在氯苯环上的时候，包含这个基团的代谢物均能被观察到。

当氰戊菊酯中的^{14}C 标记在苯氧环上的时候，包含这个基团的代谢物均能被观察到。

完整的酯代谢物包含以上的两个部分，因此在两种情况下都是可以观察到的。

计划好新陈代谢的试验之后，为了涵盖不同的分子碎片的演变，必须仔细选择^{14}C 的标记位置。

评估专家应时常检查所试验的化合物的标记位置，因为在某些情况下该描述可能含糊不清。

实例——噻虫嗪（JMPR，2010）

在代谢物 CGA322704 的水解作用的试验中描述到^{14}C 标记在 2 位置，但是在图表中却是表明在 5 位置标记的。

结果发现该文本是正确的。^{14}C 标记的是 2 位置，也即是被标记的 C 在 N 和 S 之间。

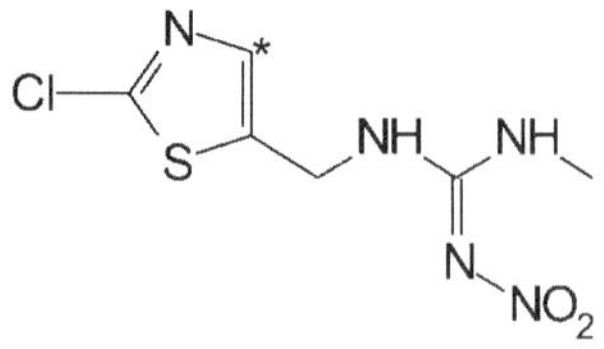

噻虫嗪

图中错误显示^{14}C 标记在 5 位置

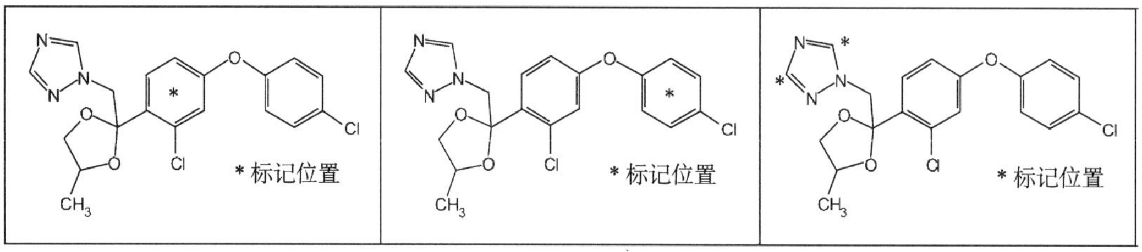

图 2　苯醚甲环唑代谢物试验的标记位置

实例——苯醚甲环唑（JMPR，2007）

在苯醚甲环唑代谢试验中，为了覆盖分子的每一个部分，苯醚甲环唑在三个不同的位置被标记。

在一些试验中，苯醚甲环唑的标记位置被描述为苯基的^{14}C。在这种情况下，苯基就是模糊不清的，可认为是两个苯环中的任意一个。

在试验结果被正确地解读之前，审核者对标记位置一定要有一个明确的描述。

家畜代谢试验

在一个典型的山羊代谢试验中，标记农药以胶囊的形式喂饲哺乳期山羊 4～15 d。每天收集羊奶，并且在最后一剂施用后的 24 h 内把山羊屠杀掉以采集山羊的内脏组织。

试验清单

试验材料

——化合物和^{14}C 标记位置。

——剂量是多少？mg/（kg·d）（体重）？在饲料的干重中相当于每千克多少毫克？

——方法：胶囊或是混进饲料中？

——剂量状态，一天几次？持续几天？

山羊

——体重（以 kg 计）？

——定额饲料的种类？

——饲料消耗量，一天吃多少千克干重的饲料？

——产奶量，每天多少升或千克？

——羊奶采集次数，一天多少次？

——在最后一剂用药和屠杀掉采集内脏组织的时间间隔。

使用^{14}C 需关注

——在排泄物、消化系统、羊舍清洗物中的含量（％）。

——羊奶中的含量（％）。

——组织中的含量（％）。

——呼出空气中的含量（％）（如果有必要的话）。

——总含量（％）。

典型的家禽代谢试验也采用类似的清单，不同的是采集蛋类，而不是奶类。

组织、奶类和蛋类样品应进行燃烧和总的^{14}C 分析，这为每一组织、奶类、蛋类提供总的放射性残留。在进行总的放射性残留分析的时候，奶类可以被分为奶油和脱脂奶，而蛋类则可分为蛋黄和蛋清。

之后对每一组织、奶类、蛋类中的残留放射总量（TRR）成分尽可能地进行鉴定和定性。

"鉴定"的意思是彻底明确代谢物的结构。

"特性"的意思是知道代谢物的一些性能，比如极性（薄层色谱走势）和溶解性（溶于水或溶于有机溶剂）。一些代谢物可能被认为是共轭化合物。

共轭化合物[①]：在生物体内来自两个不同来源的化学基共价连接形成分子种类。例如：有谷胱甘肽、硫酸盐、葡萄糖醛酸基团的农药或代谢物的轭合物能够使其更易溶于水，并能够使其在细胞内的划分更容易。

代谢物和母体化合物从基质中被提取出来，然后经高效液相色谱法和薄

---

① Stephenson G R，Ferris I G，Holland P T，et al. 2006. IUPAC Glossary of terms relating to pesticides. *Pure Appl. Chem.* 78：2075 - 2154.

层色谱分离鉴定，并与参照化合物对比。为了释放所有的^{14}C，需对基质进行更完全地提取和消化。最彻底的消化会以有机-可溶的极性化合物的形式释放^{14}C，即^{14}C已经包含在天然成分里面。

实例——α-氯氰菊酯在蛋鸡体内的代谢

成群的蛋鸡（8只一群）每天喂食胶囊形式的（^{14}C-环丙基）α-氯氰菊酯一次，连续14 d，相当于在饲料当中添加18 mg/kg的（^{14}C-环丙基）α-氯氰菊酯。每天都收集鸡蛋。在服用最后一剂农药22 h后蛋鸡被宰杀以采集其组织样品。

经过7～9d的用药后，鸡蛋中的TRR达到近似稳定的水平。

在脂肪和鸡蛋中检测到的主要残留组分是母体化合物（α-氯氰菊酯），羟基-氯氰菊酯和顺式-二氯菊酸也被检测到。在肝脏中很多监测的残留成分大多没有被检测到。残留的分布和检测出的化合物浓度已总结在下面的表格中。

α-氯氰菊酯

表1 ^{14}C残留的分布、蛋鸡组织和鸡蛋中的代谢物，这些蛋鸡每天口服（^{14}C-环丙基）α-氯氰菊酯一次，连续服用14 d，相当于在饲料当中添加18mg/kg的（^{14}C-环丙基）α-氯氰菊酯

残留成分	浓度，mg/kg，以母体化合物或TRR百分比表示				
	腹部脂肪	皮脂肪	肝脏	肌肉	鸡蛋，14d
总^{14}C残留（TRR）	0.23mg/kg	0.13mg/kg	0.30mg/kg	0.009mg/kg	0.063mg/kg
可提取残留	91%	93%	89%	—	97%
不可提取残留	9.0%	6.2%	11%	—	2.6%
α-氯氰菊酯	82%	78%	9.2%		81%
4′-羟基-α-氯氰菊酯	4.3%	3.0%	3.3%		4.3%
顺式-二氯菊酸	1.0%	3.7%	30%		4.3%

对表1的解释

总^{14}C残留（TRR）：在每一组织和鸡蛋里面的TRR通过燃烧分析的方法进行测量。总的^{14}C以每千克组织或鸡蛋中含有多少毫克α-氯氰菊酯计算，例如，当以α-氯氰菊酯计算的时候，在脂肪中^{14}C的浓度是

0.23mg/kg。

可提取残留： 通过充分提取得到的 TRR 的百分比（主要是：通过乙腈提取脂肪和肝脏，通过正己烷和四氢呋喃提取胃蛋白酶和鸡蛋），提取的残留物是可以用于鉴定和定性的。α-氯氰菊酯和在表格中列出的两种代谢物也是该提取残留物的一部分。肌肉中的 TRR 太低而不能有效提取。

不可提取残留： 在充分提取以后剩余的 TRR 的百分比。

α-氯氰菊酯： 组织和鸡蛋中 α-氯氰菊酯的含量，以占 TRR 的百分含量表示。例如，腹部脂肪中 α-氯氰菊酯含量是腹部脂肪 TRR（0.23 mg/kg）的 82%，它占可提取残留的大部分（91% 中的 82%）。

DCVA

分子量 =209.07

4′-羟基-α-氯氰菊酯： 在组织和鸡蛋中的代谢物含量，以其母体化合物占 TRR 的百分比表示。

顺式-二氯菊酸： 在组织和鸡蛋中的代谢物含量。代谢物的浓度要以其占 TRR 的百分含量和 TRR 的浓度来计算。顺式-二氯菊酸在肝脏中的浓度 $= 0.30 \times \frac{30}{100} = 0.09\text{mg/kg}$，以 α-氯氰菊酯表示 $= 0.09 \times \frac{209.07}{416.30} = 0.045\text{mg/kg}$。顺式-二氯菊酸的分子量是 209.07g/mol；α-氯氰菊酯的分子量是 416.3g/mol。

为了便于明确代谢试验中组织样品的浓度变化，对浓度结果的折算非常必要。

农作物代谢试验

在典型的植物代谢试验中，被标记的农药按照一定的剂量（相当于预期的良好农业实践的量）施用于作物。有时为了有利于残留物的检测会施用较高剂量的农药。施用次数和时间也与预期的良好农业实践相一致。水果、谷物、作物和稻草等在成熟的时候收获以用于 TRR 分析和代谢物鉴定。

试验清单

试验材料

——化合物和[14]C 标记位置。

——剂型。

——使用剂量，有效成分含量（kg/hm^2）。

——使用方法：叶面喷雾、土壤处理、种子处理。

——计划表，施药日期。

农作物

——品种。

——生长阶段或用药时期。

——施药时的生长阶段。

——避光或暴露在阳光下。

——采样和收获的生长阶段和日期。

——样品的性质。水果、谷物、叶子和稻草样品应进行燃烧和总[14]C 分析，以测定总放射性残留。为了进行 TRR 分析，水果可能要加工成果汁和果渣，油料种子要加工成油和粉等。

然后，采用与上述处理动物样品相同方式，尽可能鉴定或描述来自于已处理植物体的每一样品中的 TRR 组分。

实例——苯醚甲环唑在小麦上的代谢（JMPR，2007）

作物在温室代谢试验中，以有效成分含量相当于 0.25kg/hm^2 的剂量对春小麦（詹姆斯品种）叶面喷施三唑环上[14]C 标记的苯醚甲环唑乳油 4 次。小麦种植在盛有沙壤土的水桶里，每桶种植 15～20 株。第一次施用苯醚甲环唑是在播种后 43 d 的孕穗期早期。随后又施用三次，施药间隔是 7 d 或 8 d。最后一次施药 29 d 后，收获成熟的样品。

样品经甲醇＋水（8＋2）提取后，提取物经净化、酶水解来释放轭合物，最后这些成分通过薄层色谱法检测和定性。

苯醚甲环唑

在植物的见光部分（顶部和茎干），苯醚甲环唑是主要的残留。在避光部分，也就是麦粒，残留的成分是差别较大的，因为只有含有三唑环的代谢物在植物体内是可以移动的，并且能移动到植物的任何部分。在麦粒中没有检测到苯醚甲环唑母体。

表 2 温室中小麦植株和籽粒中的喷施相当于有效成分 0.25kg/hm² 的剂量三唑环上 ¹⁴C 标记的苯醚甲环唑乳油 4 次后的 ¹⁴C 残留的分布

小麦代谢残留组分	浓度，mg/kg，以母体化合物或 TRR 的百分比表示		
	顶部 50% 成熟，第二次施药后 8 d	茎秆，成熟，第四次施药后 29 d	麦粒，成熟，第四次施药后 29 d
总的 ¹⁴C 残留（TRR）	8.7mg/kg	54mg/kg	1.4mg/kg
可提取残留	88%	78%	70%
不可提取残留	10%	13%	23%
苯醚甲环唑		50%	
羟基-苯醚甲环唑		1%	
CGA 205375		5%	
Hydroxy-CGA 205375		1%	
三唑乙酸			20%
1，2，4-苯三唑			10%

对表 2 的解释：

总 ¹⁴C 残留（TRR）：每一个样品中的 TRR 经过燃烧分析测量。然后总 ¹⁴C 以每千克植物样品中含有多少毫克苯醚甲环唑来计算，例如：当以苯醚甲环唑计算的时候，麦粒中 ¹⁴C 的浓度是 1.4mg/kg。

可提取残留：通过充分提取得到的 TRR 的百分比。提取的残留物用来检测和定性。

不可提取残留：在充分提取以后剩余的 TRR 的百分比。

苯醚甲环唑：植物中苯醚甲环唑的含量，以其占 TRR 的百分数表示。

代谢物：经鉴定的植物体内代谢物的含量，以其占母体化合物 TRR 的百分含量表示。

植物代谢试验为植物体内残留物从一个部位转移到另一个部位提供了必要的信息。

苯醚甲环唑母体在植物体内是不能移动的，所以母体化合物只残留在作物的喷洒表面，而籽粒上没有苯醚甲环唑残留。

然而，代谢产物 1，2，4-三唑及其代谢产物三唑乙酸却容易在植物体内转移并被运输到籽粒中。

1，2，4-三唑和丝氨酸共轭合成三唑丙氨酸，然后生成三唑乙酸。同样的情况也发生在其他含有 1, 2, 4 -三唑环的化合物上。

后茬作物

后茬作物中农药残留试验：农药施用于一种农作物上，而在种植或播种在这一土壤中的下茬或后茬作物上检测该农药的残留。

如果后茬作物制成的动物饲料或食物中的残留是可以得到确认和测定的，残留超标（能检测到残留却没有最高残留限量标准）就可能存在。后茬作物试验为监管当局制定农药最高残留限量提供了必要信息。

在限制性后茬作物的试验中，使用[14]C 标记的农药，可以观察标记物质的归趋并能识别土壤和植物体中的代谢物。因为放射性同位素材料是受控的，所以该试验是受限制的。

在田间后茬作物的试验中，使用的是未标记的农药。根据放射性同位素标记试验结果，决定农作物哪部分需要分析，以及应该分析哪些残留。

限制性后茬作物试验的试验设计实例

[14]C 标记的农药可能直接施用于土壤表面，而不是前茬作物上。假设所有标记农药都进入土壤，这也许是比较极端的情况。经常选用的典型后茬作物有叶菜类蔬菜、根菜类作物和谷物，分别于处理 30、120 和 360 d 后播种。

后茬作物完全成熟后作为样品将被采集分析。谷物饲料样品在早期生长阶段被采集。土壤样品同样也进行采集分析。样本需要做 TRR 分析和代谢物的鉴定。

0 d	后茬作物	TSI[1], d	THI[2], d	样品
施用于裸露土壤	叶菜类蔬菜，如生菜	30	90	土壤，生菜
		120	180	土壤，生菜
		360	420	土壤，生菜
施用于裸露土壤	根菜类蔬菜，如萝卜	30	90	土壤，萝卜上部，根
		120	180	土壤，萝卜上部，根
		360	420	土壤，萝卜上部，根
施用于裸露土壤	谷类，如小麦	30	110	土壤，整体植株
			180	土壤，麦草，麦粒
		120	200	土壤，整体植株
			270	土壤，麦草，麦粒
		360	440	土壤，整体植株
			510	土壤，麦草，麦粒

[1] TSI：土壤处理和播种的时间间隔，d。

[2] THI：土壤处理和后茬作物收获（或采集土壤样品）的时间间隔，d。

试验清单

试验材料

——化合物和^{14}C 标记位置。

——使用量，有效成分用量（kg/hm^2）。

——计划表，施药日期。

土壤和作物

——土壤类型和性质。

——作物品种。

——计划表：播种和采样日期。

——样品的性质。

评估专家需关注

——相关后茬作物上的 TRR 含量。

——相关后茬作物上的母体化合物和代谢物的特征和浓度（残留成分是否与植物代谢产物一样?）。

通过限制性试验（见《JMPR/FAO 评估手册》，3.5.2 节），如果有足够的证据表明在样品中有残留存在，则实际田间后茬作物就需进行残留定量分析。

实例——氟吡菌胺的限制性后茬作物的试验（JMPR，2009）

氟吡菌胺在限制性后茬作物中的代谢是在沙壤土（沙粒 77%、黏粒 14%、黏土 9.6%，pH 6.2，有机质 0.81%）中进行研究的。^{14}C 标记的氟吡菌胺以 400 g/hm^2 的用量直接施用在土壤表面，间隔 29、133 和 365 d 后，播种生菜、萝卜和小麦，直至生长成熟。

在 365 d 的休耕间隔期中，萝卜上部和麦秆中的 TRR 水平最高。氟吡菌胺母体占残留物的很少一部分（在萝卜上部含量是 3.8%，在麦秆处含量是 7.2%），而代谢物 M‐01 和 M‐04 分别是小麦秸秆和萝卜上部的主要残留物。

从这个试验和许多其他试验可以得到的结论是后茬作物可能含有低水平的氟吡菌胺和代谢物。代谢物 M‐01 也是敌草腈的代谢产物，因此它不适合被列入监管的残留定义，但被列入风险评估。在估算最大残留限量时，要考虑到有关叶菜类蔬菜、甘蓝类蔬菜、稻草、饲料、根类蔬菜和块茎蔬菜等后茬作物上的残留水平。

表3　土壤处理 365 d 后播种的作物上的苯基上 ^{14}C 标记的氟吡菌胺的结果总结

作物部位	TRR, mg/kg	TRR（%）		
		M-04	M-01	氟吡菌胺
生　菜	0.53	—	87%	2.1%
萝卜上部	1.75	—	88%	3.8%
萝卜根部	0.03	—	61%	24%
小麦草料	0.86	59%	15%	4.8%
小麦籽粒	0.05	25%	18%	7.3%
小麦秸秆	2.37	28%	5.1%	7.2%

要点：

——后茬作物中的农药残留可能是一种复杂的物质，需要开展许多试验来确定其详细信息。

——后茬作物中的残留组分可能与直接施药处理情况下的不一样。例如，在直接叶面处理的生菜中，氟吡菌胺母体是主要的残留组分（96%），而作为后茬作物，生菜中氟吡菌胺母体只占 TRR 的 2.1%。

——当估计最大残留量时，应考虑后茬作物试验的结果。

——最好设置包含后茬作物的产品组的最大残留量。

代谢物名称

IUPAC 有一系列农药定义的术语可以用来描述化学农药。

农药的通用名称是化学农药的别名。注：农药的通用名称是由 ISO 编录的。

IUPAC 名称是指根据 IUPAC 命名规则命名的化学名称。

代谢物一般没有通用名称，但在报告和数据表中需要标注出代谢物的代码名称和别名。

不同的名字和代号都被用来表示代谢物，包括：

——一个简单的名字，可以是一个通用名称、简化的系统名字（例如三唑类）或非通用名（例如羟基-苯醚甲环唑）。

——系统化学名，但在讨论和表格中应用系统化学名称太繁琐。

——化学文摘号，但很多代谢产物是没有化学文摘号的。

——公司代码，例如 CGA 205375。

——序列号在试验过程中经常是前后不一致，例如代谢物 1、代谢物 2 等。

实例

联苯肼酯、氟酰胺和对硫磷都是农药的通用名，它们的一些代谢产物的名字和代码显示在下面的表格中。部分通用名还为代谢物的结构示意图提供了一些信息，例如联苯肼酯-二氮烯和氨基-对硫磷，但是很多代谢物都没有。

| Bifenazate | bifenazate-diazene | bifenazate-diazene oxide |
| 联苯肼酯 | 联苯肼酯-二氮烯 | 联苯肼酯-二氮烯氧化物 |

| Flutolanil | M-2 (HFT) | M-3 (HIP) | M-4 (DIP) | M5 (HDP) |
| 氟酰胺 | | | | |

| Parathion | Paraoxon | amino-parathion | de-ethyl parathion | p-nitrophenol |
| 对硫磷 | 对氧磷 | 氨基-对硫磷 | 脱乙基对硫磷 | 对硝基酚 |

评估专家应该审核这些代谢物的名字和代码，因为它们在不同试验中会被连续使用。

代谢途径

代谢途径的建立是通过明确所有已知代谢产物及其可能代谢反应过程，阐明母体化合物、初级代谢产物和次级代谢产物之间关系。

实例——联苯肼酯的植物代谢

联苯肼酯和五个已确定的代谢物均被汇集在可能的代谢途径中。例如，3-羟基-4-甲氧基联苯可能是从其他代谢物直接产生的，4-甲氧基联苯亦是如此。

3-hydroxy 4-methoxybiphenyl

4-methoxybiphenyl

Bifenazate

Bifenazate-diazene

Ring-hydroxylated diazene

Bifenazate-diazene oxide

Bifenazate carbamate

将 ^{14}C 标记在联苯肼酯的取代基苯环上，并喷施在苹果上，经检测发现，联苯肼酯氨基甲酸酯在苹果中仅是次要代谢产物。

^{14}C 标记在联苯肼酯代替的苯环上

联苯肼酯氨基甲酸酯

化学结构中打破 N‐N 键并且消去一个 NH 似乎是一个不太可能的代谢过程。

但是在代谢产物里面，联苯肼酯氨基甲酸酯是一个明确的次要代谢产物。供应商认为在代谢试验过程中联苯肼酯氨基甲酸酯可能来源于用来标记联苯肼酯的杂质。

所以当解释代谢试验结果时，应关注试验材料中可能出现的杂质。

试验清单的基本信息，应该包括动物和植物的代谢试验概要（评估）

标记化合物试验通常包括：

1. 选择^{14}C 或其他同位素标记位置并且通过化合物的化学名称明确描述标记位置。

2. 试验系统的描述（动物数量，测试化合物的管理）和每日进食剂量，以每千克干饲料含多少毫克表示。

试验系统——动物代谢

——动物数量。

——施用：口服或外用，胶囊或混入饲料，每日进食剂量及持续天数。

——剂量：以每千克体重用多少毫克药物或每千克干饲料含多少毫克药物计。

试验系统——植物代谢

——作物和生长阶段。

——如果测试化合物对光敏感，见光易分解，要标注植物是暴露于阳光下还是避光。

——施用：叶片、种子或土壤处理；施药量和时间。

——剂量：每株植物、每棵树、每单位面积施药量。

3. 采集样品的类型和采样日期，采样和分析之间的时间间隔。

应对样品采集与样品分析之间时间间隔对残留的稳定性的影响进行检测，但该信息不应该包括在评估资料中，除非有异议，否则会使评估资料显得杂乱。

4. 间隔期超过两个月的储存稳定性测试结果还可用吗？

5. 动物代谢

——放射性物质回收，保证物料平衡。

6. 在可食用的组织（也包括动物代谢中的奶和蛋）和潜在的饲料（植物代谢）中能够提取的放射性的物质以其占总放射性残留（TRR）的百分比计，即计算每千克样品中含有多少毫克母体化合物。

7. 在可食用的组织（也包括动物代谢中的奶和蛋）和潜在的饲料（植物代谢）中不能被提取的放射性物质也以其占总放射性残留（TRR）的百分比计。

8. 在可食用的组织和潜在的饲料中有部分有明显的放射特征但不能别鉴定的放射性物质。

9. 代谢物的鉴定（＞10％TRR 或＞0.05mg/kg）

——已被鉴定的代谢物。是否所有的代谢物（＞10％ TRR 或＞0.05mg/kg）均被鉴定？是不是有些含量≥10％的代谢物不能被鉴定？

所有已鉴定的代谢物都要用系统的化学名称描述。

10. 代谢物的描述（<10％ TRR，0.01～0.05mg/kg）

11. 以共轭形式存在的代谢物，共轭代谢物的可提取性。

12. 对主要代谢反应、母体化合物向多种代谢物的转化以及可能代谢途径的描述。

注意：报告对主要代谢反应描述应简洁，仅用来评估而非报告。

13. 用实验室的动物（毒理学试验中的老鼠）和家畜（代表性的哺乳期的山羊和蛋鸡）做代谢产物的定性比较，鉴定那些存在于植物和家畜但不存在于老鼠体内的代谢产物。

动物代谢试验

1. 粪便、尿液和笼子的清洗液中的放射量占所施用的药物放射量的百分比。

2. 可食组织中放射量以其占所施用药物放射量的百分比计，相当于多少（mg/kg）母体化合物。

3. 母体化合物和确定的主要代谢物的存在（>10％TRR）以总放射性物质的百分比表示，在牛奶、肌肉、肝脏、肾脏、脂肪和鸡蛋中的放射性则以每千克含有多少毫克的放射性物质为准。

植物代谢试验

1. 根据目的用途选择具有代表性的作物。

2. 对正常收获时采集的完全成熟的作物样品进行鉴定。

3. 植物组织中放射性物质的迁移，迁移的放射性物质的鉴定（可能有少量代谢物从施用点迁移）。

4. 通过表面清洗能够降低残留的比例。

5. 在果肉、果皮、或其他植物部位（例如叶、秸秆、谷物、外壳）放射性物质的分布。

培训班讲义——家畜和农作物代谢

1. 家畜和农作物代谢

2. 目的

　　本章的目的是解释农药代谢试验，以便明确由家畜直接用药或作物上用药而导致的饲料和食物产品中可能的残留物的性质。

- 本节中的代谢包括有机体内的转运或迁移，以及转化成代谢物或降解产物的过程。其中也包括植物表面光解过程。

3.

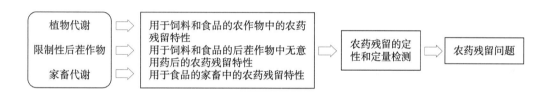

4. 代谢物的名称

- IUPAC 有一系列农药定义的术语可以用来描述化学农药。
- 农药的通用名称是化学农药的别名，农药的通用名称是由 ISO 编录的。
- IUPAC 名称是指根据 IUPAC 命名规则命名的化学名称。
- 代谢物一般没有通用名称，但在报告和数据表中需要标注出代谢物的代码名称和别名。
- 如前文所例。

5. 概要

- ^{14}C 标记在试验农药上的位置
- 代谢产物的特性和鉴定方法
- 家畜代谢试验
- 农作物代谢试验
- 后茬作物代谢试验

6. 代谢试验实施

- 在代谢试验中，应参照实际防治虫害时的用量，确定家畜和作物代谢试验的药剂用量。

- 家畜试验中，采集蛋奶样品，并在规定时间将其宰杀采集肉和内脏。
- 作物试验中，经良好农业操作规范规定的时间间隔期后，采集饲料和食物样品。
- 及时检测采集的动植物样品中的总残留及及其主要代谢产物残留。在某些情况下，还需检测动物排泄物、呼出的气体中排出的残留。

7. 试验化合物上^{14}C 标记的位置

- 通过标记可以从植物或动物的天然产物中识别出代谢产物。
- 在这类试验中最常见的标记是^{14}C，也就是一种原子质量是 14 的 C 的同位素。它也是一种放射性、发射能量相对较低的 β 射线。
- ^{12}C 原子被^{14}C 原子取代的化合物在化学和生化反应中表现相同，但通过标记可以观察到母体化合物的归趋及其转化产物。
- 我们只能观察到有标记的产物。因此准确掌握分子中标记的^{14}C 位置非常重要。

8. 氰戊菊酯在家畜体内的代谢

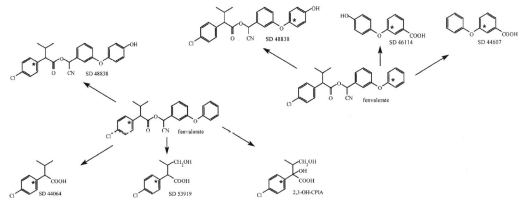

分子中的氯苯环或苯氧基苯基环被标记，标记位置用星号表示。

9. 多重标记：母体和主要代谢产物

苯基-UL-^{14}C-与 3，5-三唑-^{14}C-丙硫菌唑   苯基-UL-^{14}C-与 3，5-三唑-^{14}C-脱硫-丙硫菌唑

10. 多重标记的位置

醚菌酯　　　　　　　　　　　　　虫酰肼

11. 检查

- 在设计代谢试验时，必须慎重选择^{14}C 的位置以便包含不同分子片段的归趋。
- 试验评估专家员应该经常核实试验农药的^{14}C 标记位置。因为有时表述可能含糊不清。

12. 代谢产物的特征和鉴定

- 代谢试验旨在对可食用的组织、奶类、蛋类和受处理农作物的每一初级农产品（RAC）中总放射量（TRR）的 90％进行鉴定及特征描述。
- 许多情况下，可能无法鉴别 TRR 中的重要部分，尤其是
- ——总^{14}C 标记残留很低，
- ——^{14}C 标记被包含到了生物分子中，
- ——大部分活性成分被代谢成低浓度成分。
- 如果是后一种情况，申请者要证明这种成分及其含量，如果可能的话，尽可能描述出其性质。

13.

相对量（％）	浓度，mg/kg	需采取的措施
＜10	＜0.01	若无毒理学意义则无需试验。
＜10	0.01～0.05	表征。若不复杂需尝试定性，例如，参比物是可得到的或者通过以前的试验是已知的。
＜10	＞0.05	表征/鉴定。鉴于已确定的数量个案处理。
＞10	＜0.01	表征。若不复杂需尝试定性，例如，参比物是可得到的或者通过以前的试验是已知的。
＞10	0.01～0.05	如需特别明确代谢途径，应进行重点鉴定，直至表征结果被认可。
＞10	＞0.05	使用所有可能的方法进行鉴定。
＞10	＞0.05 不可提取的同位素标记	如果不可提取的同位素标记≥0.05 mg/kg 或≥10％TRR，需对释放出的同位素放射性物质进行进一步的鉴定。

14. 评估所需要的资料

为评估所准备的资料应包括关于所提出的代谢途径的文件，该文件应包含一张列有相关化合物的结构和名称、植物不同部位（表面、叶片、茎部、可食用根）、动物不同组织（脂肪、肌肉、肾脏、肝脏、蛋、奶）以及不同土壤类型中代谢物的数量的表。代谢途径中任何可能的中间体/代谢物都应标注出来。

15. 标记位置的错误指示

图中错误地显示^{14}C 标记在第 5 位上。代谢产物 CGA 322704 的水解试验表明^{14}C 标记的位置应该在第 2 位上，但图表中显示的是在第 5 位上。结果发现，文字的描述是正确的。^{14}C 标记的位置是在第 2 位上，即在 N 和 S 之间的 C 上。

16. 含糊不清的标记指示

在苯醚甲环唑上标记的三个不同的位置，涵盖了代谢试验中苯醚甲环唑的各个部分。

在一些试验中用［苯基-^{14}C］表示标记的位置。在这种情况下，"苯基"的含义是含糊不清的，可表示两个苯基中的任一个。在准确地解释试验结果之前，评估专家必须获得准确的关于标记位置的描述。

17. 家畜代谢试验

在典型的山羊代谢试验中，每天用带有标记农药的胶囊喂养哺乳期的山羊，连续喂养 4~15 d。每天采集羊奶，且在最后一次饲喂后的 24h 内，屠宰山羊以采集组织样品。

18. 试验清单

试验材料

- 农药和^{14}C标记的位置。
- 剂量：mg/（kg·d）（体重），相当于在每千克饲料干重中的多少毫克？
- 方法：胶囊或混配到饲料中？
- 定量给料方法，每天几次，持续多少天？

山羊

- 体重，多少千克？
- 配给饲料的种类。
- 饲料消耗量，每天多少千克干重的饲料？
- 羊奶产量，每天多少升或千克？
- 羊奶采集，每天多少次？
- 最后一次饲喂和屠宰山羊收集组织样品之间的时间间隔。

19. 试验清单

使用^{14}C需关注

- 排泄物、消化系统、羊舍清洗物中的含量（％）。
- 羊奶中的含量（％）。
- 组织中的含量（％）。
- 呼出空气中的含量（％）（如果有必要的话）。
- 总含量（％）。

类似的清单也适用于典型的家禽代谢试验，但收集的是蛋类而不是奶类。

20. 样品分析

- 组织、奶类、蛋类的样品经过燃烧和^{14}C总量分析，可以得到每一组织、奶类、蛋类中的总放射量（TRR）。奶类可能被分成奶油和脱脂奶，蛋类可能被分成蛋黄和蛋清后进行总放射性残留分析。
- 之后每一组织、奶类、蛋类的总放射量的成分尽可能地得到鉴定和表征。

"鉴定"的意思是彻底明确代谢物的结构。

"表征"的意思是知道代谢物的一些性能，比如说极性（薄层色谱走势）和溶解性（溶于水或溶于有机溶剂）。一些代谢物可能被认为是共轭化合物。

21. 轭合物

- 在生物体内来自两个不同来源的化学基共价连接形成分子种类。例如：有谷胱甘肽、硫酸盐、葡萄糖醛酸基团的农药或代谢物的轭合物能够使其更易溶于水，并能够使其在细胞内的迁移更容易。

- 代谢物和母体化合物从基质中被提取出来，然后经高效液相色谱法和薄层色谱分离鉴定，并与参照化合物对比。为了释放所有的^{14}C，需对基质进行更完全地提取和消化。最彻底的消化会以有机-可溶的极性化合物的形式释放^{14}C，即^{14}C已经包含在天然成分里面。

22. 苷和葡萄糖甘酸轭合物的形成

23. 苷轭合物形成的示例

24. 葡萄糖醛酸和硫酸轭合物的形成

葡萄糖醛酸共轭物

醚菌酯

硫酸轭合物

25. 葡萄糖醛酸和甘氨酸的形成与羧基基团偶联

氟氯苯菊酯

4-氟-3-苯氧基苯甲酰基甘氨酸

氟氯苯菊酯葡萄糖醛酸

26. 带有二元羟基的葡糖酸酐轭合物的形成

氰苯唑

27. α-氯氰菊酯在蛋鸡体内的代谢

每天用相当于饲料中含有 18mg/kg [14C-丙基] α-氯氰菊酯的胶囊饲料喂养蛋鸡，连续喂养 14 d。每天采集鸡蛋。在最后一次饲喂后 22 h，宰杀蛋鸡并采集它们的组织样品。

α-氯氰菊酯

α-氯氰菊酯母体化合物是脂肪和鸡蛋中被检测到的主要残留组分，但羟基-氯氰菊酯和顺式-二氯菊酸也被检测到；在肝脏中很多监测的残留成分大多没有被检测到。残留的分布和检测出的化合物的浓度已总结在表 4 中。

28. 每天用含有 18 mg/kg 农药的饲料喂养的母鸡组织和鸡蛋中，14C 残留物和代谢物的分布情况。

表 4

残留成分	浓度，mg/kg，以母体化合物或 TRR 百分比表示				
	腹部脂肪	皮脂肪	肝脏	肌肉	鸡蛋，14d
总14C 残留（TRR），mg/kg	0.23	0.13	0.30	0.009	0.063
可提取残留	91%	93%	89%	—	97%
不可提取残留	9.0%	6.2%	11%	—	2.6%
α-氯氰菊酯	82%	78%	9.2%		81%
4-羟基-α-氯氰菊酯	4.3%	3.0%	3.3%		4.3%
顺式-二氯菊酸	1.0%	3.7%	30%		4.3%

29. 对汇总表的解释

总14C 残留（TRR）：在每一组织和鸡蛋里面的 TRR 通过燃烧分析的方法进行测量。总的 14C 以每千克组织或鸡蛋中含有多少毫克 α-氯氰菊酯计算，例如，当以 α-氯氰菊酯计算的时候，在脂肪中 14C 的浓度是 0.23mg/kg。

可提取残留：通过充分提取得到的 TRR 的百分比（主要是：通过乙腈提取的脂肪和肝脏，通过正己烷和四氢呋喃提取的胃蛋白酶和鸡蛋），提取的残留物是可以用于鉴定和定性的。α-氯氰菊酯和在表格中列出的其他两种代谢物也是该提取残留物的一部分。肌肉中的 TRR 太低而不能有效提取。

30. 代谢物浓度的计算

代谢物的浓度要以 TRR 的百分含量和浓度来计算。顺式-二氯菊酸在肝脏中的浓度 $= 0.30 \times \dfrac{30}{100} = 0.09\text{mg/kg}$，以 α-氯氰菊酯表示 $= 0.09 \times \dfrac{209.07}{416.30} = 0.045\text{mg/kg}$。

DCVA
分子量(MW)=209.0

为了便于明确代谢试验中组织样品的浓度变化，对浓度结果的折算非常必要。

31. 农作物代谢试验

- 在典型的植物代谢试验中，被标记的农药按照一定的剂量（相当于预期的良好农业实践的量）施用于作物。有时为了有利于残留物的检测会施用较高剂量的农药。施用次数和时间也与预期的良好农业实践相一致。水果、谷物、作物和稻草等在成熟的时候收获以用于 TRR 分析和代谢物鉴定。

- 水果、谷物、植物和稻草样品要进行燃烧和总 ^{14}C 分析，为每一样品提供总的放射性残留。

- 为了进行 TRR 分析，水果可能要处理成果汁和果渣，油料种子要处理成油和粉等。

- 采用与上述处理动物样品相同方式，尽可能鉴定或描述来自于已处理植物体的每一样品中的 TRR 组分。

- 植物代谢试验为植物体内残留物从一个部位转移到另一个部位提供了必要的信息。

32. 植物代谢

- 对推荐使用农药的每一类作物群都应进行代谢试验。
- 用于作物代谢试验的作物可以分为以下 5 类：
　　——块根作物（根茎类、块茎类、球茎类蔬菜）
　　——叶类作物（甘蓝、叶菜类蔬菜、茎类蔬菜、啤酒花）

——水果（柑橘类、梨果、核果、草莓、葡萄、香蕉、坚果、果类蔬菜、柿子）

——豆类和油籽类作物（豆类蔬菜、干豆类、油籽类、花生、豆类作物饲料、可可豆、咖啡豆）

——谷物（谷物、牧草和饲料作物）

33. 植物代谢

• 来自同类作物中的某种作物的代谢情况可以涵盖组内其他作物的代谢情况。

• 为了将一种农药的代谢外推到所有的作物群，至少应该进行 3 类代表性作物（分别来自五大类不同的作物群）的代谢试验。如果这三组代谢试验的结果表明它们的代谢途径相似，就不用再做额外的试验。

34. 植物代谢

• 试验应该反映出有效成分的预期施用模式，如叶面施用、土壤/种子处理或者采收后处理。

• 例如，如果关于叶面施用已开展了三项试验，之后又提议采用土壤处理（例如种子处理、颗粒剂或土壤灌施），那么就需要开展额外的试验来试验土壤应用处理。

35. 植物代谢

• 另一方面，如果在以相同的方式（如在相同的收获间隔期和生长阶段进行叶面喷雾）试验代表性作物的代谢过程中观察到不同的代谢途径，则需在推荐使用该农药的其他类别的作物上开展进一步的试验。代谢途径相同、代谢物量有差异时，不需要进行额外的试验。

• 如果推荐在水稻上使用，不管是否有其他代谢试验数据，都应提交关于水稻的代谢试验。

36. 转基因和非转基因作物

• 转基因和非转基因作物代谢农药的方式可能不同。关于转基因作物与非转基因作物代谢的差异需要提交全面详细的信息。

• 对于未涉及转入通过代谢途径产生抗性的基因的转基因作物，不需要进行额外的代谢试验。

- 如果基因的插入会导致作物对有效成分的抗性随农药代谢而转移，则其转基因作物所属类别的每一作物都应进行作物代谢试验。

- 然而，如果这样的试验表明转基因作物和非转基因作物的代谢途径相同，就不需要进行额外的试验。如果观察到有不同的代谢途径，应该分别对它们进行进一步的试验。

37. 试验清单

试验材料

- 农药和 ^{14}C 标记的位置
- 剂型
- 施药剂量，每公顷多少千克有效成分
- 施药方法：叶面喷施、土壤处理、种子处理
- 计划表，施药日期

作物

- 品种
- 施药时的生长阶段
- 避光或暴露于光照中
- 采样和收获时的生长阶段及日期
- 样品的性质

38. 苯醚甲环唑在小麦中的代谢

作物在温室代谢试验中，以有效成分相当于 $0.25kg/hm^2$ 的剂量对春小麦叶面喷施三唑环上 ^{14}C 标记的苯醚甲环唑乳油 4 次。

第一次施用苯醚甲环唑是在播种后 43 d 的孕穗期早期。随后又施用三次，施药间隔是7 d 或 8 d。最后施药 29 d 后，收获成熟的样品。

在植物的见光部分（顶部和茎干），苯醚甲环唑是主要的残留物。在避光部分，也就是麦粒，残留物的成分是差别较大的，因为只有含有三唑环的代谢物在植物体内是可以移动的，并且能移动到植物的任何部分。在麦粒中苯醚甲环唑母体没有检测到。

39. 用三唑环上^{14}C标记的苯醚甲环唑处理过的小麦植株和籽粒中的^{14}C残留物

小麦代谢残留组分	浓度，mg/kg，以母体化合物或 TRR 的百分含量表示		
	顶部 50% 成熟，第二次施药后 8d	茎秆，成熟，第四次施药后 29d	麦粒，成熟，第四次施药后 29d
总的^{14}C残留（TRR）	8.7mg/kg	54mg/kg	1.4mg/kg
可提取残留	88%	78%	70%
不可提取残留	10%	13%	23%
苯醚甲环唑		50%	
羟基-苯醚甲环唑		1%	
CGA 205375		5%	
Hydroxy - CGA 205375		1%	
三唑乙酸			20%
1，2，4 -三唑			10%

40. 对结果的解释

苯醚甲环唑母体在植物体内是不能移动的，所以母体化合物只残留在作物的喷施表面，而籽粒上是不会有苯醚甲环唑残留的。

然而，代谢产物 1，2，4 -三唑和它的代谢产物三唑乙酸却很容易在植物体内转移并被运输到籽粒里。

1，2，4 -三唑和丝氨酸共轭合成三唑丙氨酸，然后生成三唑乙酸。同样的情况也发生在其他含有 1，2，4 -三唑环的化合物上。

41. 后茬作物中的残留

后茬作物中农药残留试验：农药施用于一种农作物上，在种植或播种在这一土壤中的下茬或后茬作物上检测该农药的残留。

应当注意的是后茬作物试验可能涉及一些检测残留以外的东西，如除草剂从抗性作物到易感作物的转移。这些试验旨在建立再次耕作的安全间隔期以避免农药对后茬作物的伤害。再次耕作的安全间隔期应该在药品标签上告知，并且成为良好农业操作规范的一部分。

如果后茬作物制成的动物饲料或食物中的残留是可以得到确认和测定的，残留超标（能检测到残留却没有最高残留限量标准）就可能存在。后茬作物试验为监管当局制定农药最高残留限量提供了所需信息。

在限制性后茬作物的试验中，使用^{14}C 标记农药，可以观察标记物质的归趋并能识别土壤和植物体中的代谢物。因为放射性同位素材料是受限制的，因此该试验是受限制的。

在田间后茬作物的试验中，使用的是未标记的农药。根据放射性同位素标记试验结果，决定农作物哪部分需要分析，以及应该分析哪些残留。

42. 后茬作物试验的目的

- 提供了通过从土壤中吸收在各种初级农产品中残留的总放射量的评估。

- 确定在各种初级农产品中的最终残留的主要成分，从而指示在残留物量化试验中将要被分析的成分（即风险评估和市场监测的残留定义）。

- 阐明有效成分在后茬作物中的降解途径。

- 提供数据以确定适当的后茬间隔时间（从施用农药到可以种植后茬作物之间的时间）和/或根据残留被吸收浓度规定可种植的后茬作物。

- 提供资料确定是否应该针对后茬作物进行限制性的田间试验。

43. 后茬作物中的代谢

- 试验一般在沙壤土上进行，这种沙壤土已经用相当于最高季节剂量（1X）的放射性同位素测试物质标记。

- 应该用放射性标记的农药活性成分处理土壤，最好含有最终田间使用的产品中的典型配方成分。

44. 后茬作物中的代谢

- 后茬作物应该是下面几组作物中的任意一组的代表：块根类和块茎类蔬菜，如萝卜、甜菜或胡萝卜；小粒谷类作物，如小麦、大麦、燕麦或黑麦；叶菜类蔬菜，如菠菜或生菜。

- 如果可能，药品标签上应标明后茬期望作物。

45. 限制性的后茬作物试验设计实例

- 假设[14]C 标记的农药直接施用于土壤表面，而不是前茬作物上。假设所有标记农药都进入土壤，这也许是比较极端的情况。经常选用的典型后茬作物有叶菜类蔬菜、块根类作物和谷物，分别于处理后30、120 和 360 d 后播种。

- 后茬作物完全成熟后作为样品被采集分析。谷物饲料样品在早期生长阶段被采集。土壤样品同样也需进行分析。样本需要做 TRR 分析和代谢物的鉴定。

- 通过限制性试验（见《JMPR/FAO 评估手册》，3.5.2 节），如果有足够的证据表明在样品中有残留存在，则实际田间后茬作物就需进行残留定量分析。

46. 设计

0 d	后茬作物	TSI[1]，d	THI[2]，d	样 品
施用于裸露土壤	叶菜类蔬菜，如生菜	30	90	土壤，生菜
		120	180	土壤，生菜
		360	420	土壤，生菜
施用于裸露土壤	块根类蔬菜，如萝卜	30	90	土壤，萝卜上部，根
		120	180	土壤，萝卜上部，根
		360	420	土壤，萝卜上部，根
施用于裸露土壤	谷类作物，如小麦	30	110	土壤，整体植株
			180	土壤，麦草，麦粒
		120	200	土壤，整体植株
			270	土壤，麦草，麦粒
		360	440	土壤，整体植株
			510	土壤，整体植株
				土壤，麦草，麦粒

[1] TSI：土壤处理和播种的时间间隔，d。
[2] THI：土壤处理和后茬作物收获（或采集土壤样品）的时间间隔，d。

47. 试验清单

试验材料

- 化合物和[14]C 标记位置
- 施药剂量，每公顷多少千克有效成分

- 计划表，施药日期

土壤和作物

- 土壤类型和性质

- 作物品种

- 计划表：播种和采样日期

- 样品的性质

审核者需关注

- 有关后茬作物上的 TRR 含量

- 有关后茬作物上的母体化合物和代谢物的特征和浓度（残留成分是否与植物代谢产物一样?）

48. 氟吡菌胺的限制性后茬作物的试验

- 在沙粒 77%、黏粒 14%、黏土 9.6%，pH 6.2，有机质 0.81% 的土壤中进行试验。^{14}C 标记的氟吡菌胺以 $400g/hm^2$ 的用量直接施用在土壤表面。间隔 29、133 和 365 d 后，播种生菜、萝卜和小麦，直至生长成熟。

- 在 365 d 的休耕间隔期中，萝卜上部和麦秆中的 TRR 水平最高。氟吡菌胺母体占残留物很小的一部分（在萝卜上部含量是 3.8%，在麦秆中含量是 7.2%），而代谢物 M‑01 和 M‑04 分别是小麦秸秆和萝卜上部的主要残留物。

- 从这个试验和许多其他的试验可以得到的结论是后茬作物可能含有低浓度的氟吡菌胺和代谢物。

- 代谢物 M‑01 也是敌草腈的代谢产物，因此它不适合被列入监测残留定义，但被列入风险评估。

49. 土壤处理 365d 后播种的作物上的苯基上 ^{14}C 标记的氟吡菌胺

作物部位	TRR, mg/kg	TRR（%）		
		M-04	M-01	氟吡菌胺
生菜	0.53		87%	2.1%

（续）

		TRR（%）	
萝卜上部	1.75		88%	3.8%
萝卜根部	0.03		61%	24%
小麦草料	0.86	59%	15%	4.8%
小麦籽粒	0.05	25%	18%	7.3%
小麦秸秆	2.37	28%	5.1%	7.2%

50. 要点

——后茬作物中的农药残留可能是一种复杂的物质，需要开展许多试验来确定其详细信息。

——后茬作物中的残留组分可能与直接施药处理情况下的不一样。例如，在直接叶面处理的生菜中，氟吡菌胺母体是主要的残留组分（96%），而作为后茬作物，生菜中氟吡菌胺母体只占 TRR 的 2.1%。

——当估计最大残留量时，应考虑后茬作物试验中的结果。

——最好设置包含后茬作物的产品组的最大残留量。

本章缩写和缩略语

CAS　美国化学文摘服务社

EC　乳油

GAP　良好农业操作规范

HPLC　高效液相色谱

ISO　国际标准化组织

IUPAC　国际纯粹与应用化学联合会

JMPR　农药残留专家联席会议

MRL　最大残留限量

THI　处理至收获的间隔期（见于后茬作物试验中）

TLC　薄层色谱

TRR　总放射性残留

TSI　处理至播种的间隔期（见于后茬作物试验中）

4 农药在土壤、水和水沉积物系统中的环境归趋

环境归趋试验的要求

环境归趋试验的设计和实施

环境归趋试验结果在食品中残留评价方面的作用

培训班讲义——环境归趋

本章的目的是为了阐明环境归趋试验以及如何将其结果用于食品和饲料中农药残留量评估。

《JMPR/FAO 评估手册》中的相关章节

环境归趋试验的要求

FAO 专家组不评估环境毒理数据，但要求提供与食品和饲料作物残留吸收相关的环境归趋试验结果。

通常要求所有农药都要进行试验，除非那些具有特定的限定用途的农药，比如种子处理、收获后仓储使用。相关试验结果的可获得性对于评估食品和饲料中的残留至关重要。

需要注意的是在某些情况下所需的试验取决于其使用方式（土壤、叶面、种子处理），水稻就是一个特别的例子。有关环境归趋的数据要求已总结在下表中：

试验类型	施药类型和要求（是/否/有条件的）						注释
	叶面	土壤	根、茎或鳞茎植物，花生（固定后）	种子包衣（包括马铃薯种子）	用于作物中的杂草	稻谷	
物理和化学特性	有条件的	有条件的	有条件的	有条件的	有条件的	有条件的	仅提供原药的数据，例如水解、光解。
土壤降解（有氧）	否	是	是	是	是	否	可能是对后茬作物影响的资料的一部分。
土壤光解	否	是	是	是	是	否	
土壤降解（厌氧）	否	否	否	否	否	否	
土壤中的持续	否	否	否	否	否	否	
在土壤中的迁移和过滤	否	否	否	否	否	否	
土壤类型的吸附	否	否	否	否	否	否	
水解率和产物	是	是	是	是	是	是	在无菌缓冲水溶液中的水解，应提供无菌的差异（例如拟除虫菊酯）。
植株表面的光解	有条件的	否	参见叶面	否	否	参见叶面	特别情况下要求（例如阿维菌素）提供足够的植物代谢试验。
自然池塘水中的光解	否	否	否	否	否	有条件的	对于大米，由于GAP包括了对水面的施药，植物代谢试验已经足够。
作物吸收和可利用率（参见后茬作物）	否	否	否	否	否	否	
限制的后茬作物	是	是	是	是	是	否	果园的后茬作物不要求。土壤作物需要对放射性同位素标记进行分析。
大田后茬作物	有条件的	有条件的	有条件的	有条件的	有条件的	否	要求提供在后茬作物上有条件使用的资料。
大田消解试验	有条件的	有条件的	有条件的	有条件的	有条件的	否	要求提供在后茬作物上有条件使用的资料。
在水-沉积系统中残留降解（生物降解）	否	否	否	否	否	有条件的	提供充分的水稻代谢试验数据。在一些情况下，例如施用于池塘水，需要提供代谢和降解试验。

环境归趋试验的设计和实施

通过对同位素标记的活性成分进行试验。选择标记位置的原则以及对代谢物进行鉴定和定量的一般要求与第三章中介绍的相同。

环境归趋试验结果在食品中残留评价方面的作用

环境归趋试验的结果有助于解释和理解规范残留试验。

例如，环境归趋试验可以解决以下几个问题：

——如果该化合物用于马铃薯生长早期阶段，当马铃薯收获时土壤中是否还有其残留？

——如果该除草剂用于防除果树周围的杂草，它是否会残留在土壤中或者被果树吸收？

——在土壤中的代谢物是否和植物体内的代谢产物一致？

——对于易光解的化合物，如何比较其在土壤表层使用和混合到土中使用的残留情况？

——对于易光解的化合物，温室使用时的残留是否会比田间使用时的高？

——在水稻生长过程中，在厌氧沉积物沉积的条件下会不会产生新的代谢物？

实例——氯氰菊酯有氧土壤降解（JMPR，2008）

当氯氰菊酯 20℃时在四种土壤（两种沙质壤土、一种黏质壤土和一种粉质黏土）中经有氧土壤降解时，氯氰菊酯降解的半衰期为 6～24 d。反式异构体降解得比顺式异构体更快。

测试物质的顺/反式比例是 40：60。暴露 90 d 或 120 d 后，剩下的氯氰菊酯的顺/反式比例在 60：40 到 73：27 的范围内。

90 d 或 120 d 后，测试物质矿化作用（转化成 CO_2）的比例达到 37%～70%。

要点：

——残留物的异构体组成在土壤降解的过程中改变了。

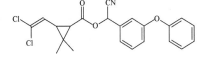

氯氰菊酯

——矿化作用的比例是衡量全部残留物降解的一种方法。

实例——啶酰菌胺在后茬作物中的残留

2006：在一个限制性后茬作物的试验中，直接用联苯环或嘧啶环上^{14}C标记的啶酰菌胺处理土壤。分别于处理后 30 d、120 d、270 d 和 365 d 播种生菜、萝卜和小麦，待其生长成熟后采集，用于分析。

残留主要通过母体化合物来鉴定。啶酰菌胺在生菜叶中的浓度在 55.6%～94.1%TRR，在萝卜根中的浓度范围为 69.4%～90.2%TRR。在小麦籽粒中的母体化合物的浓度较低（1.9%～35.4%TRR，<0.028 mg/kg）。

后茬作物试验的田间试验在这次会议前未曾要求提交，且不能用于评价。

啶酰菌胺

2009：提交的田间降解试验数据表明：啶酰菌胺未表现出向土壤深层移动的趋势，且在为期 12～18 个月的田间降解试验（四种不同的土壤）中，主要在表层 10 cm 的土壤中被检测到。啶酰菌胺的浓度降低到起始浓度的一半所需时间为 28～208 d。在所有的试验中，在施用到裸露的土壤中后，一年之内均未能达到 DT_{90}（降解 90%所需的时间）。

在进一步的试验中，试验了初次施用和多年施用啶酰菌胺的土壤中的降解情况，结果显示多年施用的土壤中活性成分的降解速度慢得多。实验室条件下测得的半衰期（DT_{50}）在初次施用的土壤中大约为 336d，而在多年施用的土壤中则为 746d。

土壤中降解的缓慢导致了后茬作物残留量高。

要点：

——后茬作物的田间试验数据在第一次评估的时候不要求提交（除非 JMPR 要求）。缺失数据：检查可能的原因。

——降解缓慢导致母体化合物是主要的残留物：这可能会导致后茬作物中的残留。

实例——硝苯菌酯在叶片上和土壤表层的光解

将^{14}C标记的硝苯菌酯乳油于南瓜萌发后开花初施用在植株上。喷药 5min 内，将铝箔覆盖在试验的 12 个大南瓜叶子上以便提供黑暗环境。随即将两个 $30cm^2$ 的覆盖板和两个 $30cm^2$ 的透紫外线的有机玻璃立即放置在处理过的土壤上。

　　试验发现硝苯菌酯在叶片表面快速降解，然而在土壤表层硝苯菌酯的降解要慢得多，且降解的量较少。

　　要点：在植物表面，有效成分的降解主要为光解。

硝苯菌酯

实例——阿维菌素"新"光解产物的形成

　　阿维菌素 B1a（^{14}C 和 ^{3}H 标记）以推荐剂量的 0.5～5 倍施用于大田中的芹菜上。最后一次施用后总放射量随着时间下降，而且很大一部分用丙酮已经不能提取出来，形成了极性的降解产物和 Δ-8，9 异构体。^{14}C 和 ^{3}H 标记的阿维菌素 B1a 的使用产生相同的产物，这与在柑橘和棉花上的试验，以及在玻璃上的光降解模式相似。用色谱分析法发现玻璃上的光解产物类似于相关植物的叶子上的产物。而且因为玻璃上没有植物材料的污染，所以将其选为试验对象。

　　对阿维菌素 B1a 在灭菌的水悬浮液中和薄层土壤中的光降解进行了试验。试验中使用标记的阿维菌素 B1a（^{14}C 或 ^{3}H 标记）。重复试验测试表明水悬浮液中的光降解半衰期分别为 3.5 和 12h，而在薄土层中的半衰期是 21h。非极性的光解产物初步确定为阿维菌素 B1a 的 Δ-8，9 异构体。

　　Δ-8，9 异构体只在植物表面中生成，在动物代谢试验则不会产生。

　　要点：

　　由于动物代谢中没有光解产物，所以它与母体化合物的动物毒理学试验不完全等同，需要开展独立的毒性试验。

培训班讲义——环境归趋

1. 4 农药在土壤、水和水沉积物系统中的环境归趋

2. 大纲

　　本章的目的是为了阐明环境归趋试验以及如何将其结果用于食品和饲料中农药残留量评估。

- 环境归趋试验的要求
- 环境归趋试验的设计和实施
- 实例

3. 环境归趋试验要求

- 基于农药应用，应开展对粮食和饲料作物可能残留吸收的环境归趋试验。
- 水稻是一个特别的例子。
- 下列相关试验无需进行评价：

——环境毒理学

——限制性施约（采收后，种子处理等）

4. 实例——试验要求

试验类型	使用类型和要求（是/否/有条件的）					
	叶面	土壤	根类、块茎类、球茎类植物	种子包衣	除草剂	水稻
理化性质	有条件的，如水解和光解					
土壤中有氧降解	否	是	是	是	是	否
土壤光解	否	是	是	是	是	否
土壤中厌氧降解	否	否	否	否	否	否
土壤中的持久性	否	否	否	否	否	否
土壤中的迁移/淋溶	否	否	否	否	否	否
不同土壤类型的吸附	否	否	否	否	否	否

5. 实例——试验要求

试验类型	施药类型和要求（是/否/有条件的）					
	叶面	土壤	根类、块茎类、球茎类植物	种子包衣	除草剂	水稻
水解速率和产物	在灭菌的水缓冲液中的水解，应该适当地提供非生物的差向异构化资料（如：拟除虫菊酯）。					
光解——植物表面	有条件的	否	有条件的	否	否	有条件的
光解——自然池塘水体	否	否	否	否	否	有条件的
后茬作物——限制性的	是	是	是	是	是	否
后茬作物——田间	有条件的	有条件的	有条件的	有条件的	有条件的	否
田间降解实验	有条件的	有条件的	有条件的	有条件的	有条件的	否
水沉积物系统中的生物降解能力	否	否	否	否	否	有条件的

6. 环境归趋试验的设计和实施

通过对同位素标记的活性成分进行试验。选择标记位置的原则以及对代谢物进行鉴定和定量的一般要求与第三章中介绍的相同。

7. 环境归趋试验的结果在食品中残留评价方面的作用

环境归趋试验的结果有助于解释和理解规范残留试验

例如，环境归趋试验可以解决以下几个问题：

- 如果该化合物用于马铃薯生长早期阶段，当马铃薯收获时土壤中是否还有其残留？
- 如果该除草剂用于防除果树周围的杂草，它是否会残留在土壤中或者被果树吸收？

8. 环境归趋试验的结果在食品中残留评价方面的作用

例如，环境归趋试验可以解决以下几个问题：

- 在土壤中的代谢物是否和植物体内的代谢产物一致？
- 对于易光解的化合物，如何比较其在土壤表层使用和混合到土中使用的残留情况？
- 对于易光解的化合物，温室使用时的残留是否会比田间使用时的高？
- 在水稻生长过程中,在厌氧沉积物沉积的条件下会不会产生新的代谢物？

9. 实例 1——氯氰菊酯有氧土壤降解

氯氰菊酯 20℃ 有氧土壤降解时，降解的半衰期为 6～24d。反式异构体降解得比顺式异构体更快。

——测试物质的顺/反式比例是 40：60。暴露 90d 或 120d 后，剩下的氯氰菊酯的顺/反式比例在 60：40 到 73：27 的范围内。

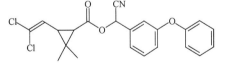

氯氰菊酯

——90 d 或 120 d 后，矿化作用（转化成 CO_2）的比例达到 37%～70%。

要点：

- 残留物的异构体组成在土壤降解的过程中改变了。
- 矿化作用的比例是衡量全部残留物降解的一种方法。

10. 实例 2——啶酰菌胺在后茬作物中的残留

2006：在用 [14]C 标记的啶酰菌胺处理过的土壤中，分别于处理后 30、

120、270 和 365d 播种生菜、萝卜和小麦，待其生长成熟。植物组织中啶酰菌胺母体占 TRR 的 52.6%～90.25%。

后茬作物的田间试验在这次会议前未曾要求提交，且不能用于评价。

在田间降解实验中，啶酰菌胺的浓度的浓度降低到起始浓度的一半所需时间为 28～208d。在所有的试验中，在施用到裸露的土壤中后，一年之内均未能达到 DT_{90}。

啶酰菌胺

在经年施药的土壤中，活性成分的土壤降解要慢得多。实验室条件下测得的 DT_{50} 值在初次施用的土壤中大约为 336d，而在多年施用的土壤中则为 746 d。

土壤中缓慢的降解导致了后茬作物残留量高。

要点：

- 后茬作物的田间试验数据第一次评估的时候不要求提交（除非 JMPR 要求）。缺失数据：检查可能的原因。
- 缓慢的降解导致母体化合物是主要的残留物：这可能会导致后茬作物中的残留。

11. 实例 3——硝苯菌酯在土壤表面和叶片上的光解

将 ^{14}C 标记的硝苯菌酯乳油于南瓜萌发后开花初施用在植株上。喷药 5min 内，用铝箔覆盖在 12 个大南瓜叶子上以便提供黑暗环境。随即将两个 30cm^2 的覆盖板和两个 30cm^2 的透紫外线有机玻璃立即放置在处理过的土壤上。

结果表明，硝苯菌酯在叶片表面快速大范围地光解，然而在土壤上硝苯菌酯的降解要慢得多且降解的量较少。

要点：在植物表面，有效成分的降解主要为光解。

硝苯菌酯

12. 实例 4——阿维菌素形成"新"光解产物

阿维菌素 B1a（^{14}C 和 ^3H 标记）用于大田芹菜。

形成了极性的降解产物和 Δ-8，9 异构体。同时使用 ^{14}C 和 ^3H 标记的阿维菌素 B_{1a} 产生了与在柑橘和棉花试验中类似的产物。

对阿维菌素 B1a 的光解进行了试验。阿维菌素 B1a（^{14}C 或 ^3H 标记）在有光条件下在灭菌的水悬浮液中的光解半衰期分别为 3.5～12h，而在薄土层中的半衰期是 21h。非极性的光解产物初步确定为阿维菌素 Bla 的 Δ-8，9 异构体。

要点：

由于动物代谢中没有光解产物，因此它与母体化合物的动物毒理学试验不完全等同，需要进行独立的毒性试验。

本章缩写和缩略语

DT$_{50}$　降解 50％所需的时间。在一个系统中，农药降解为其初始量或浓度的一半所需要的时间。（IUPAC 定义）

DT$_{90}$　降解 90％所需的时间。在一个系统中，农药降解为其初始量或浓度的 10％所需要的时间。

EC　乳油

FAO　联合国粮食及农业组织

JMPR　农药残留专家联席会议

TRR　总放射性残留

UV　紫外光

5 采样，样品前处理和分析、提取效率，残留稳定性

采样

样品前处理过程

样品处理和低温储藏过程中农药残留稳定性

分析方法

残留分析方法的回收率

分析方法的选择性

培训班讲义——采样和分析

本章旨于阐述农药残留的采样、储藏与分析过程，农药残留在采样、样品储藏、分析等过程中的不确定性，以及研究必需的数据。

《JMPR/FAO 评估手册》的相关章节

采样

采样方法和样品目标物的选择。采样方法的选择和样品处理（包括采摘、标示、运输、储藏）非常重要。

样品来源：

农作物代谢研究：

- 不可食用的表皮（例如柑橘，柠檬和香蕉）和果肉；
- 未成熟作物（玉米笋、叶芽）和成熟作物；
- 如果使用多种模式，需要采集不同模式的样品，例如不同的安全间

隔期的样品。

轮作作物研究：

- 用于人类食用和牲畜饲料的初级农产品相应的植物部分；
- 按照标准的农业生产实际，收获不成熟的、成熟的作物（禾谷类作物的牧草、干草、秸秆和粮食）。

牲畜代谢研究：

- 如果条件允许，每天两次采集粪便、牛奶①和鸡蛋；
- 肌肉（反刍类动物腰腹肌肉、家禽类动物腿部和乳房肌肉）；
- 肝脏、肾脏（反刍类动物）、脂肪（肾脏，网膜及皮下）。

田间试验监测：

- 采集从整个初级农产品到贸易流通的样品。
- 采集不同植物部分：玉米作物（种子），草（干草）和饲草。

田间监测及监测程序：

- 采集成熟或者待售农产品（根据食品法典的采样程序）。

注意事项：

整个研究中必须详细描述采样、处理、运输方法和样品储藏条件。

就监测试验的田间调查和监测程序来说，试验应该提供包括初级样品采集时间（样品增加）、混合样品数量和混合样品总重量等信息。

对样品进行典型加工处理（脱皮、剪切或清洗）。大部分样品应经包装并完好无损地运到实验室，不能利用缩减采样点来减少样品量。

采样的不确定性取决于加工过程中作物的农药残留变异性、作物种类数

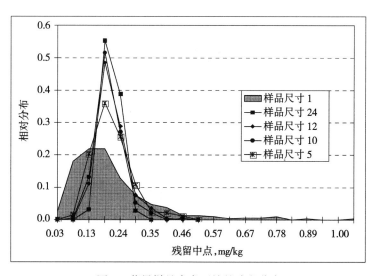

图1 苹果样品中毒死蜱的残留分布

---

① 牛奶中的脂肪需要通过分离手段与水分开。

量以及组成混合样品的增量。

图1表明作物中单位样品农药残留分布与混合样品平均残留分布的关系，以及不同的样品大小的相关残留曲线。

样品最小尺寸是按照《JMPR/FAO评估手册》附录5中给出的监测田间试验标准测定的。

结果需要进行如下检查：

- 样品规格和数量是否按照监测田间试验和监测程序？
- 运输前的样品处理程序，运输条件和分析前样品储藏时间（见储藏稳定性相关章节）。

样品前处理过程

样品前处理过程是实验样品转变成分析样品，去除试验不需要的部分（土，石头，骨骼等）的过程。

实验样品根据食品法典为制定MRL而提出的分析标准准备（《JMPR/FAO评估手册》附录5）。

样品处理程序是通过剪切、研磨、搅拌等过程将分析样品均质化，尽量避免残留浓度发生变化。具体参照残留物稳定性相关章节。

样品处理和低温储藏过程中农药残留稳定性

通常情况下，样品从田间取回要经过很长时间的储藏后才会被检测。因此，残留数据准确的评估需要储藏过程中残留物的稳定性数据。

储藏稳定性研究应该指储藏样品中农药残留稳定性。如果检测之前储藏过程造成的残留量损失超过30％，那么认为在这一储藏周期中的残留分析可能不准确。

当分析检测"总残留量"时，储存稳定性研究不仅应该包括总残留量，也应该包括残留定义中所有成分的单独分析。

储存稳定性研究需用典型样品：

——含水量高的样品

——强酸样品

——含油量高样品

——高蛋白质样品

——高淀粉含量样品

如果残留农药在所有样品试验中残留表现稳定，对 5 个作物类别中任一试验都是可以接受的。在这种情况下，将假定在所有其他样品中的残留在同一时间、相同储存条件下稳定。

如果只是为了获得五种作物类别中的一种作物的 MRLs，那么需要检测残留农药在该种作物类别的 2～3 种不同商品中的稳定性。

在冷藏条件下田间试验样品一般是在 30d 之内被检测，如果能提供相关证明可以省略冷藏稳定性的研究，例如表明残留物不挥发或不稳定性的基础物理化学性质数据等。

在混合、切碎或研磨过程时样品中的某些农药可能会迅速分解。与添加到均质后的样品相比，添加到均质前样品表面上的残留量经前处理后会迅速降解，这样均质样品一般存放在干冰中来减缓前处理过程中分析物的降解。

研究显示在一个星期之前添加的农药只得到 67% 低回收率，然而，新鲜的样品在 0～7d 之内的回收率却很高。这说明农药残留很有可能在最开始的处理过程中降解了。这种情况下利于解释有些待测物第一天分析就降解的原因。

－27～－19.2℃冰冻储藏的荔枝中联苯肼酯残留的稳定性

浓度，mg/kg	储藏间隔，月	回收率[1]，%	储藏样品中残留量[2]，mg/kg	未校正的平均残留量，%	校正的残留量[3]，%
0.10	0	112	0.105，0.110，0.115	112	—
	0.25	101	0.061，0.067，0.071	67.2	67
	1	76.6	0.041，0.045，0.049	45.0	58.7
	2	88.9	0.069，0.069，0.218	68.8	77.4
	5	68.6	0.041，0.042，0.047	43.9	64.0
	8	54.3	0.021，0.028，0.061	37.0	68.2
	10	79.9	0.047，0.052，0.060	54.6	68.4

[1] 两个空白添加的平均回收率。

[2] 测定值。

[3] 添加回收率调整值。

冷冻储藏研究评估重点

- 设计实验（设计实验间隔期，重复性，添加回收数量）
- 储藏容器（规模，材料，密封性）
- 样品的自然属性（个体，未切碎，切碎并混匀）
- 残留物的性质（单标或混标）
- 添加浓度（添加水平）
- 添加回收率和变异系数
- 储藏温度（开始和实际温度记录）

用添加回收率（分析储藏样品同时进行样品添加和分析）决定整批试验是否准确。储藏样品结果不应再根据添加回收结果进行调整。

分析方法

通过分析方法获得数据以制定膳食风险评估、最大残留限量和限定加工因子。

残留分析方法能够检测残留定义中包括特殊农药的所有分析物。用于膳食风险评估的残留定义与用于残留监测可能不同，因此需要不同的分析方法。如果一种分析方法不能适用于所有的成分，那可能需要另外的可行的方法。

尽可能检测田间试验中的主要残留成分，尽量使用通用的方法。

在进行最大残留限量评估时，由于单一的方法很难适用于所有成分的分析，实验方法最好是同时检测多种化合物的多残留分析方法。

应该尽可能考虑到检测目标物时所使用方法的可行性。

分析方法应该：

- 能够检测现有样品基质中残留定义所包含的可能残留物（同时包括风险评估和制定）。
- 在膳食风险评估时能够区分同类物和同分异构体。
- 选择性高，干扰物质不超过最低检测量的 30%。
- 能够通过添加回收和重复试验的检验。
- 涵盖所有农产品和饲料。如果农药残留显著存在，方法的适用范围还需包括加工过程和饮用水。
- 如果是可食用动物农产品则需要检测所有动物可食用部分。

如果技术上可行，规定的方法应该是在适合检测残留量 $\leqslant 0.01 \text{mg/kg}$ 的残留物。

残留研究中不同方法需要经过验证并符合试验目的。样品分析过程中，方法的适用性应该根据质量控制试验而确定（例如同时检验回收率和最低检测限）。

需要提交的方法验证过程包括提取效率和验证、参数标准和报告格式，是为登记试验服务的，这些过程是在 OECD 关于分析方法[①]原则的指导下和CCPR[②] 建立的 GLP 实验室中进行的。

分析方法特征指数应该至少包括：

——最低检测限和覆盖整个残留浓度范围的添加回收值（平均回收率、测试次数和单个回收率的标准偏差）；

——检测量和检测限；

——分析方法的重现；

——MRLs 监测方法的提取效率。

回收实验应该使用良好实验室操作规范（Codex Good Laboratory Practice Standard）或者经济合作与发展组织条例（OECD GL）列出的典型样品实施。

残留分析方法的回收率

添加回收率是方法实施的关键，进行回收率的分析需要提供溶剂和条件（温度、酸度、时间）等数据。提取效率对试验结果有显著影响，低的回收率是试验方法的一个很大的缺陷。然而，样品的添加回收率实验在分析之前不能用常规的方式快速确认。

所有包括残留定义的残留物回收率必须从待测物质被正常添加到样品中，又从样品回收试验中获得为标准。通过内标分析的平均值来确定提取率是代谢物添加回收率一般的研究方法。

较为理想的情况是，应保留代谢试验和后茬作物试验中用来确定监测方法和规范残留试验及后茬作物试验中分析方法的萃取效率的相关商品。试验报告应当包括挑选这些商品的理由。商品的保留应取决于相关分析方法的萃取程序，这样利用放射标记程序就能很容易确定萃取效率（燃点分析、液体闪烁计数、放射性检测器的色谱分析）。

---

① 农药残留分析方法的 OECD 指导原则．农药：39，检测和评估：72，2007。
② 食品法典修改原则中 GLP 对农药残留分析要求．CAC/GL：40，1993（Rev. 1）- 2003。

代谢物研究中可以选用常用的提取溶剂，例如丙酮、水、乙酸乙酯、乙腈，在相关回收率的试验中应该提供溶剂的信息。

实例——回收数据的取整

在验证牛奶噻虫嗪残留的分析方法中，回收率计算分析结果显然经过了取整处理，因为牛奶添加浓度 0.005mg/kg 和 0.002mg/kg 的回收率均为 100%。

取整会忽略小的偏差，例如若 0.005mg/kg 有 10% 的误差，则这样的实验结果一般无效。

因此不应对最后阶段数据计算进行取整处理。

分析方法的选择性

分析方法的潜在干扰应当注意。

实例——内源性化合物二硫代氨基甲酸酯残留分析中的干扰

代森锰锌和其他二硫代氨基甲酸酯残留物用二硫代氨基甲酸酯水解生成二硫化碳的方法分析测定。

如洋葱和花椰菜等作物，就有分析方法是采用酸性条件下将它们内部的硫化物水解成二硫化碳进行残留分析的。在正常条件下洋葱本身的二硫化碳含量<0.03～0.13mg/kg，而在花椰菜本身产生的二硫化碳的量<0.01～0.79mg/kg。

注意事项
——在分析二硫代氨基甲酸酯类农药时要注意作物自身产生的二硫化碳的量。

实例——通过代森类化合物残留分析乙烯硫脲残留的干扰

ETU 是一种代森类化合物（如代森锰锌）分解生成代谢物。

在分析浓度较低的 ETU 时，如果含有浓度较高的乙撑二硫代氨基甲酸盐，分析较为困难，因为有些乙撑二硫代氨基甲酸盐可能会转换成为 ETU，有报道称转化率为 0.22%～8.5%。在分析过程中应减少关键步骤所花费的

代森锰锌 代谢→ ETU

时间并做好预防措施，以减少转化率损失。

注意事项

——在这种情况下需要进一步的确定：分析中存在干扰成分。

草铵膦

实例——转基因作物添加回收实验的干扰

草铵膦是一种外消旋化合物，用于抗除草剂转基因作物的杂草防治。

用转基因大豆做草铵膦残留试验时回收率很低，约 50%～60%。

因为提取过程中转基因大豆迅速把 L-草铵膦（有活性的异构体）转化成 N-乙酰草铵膦，一半的添加物（L-异构体）迅速减少导致回收率低。

注意事项

——低回收率不是分析方法有问题的证明，而是在添加阶段标准品有 50%的损失造成的。

培训班讲义——采样和分析

1. 5 采样，样品前处理与分析

2. 本章的目的

为了阐述农药残留的采样、储藏、分析过程，农药残留在采样、样品储藏、分析等过程中的不确定性，以及研究必需的数据。

3. 概述

• 不同用途的取样

• 样品前处理与过程

• 在样品处理和低温储藏过程中样品的稳定性

• 分析方法

4. 取样

- 根据对目标物的研究，获取样品可靠的数据。
- 特别需要注意取样方法的选择和样品的处理（包装、标签、运送、储藏）。
- 设计此项研究要确保整个取样的完整性。
- 根据研究目的进行取样方法及目标物的选择。

5. 作物代谢研究

- 在作物代谢研究中，我们应该获得所有初级农产品的残留特征或鉴定。
- 对于皮不可食的样品如橘子、西瓜和香蕉，我们应当确定皮和果肉中的残留分布。
- 对于还未成熟就可食用的作物，如嫩玉米、多叶莴苣，应该对未成熟样品进行分析。

6. 作物代谢研究

- 成熟作物不可食用部分（例如苹果叶、马铃薯叶）的残留测定是用来帮助鉴定残留物的，同时我们也必须对可食用的部分进行取样、分析以便描述代谢的相似性。
- 如果试验中有多种处理模式，则需要采集不同模式的样品，例如不同的安全间隔期的样品。

7. 轮作作物研究

- 在轮作作物研究中应选择收获的典型轮作作物，并且对可食部分和用于饲料的初级农产品进行取样。
- 如果农业生产中存在正常收获成熟的和未成熟的作物，那么应该采收不同间隔期的样品。
- 收获的样品应该包括草料、干草、稻草、谷类作物的谷粒、成熟和未成熟的叶菜类蔬菜、块根类或块茎类作物及其地上部分，即使地上部分不是初级农产品。

8. 轮作作物研究

- 因为研究中用三种作物作为模式作物进行外推，所以需要块根作物的地上部分及未成熟的叶菜类蔬菜的残留数据。

- 此外，由于食用绿色蔬菜的增加，需要未成熟的叶菜类蔬菜样品数据。将"未成熟叶菜类蔬菜"定义为作物正常成熟至一半时的作物阶段。

- 除非有特定目的研究，一般情况下不需采集土壤样品。

9. 牲畜代谢研究

- 如果条件允许，在牲畜代谢研究中应该每天采集两次排泄物、牛奶和鸡蛋。

- 采集的组织应当至少包括肌肉（反刍动物的腰肉和侧腹肌肉及家畜的腿和胸部肌肉）、肝脏（山羊和家畜的所有器官，假如用牛和猪的话还要包括典型的肝脏或耳朵部分）、肾脏（仅需要反刍动物的）和脂肪（肾脏、网膜和皮下组织的脂肪）。

- 所有组织、排泄物、牛奶和鸡蛋上的总放射残留量（TRR）应该得到验证。

- 对于牛奶应该用机械方法将脂肪部分与含水部分分开，并且需对每个部分 TRR 进行验证。

10. 取样

- 监控田间试验
- 规范田间试验
- 来自在贸易中流通的整个初级农产品
- 不同的作物部分，例如玉米颗粒（种子）、饲料（干草）和草料
- 田间调查和监测
- 成熟的或准备销售的作物
- 食品法典：应该按照制定 MRLs 的推荐方法取样

11. 规范残留试验、有选择性的田间调查和监测

- 在有选择性实地调查和监测中应该按照食品法典制定 MRLs 的推荐标准方法取样。

- 在各种类型的研究中，应该详细描述清楚取样方法及样品储藏条件。

- 在规范残留试验、田间调查和监测中，应该提供包括制定选择最初样品（样品增量）位置、在复合样品中最初样品数量和复合样品总

重量的方法信息。

12. 处理地块的残留分布

- 由于喷施在作物农药分布不均匀，导致了作物不同部位农药残留差距较大（CV＝80%～100%）。

- 田间复合样品（CV＝20%～30%）的平均残留不可能完全相同。

13. 0 d 后毒死蜱在苹果上的相对分布

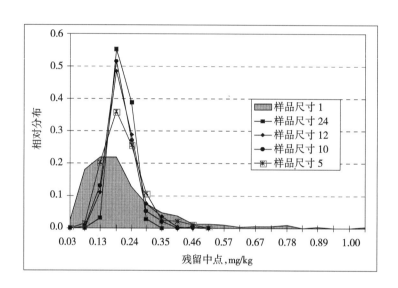

14. 14d 后毒死蜱在苹果上的相对分布

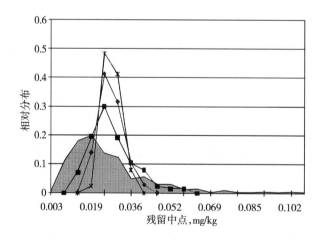

15. 乙烯菌核利在猕猴桃上的相对分布

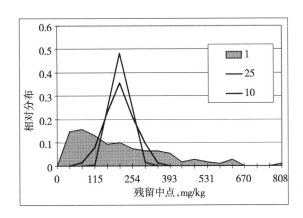

16. 果树上的典型取样草案

- 每个试验样品包括 24 个苹果。

- 根据规范田间试验，每一种样品均来自四个标准设计区域范围内相邻树上。

17. 复合样品的取样位置

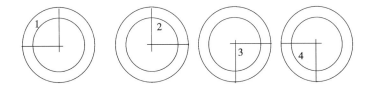

18.

作物	地点	喷雾方式	喷雾面积	样　品
柑橘	ES	背负式	18～195m²	20～30 个水果
橙子	ID	背负式	40m²	5kg
橙子	ES	背负式	68～195m²	12～16 个水果
橙子	USA	拖拉机机械	?	至少 24 个水果
木瓜	CI	喷雾器	36 棵树	12 个水果
桃子	US	空中喷雾	?	?
辣椒	ES	机动喷雾器	20～74m²	1.1～3.4kg
辣椒	CH	背负式	6～12m²	12 个水果
马铃薯	UK	分块式喷雾	50～120m²	10～24kg
大米	JP	背负式	24～52m²	2～2.6kg
番茄	ES	机动喷雾器	10～120m²	至少 12 个水果，最多 40kg

19. 基于复合样品平均残留量确定残留降解

时间，d	样品点							平均回收率	变异系数（CV），%
	1	2	3	4	5	6	7		
0	0.27	0.13	0.098	0.17	0.10	0.20	0.17	0.164	37
3	0.14	0.072	0.050	0.092	0.066	0.052	0.073	0.078	40
7	0.036	0.024	0.035	0.027	0.034	0.047	0.024	0.032	25
10	0.043	0.024	0.033	0.033	0.026	0.023	0.020	0.029	28
14	0.033	0.028	0.018	0.025	0.019	0.025	0.024	0.025	21

20. 甲基毒死蜱在苹果上的残留降解

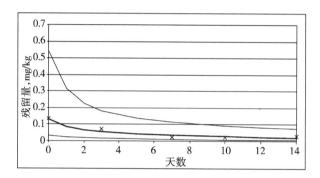

21.

天	氟吡菌酰胺（0.25kg/kg①）在葡萄中的残留					
0	0.72	0.35	0.43	0.51	0.59	0.97
3	0.61	0.32	0.66	0.3	0.49	0.62
8	0.7	0.22	0.56	0.18	0.6	1.0
14	0.65	0.34	0.43	0.27	0.43	0.58
21	0.63	0.28	0.33	0.22	0.44	0.63
28		0.18	0.41	0.22		

22.

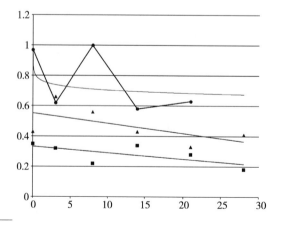

① 原文为 0.25kg/ka。——译者注

23. 注意事项：

- 合适的取样方法、处理、运送和储藏条件的选择需要确定：

——采集样品的时间。

——选择初始样品的方法（样品增量）。

——复合样品中初始样品的数量及整个复合样品的总重量。

——更长的安全间隔期时可能有更高的残留量。

——运输前的样品处理程序，运输条件和分析前样品储藏时间（见储藏稳定性相关章节）。

24. 样品准备和处理

- 样品前处理过程是实验样品转变成分析样品，去除试验不需要的部分（土，石头，骨骼等）。
- 实验样品根据食品法典为制定 MRLs 推荐的标准分析方法来准备（《JMPR/FAO 评估手册》附录 5）。
- 样品处理是通过（剪切、研磨、搅拌）等过程混匀分析样品，尽量避免残留浓度发生变化。

25. 样品缩量

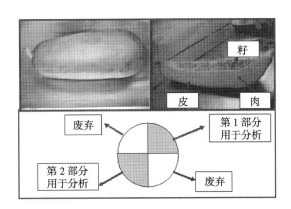

26. 样品准备和处理

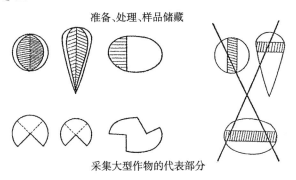

27. 样品处理

- 个别的作物单元残留浓度可能相差一百倍，在皮、肉和作物中残留量及分布可能分布不均匀。在所谓的均匀样品中的颗粒大小分布和测试部分的尺寸将会决定检测物的残留多样性。
- 更小的颗粒说明样品更均匀一致。
- 存在这样的矛盾：过于严格的均匀化可能会导致样品处理过程中分析物的分解。

28. 影响试验区域中残留多样性的因素。

根据 Gy 的取样模型，被测变量的相对标准偏差计算为：

$$CV_{Sp} = Cd^3 \left(\frac{1}{M_{Tp}} - \frac{1}{M_{As}} \right)$$

C：取决于某些因素的取样常量

d：颗粒大小分布的 95% 上限

M_{Tp}：提取均质样品中检测部分的量

M_{As}：均质样品的总量

29. Ingamells 取样常数，K_s：

$$K_s = M_{Tp} CV_{Sp}^{\ 2}$$

30.

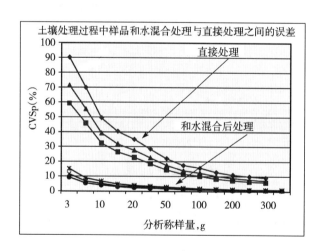

31. 在储藏和样本处理过程中残留的稳定性

- 通常情况，样品储藏很长一段时间才被检测，因此必须指明在储藏过程中残留的稳定性。

• 须用典型的样品研究储藏稳定性。

32. 在储藏和样本处理过程中残留的稳定性

• 当制定动物样品中的 MRL 时，动物组织、牛奶和鸡蛋必须进行储藏稳定性试验。

• 涉及作物样品种类时，样品种类的解释和判断依据为：

高含水量样品

强酸样品

多油脂样品

高蛋白样品

高淀粉样品

33. 在储藏和样本处理过程中残留的稳定性

• 如果残留物在所有样品中是稳定的，可从五个样品类别中选出一种进行研究。

• 如果仅用到五种样品类别中一种时，应该研究样品分类中的 2～3 个不同样品的稳定性。

• 如果样品提取后，储藏超过 24h 再分析，应通过相同条件下进行的添加回收试验来证实残留的稳定性。

34. 残留稳定性的测试

• 当用这种分析方法确定"总残留量"时，储藏稳定性研究应该不仅包括总残留量，而且包括残留定义中所有成分的单独分析。

• 在冷藏条件下田间试验样品一般是在 30d 内被检测，如果能提供相关证明可以省略冷藏稳定性的研究，例如表明残留物不挥发或不稳定性的基础物理化学性质数据等。

35. 在储藏和样本处理过程中残留的稳定性

• 即使大量的残留物在均化过程中消失，也能获得可接受的回收率。

• 在水果和蔬菜上应用一种稳定的和几种未知稳定性的化合物进行系统的储藏稳定性研究，结果显示在深冻试样的低温处理过程中没有或只有极少量的残留分解。

36. 在样品处理过程中残留的分解

- 在混合、切碎或研磨过程时样品中的某些农药可能会迅速分解。
- 与添加到均质好的样品相比，添加到均质前样品表面上的残留量经过前处理会迅速降解。
- 这样均质样品一般存放在干冰中来减缓前处理过程中分析物的降解。
- 例如克菌丹、灭菌丹、百菌清、联苯肼酰、乙螨唑等。

37. 储藏稳定结果

添加量，mg/kg	储藏周期，月	添加回收率，%	储藏样品残留量，mg/kg	未校正的平均残留量，%	残留量（校正后）
0.10	0	112	0.105，0.110，0.115	112	—
	0.25	101	0.061，0.067，0.071	67.2	67
	1	76.6	0.041，0.045，0.049	45.0	58.7
	2	88.9	0.069，0.069，0.218	68.8	77.4
	5	68.6	0.041，0.042，0.047	43.9	64.0
	8	54.3	0.021，0.028，0.061	37.0	68.2
	10	79.9	0.047，0.052，0.060	54.6	68.4

38. 注意事项

- 设计实验（设计实验间隔期，重复性，添加回收数量）
- 储藏容器（规模，材料，密封性）
- 样品的自然属性（个体，未切碎，切碎并混匀）
- 残留物的性质（单标或混标）
- 添加浓度（添加水平）
- 添加回收率和变异系数
- 储藏温度（开始和实际温度记录）

用添加回收率（分析储藏样品同时进行样品添加和分析）决定整批实验是否准确。储藏样品结果不应再根据添加回收结果进行调整。

39. 分析方法

- 这些方法应能够测定包括在残留定义中的所有分析物（MRL 制定，风险评估）。
- 需要多种方法。

- 在规范试验中主要的残留成分应该尽可能的分别给予确定。一般不提倡使用非指定方法。

40. 分析方法

提交至 JMPR 的方法信息不仅包括在规范田间试验和室内分析中用到的分析原则，而且需要精确描述整个详细的分析过程，包括描述分析物的化学性质、样品处理过程中残留稳定性、提取效率验证试验、不同水平的回收率、定量限、检测限、样品和添加回收的色谱图以及确定定量限和检测限的方法等。

41. 方法应为：

- 能够检测现有样品基质中残留定义所包含的可能残留物（同时包括风险评估和制定）。
- 在膳食风险评估时能够区分同类物和同分异构体。
- 选择性高，干扰物质不超过最低检测量的 30%。
- 能够通过添加回收和重复试验的检验。
- 涵盖所有农产品和饲料。如果农药残留显著存在，方法的适用范围还需包括加工过程和饮用水。
- 如果是可食用动物农产品则需要检测所有动物可食用部分。
- 规定的方法应该是在适合检测残留量 ≤0.01mg/kg 的残留物。

42. 监测和风险评估的不同要求

- 监测的分析方法需适用于大量的样品，因此应该是简单的，涵盖较宽的化合物和样品范围（多残留方法）。
- 用于风险评估的残留分析方法通常只关注可食用的部分，这些方法应能分析所有有毒理学意义的组分。

43. 用于监测复合残留定义

- 少量样品认为是难分析的残留样品。
- 单一的残留能与包括几种残留组分中较高的 MRL 进行比较。
- 可能需进行适当的调整。
- 许多非欧盟国家甚至一些欧盟国家的实验室也不能完全满足欧盟 MRLs 的准确确证。

- 消费者可能暴露于更高的残留中。

44. 方法验证

- 分析方法特征指数应该至少包括：
——最低检测限和覆盖整个残留浓度范围的添加回收值（平均回收率、测试次数和单个回收率的标准偏差）；
——检测量和检测限；
——分析方法的重现性；
——MRLs，根据提取方法效率推荐制定 MRLs。
- 回收实验应该使用良好实验室操作规范（Codex Good Laboratory Practice Standard）或者经济合作与发展组织条例（OECD GL）列出的典型样品实施。

45. 残留分析方法的回收率

- 提取效果对实验结果有显著影响，低的回收率是方法的一个很大缺陷。然而，样品的添加回收率试验在分析之前不能用常规的方式快速确认。
- 添加回收率是方法实施的关键，其试验需提供溶剂和条件（温度，酸度，时间）等数据。
- 所有残留定义中包括残留物添加回收率必须在有残留的样品中得到验证。

46. 测试回收率

- 理想情况下，应该保留用于代谢和轮作作物研究的样品，这些样品是用于常规方法和用于田间监测及轮作试验进行添加回收实验的。
- 代谢物研究中可以选用常用的提取溶剂，例如丙酮、水、乙酸乙酯、乙腈，在相关回收率的试验中应该提供溶剂的信息。
- 应该提供在常规方法中所使用溶剂的回收率信息。

47. 残留分析方法的回收率

- 在某些情况下，代谢研究的样品不需开发新的分析方法，如在两种溶剂体系中可能有"桥"存在。
- 例如，在规范田间试验中获得的残留，可能使用第一步的溶剂体系，第二步代谢研究过程时可用适当的溶剂进行提取。

- 可通过对分析结果直接比较来获得提取信息。

48.

基质	噻虫嗪，mg/kg		回收率（％）
	代谢物分析	AG‐675 方法	
梨	0.20	0.15～0.18	75～90
玉米饲料	0.047	0.02～0.03	43～64
黄瓜	0.1	0.04～0.05	40～50
黄瓜	0.044	0.02～0.04	45～91
山羊肉	1.0	0.56～0.79	56～79
山羊奶	0.37	0.06～0.09	16～24

49. "科瓦奇系列"的提取溶剂——M. H. Kovacs，Jr.，Residue Reviews，97 (1986) 1‐17.

- 有机溶剂
- 水/极性有机溶剂混合物

　——可能需要使用酶或水解物处理以释放轭合物

- 极性有机溶剂/水溶液酸性或碱性溶剂——外界的
- 极性有机溶剂/酸性或碱性溶剂——煮沸的

保持现有状态直到所有残留物通过提取方法被复原或破坏。

杜邦 Chuck Powley 提供

50. 残留的提取

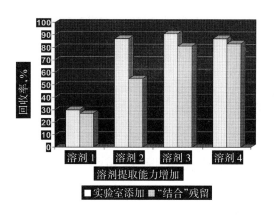

杜邦 Chuck Powley 提供

51. 取整值

- 在验证牛奶噻虫嗪残留的分析方法中，回收率计算分析结果显然经过了取整处理，因为牛奶添加浓度 0.005mg/kg 和 0.002mg/kg 的回收率不应该都是 100％。
- 取整会忽略小的偏差，例如若 0.005mg/kg 有 10％的误差，则这样的实验结果一般无效。
- 不应对最后阶段数据计算进行取整处理。

52. 实例——分析方法的选择

以测量二硫代氨基甲酸盐水解为二硫化碳等方法分析代锌锰森和其他二硫代氨基甲酸盐残留。

一些植物样品，如洋葱和花椰菜在分析过程中含硫化合物会在酸性水解条件下产生二硫化碳。未经处理的洋葱产生 CS_2 残留＜0.03mg/kg，而未经处理的花椰菜产生 CS_2 残留＜0.01～0.79mg/kg.

注意事项：在这种情况下需要进一步的确认，分析中存在潜在的干扰。

53. 实例——转基因作物添加回收分析试验中的干扰

草铵膦是一种外消旋化合物，用于抗除草剂转基因作物的杂草防治。

用转基因大豆做草铵膦残留回收率很低，约 50％～60％。

由于提取过程中转基因大豆迅速把 L-草铵膦（有活性的异构体）转化成 N-乙酰草铵膦，因此一半的添加物（L-异构体）迅速减少导致回收率低。

注意：

低回收率不证明分析方法的有问题，而是在添加阶段标准品有 50％的损失造成的。

本章缩写和缩略语

CCPR	食品法典农药残留委员会
ETU	乙撑硫脲
FAO	联合国粮食及农业组织
JMPR	农药残留专家联席会议

LOQ	定量限
MRL	最大残留限量
OECD	经济合作与发展组织
PHI	安全间隔期
RAC	初级农产品

6　残留定义

　　用于监测和膳食评估的残留定义原则

　　不同实例

　　测定残留物的表达

　　单一异构体和混合异构体的残留表达

　　脂溶性残留物的判定

　　转基因和非转基因的作物可能具有不一致的农药代谢途径

　　JMPR 和 JECFA 对阿维菌素不同的残留定义

　　验证检测共轭代谢物分析方法有效性的实例

　　本章目的是回顾残留定义的一般原则和校验代谢数据以及相关分析仪器，这些是残留监测和膳食评估所需要的。

《JMPR/FAO 评估手册》相关部分

用于监测和膳食评估的残留定义原则

　　农药残留是指由于使用农药而在食品、农产品以及畜类饲料中残留的任何物质。包括各种有毒物质和农药使用后的转化产物、代谢产物、反应产物、以及农药中的杂质（《食品法典程序手册》第 18 版）

　　注释：农药残留也包含其他化合物，即添加剂的残留以及已知化学品使用后的残留。

　　最高残留限量（MRL）是食品法典依法规定的农药使用时在食用产品和牲畜饲料中允许的最大残留量（用 mg/kg 表示）。MRLs 是基于 GAP 数据和源于农产品的食品的，这些农产品由于毒理学意义的可接受性会制订分别的 MRLs。（《食品法典》卷 2A）。

　　虽然农残定义中包含代谢产物、降解产物和杂质的残留，但农残评估目的是监测（MRLs）和膳食摄入评估（STMRs，HRs），不一定需要检测全部的代谢产物和降解产物。

WHO专家组指出在有毒理意义的代谢物膳食风险评估中，评估的基本要求有以下几个方面：

旨在明确MRLs的残留定义：

- 尽可能是基于单个化合物的，但最好可适用于多残留测定法。
- 最合适于监督GAP的遵守情况，残留物的来源应该明确的标识，因此应避免含有相同主基团的农药。
- 如果可能的话，所有商品的残留定义是相同的。

对于膳食摄入评估和风险评估的残留定义应该包含有显著毒理学意义的化合物。

在校正残留定义时需要考虑以下几点因素：

- 在动植物代谢过程中残留物质的成分。
- 代谢产物毒性（为了风险评估）。
- 规范田间试验中残留物的性质。
- 脂溶性。
- 规定分析方法的实用性。
- 产生的代谢物和分析物是否与其他农药一致？
- 一种农药的某种代谢物或成分是否已被作为另外一种农药登记使用？
- 是否能成为本国政府确立的残留定义，长期使用，获得认可？
- JECFA是否标注了动物样品中农残化合物的残留定义？

定期评审阶段是对残留定义复审的最佳时期。

注释：

以例行监测为目的的残留分析方法最好能满足在一般实验室中能承受的仪器费用和分析标准，且能对大量的样品进行分析。

复杂残留定义通常使用单残留的分析方法，但因此会导致能监测分析的农药数量比欧盟和美国可监测的农药少一些（和使用多残检测方法相比）。

如果没有使用标记化合物和在专门实验室内进行，一般不使用共轭代谢产物的残留方法。此类化合物的分析标准不易得到，在本章后面将对对提取效率的研究做出总结。

对单一残留物的表达不会减少对数据的需求。因为需要所有残留化合物的完整信息和目标残留化合物的相对比例才能确定是否可以仅用一种化合物，这也是风险评估的要求。

为了挑选出最适合的残留定义，相关代谢产物的残留水平需要分别测定和报告，但某种情况下允许与其母体化合物合并处理。

尽管会有例外的情况，但所有样品的残留定义应尽可能相同。

比如说，如果某种在动物体内的主要残留物是一种动物的特殊代谢物，那么这种代谢物就需要被监测。然而，如果它在农产品中没发现，农产品的残留定义不需要包含该动物代谢产物。如果出现这样的情况，最好将农产品残留物和动物代谢产物分开来定义。

遵循 MRL 的检测有时与对消费者的暴露评估并不一致，为了调和这种矛盾，可能对残留有多种定义。

不同实例

动、植物样品和单独的母体化合物一致的残留定义：氯虫苯甲酰胺。

氯虫苯甲酰胺

动植物样品的残留定义（监测 MRL 和膳食摄入评估）：氯虫苯甲酰胺。

动植物样品的残留定义一致，包括代谢物：联苯肼酯。

联苯肼酯

监测和膳食摄入计算的残留定义：联苯肼酯和联苯肼酯—二氮烯之合以联苯肼酯表示。

残留是脂溶性的。

动、植物样品的残留定义不同

动、植物组织中的不同残留定义——苯醚甲环唑：

苯醚甲环唑

植物样品残留定义（监测 MRL 和膳食摄入评估）：苯醚甲环唑。

动物样品残留定义（监测 MRL 和膳食摄入评估）：苯醚甲环唑和 1-[2-氯-4-（4-氯-苯氧基）-苯基］-2-（1，2，4-三唑）-1-基-醇）之合，以苯醚甲环唑表示。

残留是脂溶性的。

测定残留物的表达

所有二硫代氨基甲酸酯在酸溶解过程中演变为二硫化碳且均用 CS_2 mg/kg表示。

注意事项：

残留的定义不应该仅仅依靠一种特殊的分析方法，此定义不能包括诸如"确定为"这类词汇。然而，在二硫代氨基甲酸酯这种实例当中，确实需要用到"... 确定为和表示成 ..."类似词汇来建立一种实用的残留定义。

如果一种化合物利用特殊的分析方法去鉴别可行（比如：甲基代森锌现在可以从二乙烯二硫代氨基甲酸酯中鉴别出来），在下一个阶段的复审时，这种残留定义将会改变，保证能够获取恰当的残留数据。

单一异构体和混合异构体的残留表达

硝苯菌酯-敌螨普

硝苯菊酯

敌螨普是混合异构体，其有效成分是含硝苯菌酯单一异构体：

异 构 体	硝苯菌酯	敌螨普
Meptyldinocap，2，4‐dinitro‐6‐（1‐methylheptyl）phenyl crotonate	98.5%	22%
2，6‐dinitro‐4‐（1‐methylheptyl）phenyl crotonate	0%	11%
2，4‐dinitro‐6‐（1‐ethylhexyl）phenyl crotonate1	1.5%	22%
2，6‐dinitro‐4‐（1‐ethylhexyl）phenyl crotonate	0%	11%
2，4‐dinitro‐6‐（1‐propylpentyl）phenyl crotonate	0%	22%
2，6‐dinitro‐4‐（1‐propylpentyl）phenyl crotonate	0%	11%

敌螨普的 ADI 值为 0.01mg/kg（体重），ARfD 值为 0.013mg/kg（体重）；甲基敌螨普的 ADI 值为 0.02mg/kg（体重），但没有可用的 ARfD 值。

在残留实验中使用的残留分析方法，测定了硝苯菌酯作为残留的总量。基于气相色谱和高效液相色谱（HPLC‐MS/MS）的多残留检测方法可以单独用来对硝苯菌酯进行检测，并且适用于四种代表性的样品。如果色谱仪器足够灵敏，可以用基于检测 2，6‐DNOP 同分异构体的结果代表敌螨普衍生物的残留。

目前敌螨普的残留定义需要包括所有的敌螨普同分异构体。

由于硝苯菌酯是敌螨普的一种同分异构体，因此现在残留定义也包括了对硝苯菌酯的定义。非手性选择性的方法不能将硝苯菌酯从敌螨普中分辨出来，但是手性选择性的方法可以分辨。因此硝苯菌酯和敌螨普都作为农药注册使用时，保证单个残留定义对监测来说更合适。

所以制定敌螨普的 MRLs 值时，将硝苯菌酯定义为敌螨普，即所有异构体总和，可能是较为实际的解决方式。

对于硝苯菌酯及其苯基化合物总和，样品中只是分析这些化合物时，0.02mg/kg 的 ADI 对硝苯菌酯总和是可用的。

会议建议的残留定义如下：当硝苯菌酯的 MRL 保持不变，硝苯菌酯的残留定义（用于监测的目的）应该是包括敌螨普的所有同分异构体总和。

以监测为目的的植物产品的残留定义：敌螨普，异构体总和。

暴露膳食评估的残留定义：硝苯菌酯和相关苯基化合物、2，4‐DNOP，表示为硝苯菌酯母体。

如果使用硝苯菌酯后的动物样品没有残留，就不需要动物样品中的残留定义。

脂溶性残留物的判定

盖草能是一种选择性除草剂，可以控制阔叶类作物田中的杂草。但在动

盖草能——脂溶性残留（JMPR，2009）

物饲料中发现有残留。

盖草能的有效成分是一种羧酸，并且存在于 pH 7 的缓冲液中（可能表现为一种盐），$\log K_{OW} = 0.27$，说明它不是一种脂溶性物质。

然而，盖草能在动物体内的残留却大多以三酰甘油共轭物的形式存在，并与脂肪组织结合，且存在于牛奶和蛋黄中。

因为其残留是以大量脂溶性共轭物存在，所以应该被定义为脂溶性物质。

残留定义为：盖草能及其所有共轭物，残留是脂溶性的。

转基因和非转基因的作物可能具有不一致的农药代谢途径

为转基因作物中的化合物制定的残留定义原则，并不会因为代谢产物和分析方法有太大的改变。当一种由非转基因作物生产出来的商业产品不能被轻易从转基因商品分辨出来时，对于他们的残留定义应该是相同的。没有一种方法可以适用于所有情况，此时应该找到单独的定义方法。

实例——草铵膦在转基因和非转基因植物中的不同代谢过程（JMPR，1998）

草铵膦是一种除草剂。转基因作物已经对其产生抗性，使除草剂代谢为无活性的乙酰基衍生物（N-乙酰草铵膦，NAG）。

草铵膦在植物体内代谢途径

在 GLC 色谱分析中，残留物取决于甲基化和乙酰基化作用，这种作用将草铵膦和 NAG 转化为 GLC 分析中的乙酰基化分析物。

残留分析方法的甲基化作用和乙酰化作用

当草铵膦被用于对其具有抗性的转基因作物时，主要的残留物质便成为 NAG。残留检测会主要是这种物质，因为：

——一些情况下 NAG 为主要残留物。

——草铵膦和 NAG 在 GLC 分析时产生相同的衍生物，因此除非化合物在衍生化之前被分开，否则在 GLC 分析时会出现共同的衍生物峰。

残留定义

草铵膦、三氯苯氧丙酸和 NAG 总量表示为草铵膦（自由酸）。

注意：

——由于转基因作物和非转基因作物样品无法区分开，因此两者的残留检测定义一致。

JMPR 和 JECFA 对阿维菌素不同的残留定义

阿维菌素只是国际标准化组织对农药定义的名字，是包含阿维菌素 B_{1a}（80%）和阿维菌素 B_{1b}（20%）的混合物。在光照下，光异构体 8，9-Z 阿维菌素是主要的产物，并且成为了主要的残留物，它被命名为 Δ-8，9 异构体。阿维菌素 B_{1a} 和 8，9-Z 阿维菌素 B_{1a} 在衍生物分析方法过程中产生了相同的荧光化合物，因此在 HPLC 中出现了同一个峰。阿维菌素 B_{1b} 及其光异构体 8，9-Z 阿维菌素 B_{1b} 同样也在 HPLC 中出现了相同的情况。

1992 年 JMPR 定义阿维菌素残留为：所有阿维菌素 B_{1a}，B_{1b} 以及他们的 Δ-8，9 同分异构体的总和。

1997 年 JMPR 指出，JECFA 同年提出的在动物肝脏、肾、脂肪中阿维菌素残留定义中不包含 8，9-Z 同分异构体（Δ-8，9 同分异构体），因为当阿维菌素直接作用于动物体时，这个物质并没有出现在动物组织中。同样因为认为阿维菌素 B_{1a} 是主要的残留物，JECFA 的残留定义也没有包括阿维菌素 B_{1b}。

JMPR 赞成适用于实验室的检测分析的广义的阿维菌素残留定义（包含 8，9-Z 同分异构体），因为分析时并不知道在动物体内的残留是仅仅来源于兽药还是还来源于动物的饲料中。实际上，广义的定义就是为了适应这两种情况。

在残留定义中是将 B_{1b} 排除还是考虑在内需要进行判定。在大多数作物中 B_{1b} 的残留含量占总残留物的 10% 左右，因此是否考虑在内的意义并不大。对 B_{1a} 和 B_{1b} 的分析需要运用相同的程序，B_{1a} 和 B_{1b} 在相同色谱条件中会出现两个峰，因此分析数据通常对这两种化合物都是适用的。B_{1b} 的残留可以通过 B_{1a} 的标准曲线被计算出来，因为两者的反应产物及影响因素都是相同的。

阿维菌素生成 8，9-Z 光异构体的过程，B_{1b} 和 B_{1a} 是相同的。当考虑 B_{1b} 的转化是否需要考虑在内时对 B_{1a} 的研究应该已经明确。虽然 8，9-Z 阿维菌素 B_{1b} 在残留中的量非常少，但如果要进行非常精确的残留分析，那么 8，9-Z 阿维菌素 B_{1b} 和 8，9-Z 阿维菌素 B_{1b} 均需要考虑在内。因此 JMPR 认为应该根据情况来调整残留的定义。

推荐的 MRLs 和 STMRs 的残留定义为：阿维菌素 B_{1a}，B_{1b} 以及他们的 8，9-Z 同分异构体的总和。

注意：

——兽药和农药应该用不同残留定义。

——测量 B_{1a} 和 B_{1b} 的分析方法应该使用相同的程序；因为在相同的色谱上他们会出现两个峰。

——阿维菌素 B_{1b} 的残留包括 8，9-Z B_{1b}；因此不需要额外的检测工作。

验证检测共轭代谢物分析方法有效性的实例

分析方法

对动植物样品的检测方法是类似的，都是要依靠温和的碱性水解将盖草能酸从盖草能共轭物中分离出来，这种盖草能共轭物主要是以三酸甘油脂存在于动物脂肪和含油种子作物中的。

这种方法通常用来验证盖草能中的脂类（甲酯和乙酰基乙酯）。

分析方法（JMPR，2009）

盖草能的分析方法取决于初始的提取物和水解过程，通常用 NaOH 的甲醇溶液将盖草能从共轭物中分离出来。在将溶剂萃取分离以后，盖草能通常被甲基化或丁基化，便于 GC 分析或者进一步净化。通常，大多数基质中都能检测到盖草能残留，检测限大约为 0.01～0.05mg/kg。

盖草能的对应异构体不能分离开来。现有方法可以有效地测量以酸、盐、酯以及共轭物形态存在的"全部"盖草能。

盖草能的分析并不适合多残留分析方法，因为盖草能的提取过程通常也是水解过程，该过程是将盖草能从动植物组织中的非极性和极性共轭物中分离出来的过程。

代谢试验样品的提取（JMPR，2009）

Gardner（1983，GH-C 1625）利用方法 ACR 83.1 提取大豆样品中的盖草能及其共轭物，并证实其转化成相应的酸。方法 ACR 83.1 通过在 0.1mol/L NaOH、98% 甲醇和 2% 水中通宵振荡基质进行萃取。该方法将 93% [14]C 标记的盖草能从大豆中提取了出来。HPLC 中仅出现盖草能（95%[14]C 组成）的特征峰。

Gardner（1983，GH-C 1709）用方法 ACR 84.6 证实了从牛奶中提取的盖草能作为自由酸、甲酯或共轭物的完整性。牛奶是来自用[14]C 丁基-吡氟氯禾灵的定量给料试验中的山羊奶。吡氟氯禾灵（盖草能）是用三种乙醚萃取物量化（99%～100%）提取的。甲基化盖草能、盖草能共轭物水解转化为盖草能酸的过程是通过检测水解后经苯萃取，苯洗液中[14]C（剩余 1.6%）以及仍然存在于水溶液中的[14]C（5% 的[14]C，代表极性盖草能降解产物）含量测定出来的。在苯溶液中高含量的[14]C（91%）（以盖草能酸的形式）需净化。

Gardner（1988，2084-21）注意到在一些水解过程中会有盖草能的损失。如果盖草能长期暴露在高温下或者进行长期的水解过程时回收率将会降低。适合的条件为温度 70℃，提取 35～40min。

在一些检测试验中，水解过程的标准物是一种盖草能酯。

在不同基质中盖草能酯的添加回收率

基质	添加物	添加水平，mg/kg	n	平均回收率（%）	标准偏差（%）	分析方法	参考文献
葡萄	ethoxy ethyl haloxyfop	0.01～0.10	4	73	66～78	ERC 84.05	ERC 84.05
油菜籽	haloxyfop-P-methyl	0.01～10	20	83	72～101	GRM 04.03	GHE‐P‐11656
油菜籽油	ethoxy ethyl haloxyfop	0.01	7	90	70～100	ERC 83.20	ERC 83.20
油菜籽油	ethoxy ethyl haloxyfop	0.05～1.0	11	89	71～102	ERC 83.20	ERC 83.20
油菜植株	haloxyfop-P-methyl	0.01～2.0	12	85	68～108	GRM 04.03	GHE‐P‐11656
大豆	haloxyfop-methyl	0.05	2	94	90, 98	ARC 83.1	GH‐C 1625
大豆	haloxyfop-methyl	0.10	1	98		ACR 83.1	ACR 83.1.S1
甜菜废丝	haloxyfop-ethoxyethyl	0.01	1	120		ERC 84.02	GHE‐P‐1125
甜菜汁	haloxyfop-ethoxyethyl	0.01	1	96		ERC 84.02	GHE‐P‐1125
甜菜渣	haloxyfop-ethoxyethyl	0.025	1	93		ERC 84.02	GHE‐P‐1125

注意：

当盖草能施用到植物中时，盖草能酯或 haloxyfop－P 会快速分解并释放出自由酸，它在植物中很容易改变其位置。当盖草能（或 haloxyfop－P）变为共轭物时，通常变为配醣体（极性代谢产物），或者三酸甘油酯（非极性代谢产物），共轭物通常是主要的残留物。

对于用碱性化合物来提取的残留完整性，我们得到的信息还比较少。大多数验证不包含对这一步的检测。然而，一些验证已经开始使用盖草能酯来进行，比如以乙氧基乙酯盖草能为标准酯的验证，它是通过检测提取物酯的水降解量进行的。事实上盖草能酯非常容易水解，因此，通过用碱性化合物提取分离共轭物的方法也将会非常普遍。

这是一个关键的步骤，在实验室条件下共轭物的完全水解产物是检测不到的。

本章缩写和缩略语

ADI	每日允许摄入量
ARfD	急性参考剂量
DNOP	邻苯二甲酸二正辛酯
GAP	良好农业操作规范
GLC	气液色谱
HPLC	高效液相色谱

HR	最高残留值
JECFA	食品添加剂专家联席委员会
JMPR	农药残留专家联席会议
K_{OW}	辛醇/水分配系数
LOQ	定量限
MRL	最大残留限量
MS	质谱
NAG	乙基草铵膦
STMR	残留中值
WHO	世界卫生组织

7 选择合适的规范试验并使用统计学
方法估算 STMRs、HRs 和 MRLs

使用方式

cGAP 条件下的规范试验

规范试验的选择和规范试验条件的比较

独立规范试验的定义

例子——对于数据集的考虑

培训班讲义——规范试验的选择

《JMPR/FAO 评估手册》的相关章节

这一章的目的是回顾规范试验选择的总原则，这些原则是评估 MRLs，STMRs 和 HRs 的基础。

制定 MRLs 可以客观地了解农药按照 GAP 条件使用后的情况[①]。"使用方式"指国家批准的农药安全使用方式。收获前，农药以不同的剂量和时间施用，但是不能超出最高剂量和最短 PHI 范围。评估农药最大残留水平应该可以涵盖按照许可的最短间隔期、最大剂量和最短 PHI 使用农药后在作

---

　　① GAP 指的是国家授权的、在实际条件下有效防治害虫所必需的农药安全使用。它包括农药最高允许施用范围，施用时要做到农药残留应尽可能最少。

　　各国政府在考虑到公众、职业健康和环境安全因素后，从国家层面授权农药的安全使用，包括农药注册或使用建议。

　　具体范围包括农产品和动物饲料生产、储藏、运输和销售的任一阶段。（CAC，1995）

物中的农药残留。这些条件称为 "cGAP"。用于评估长期和短期摄入量的 STMRs 和 HRs 来源于 cGAP 条件下的残留值。

规范的田间试验（作物田间试验）可用于确定初级农产品，包括饲料中农药残留水平。方案设计时要反映在 GAP 条件下能够产生最高残留量的农药使用方式。

为了准确地评估最大残留水平，首先要有足够多的能反映该地区最大 GAP 的独立的田间试验。试验方案要精心设计，要考虑到地理分布，不同的种植和管理措施以及生长季节。

评估农药残留最重要的步骤之一是选择符合 cGAP 条件的、适用于估算 MRLs，STMRs 和 HRs 的规范田间试验。在许多情况下，这项工作都依赖于专家根据以前的试验或相关的科学研究获得的信息来判断。

如果能够合理选择残留数据进行评估，那么不管是否采用计算机方法，估计的 MRLs 均仅能反映可能出现的最大残留量。

下面内容并不是针对所有情况的完整导则，而仅概括了其中最重要的原则。《JMPR/FAO 评估手册》提供了更多详细的信息。同时，随着评估原则的不断发展，会不断出现新的情况，将会需要用不同的解决方式。JMPR 将在会议报告中记录新的原理。

使用方式

cGAP 是指同一国家同一农药在同一农作物上目前登记使用的方式，包括最高用量和最短 PHI，规范田间试验的使用模式要符合 cGAP。

GAP 信息有以下要求：

- 应提供有效标签复印件以及关键内容的英文翻译。
- 应提供标签上作物组包括的具体作物信息。
- 反映现行 GAP 的标签应和"建议"标签明确地区分开。
- 提供同一国家相同的农药在同一作物上的 GAP 信息汇总，这些信息与提交的规范田间试验和更高施药剂量或更短的 PHI 的现行 GAP 有关。

GAP 信息应按照《JMPR/FAO 评估手册》提供的标准格式系统地提交。提交的 GAP 信息汇总应有相应的标签信息支持。（由于这一原因，不认可"建议"标签）。汇总不接受标签外的任何信息。

＊＊在＊＊上的登记使用

作物	国家	制剂	施药方法					PHI
			方式	有效成分施药量 kg/hm²	有效成分喷施浓度 kg/hL＊	次数	间隔[1]	
大麦	法国			1.5				21
豆类	希腊	WP 800g/kg	叶	0.6～1.5	0.1～0.25	3～4		7
豆类	葡萄牙	WP 800g/kg	叶		0.13	1～2		7
豆类，叶类	西班牙	WP 800g/kg	叶	1.6	0.16			21
甘蓝类蔬菜	意大利	WP 800g/kg	叶	0.35～0.40				10
莴苣	法国	WP 800g/kg	叶	0.64				21～41[2]
莴苣	以色列	WP 800g/kg	叶	2.0		每周		11

[1] 天或周。

[2] 夏季 PHI 21d，冬季 PHI 41d。

如果 GAP 信息是由国家权威机构提供，那么需要提供上述详细信息以及标签。

cGAP 条件下的规范试验

最大残留限量一般来源于规范试验获得的数据，这些试验按照登记的或批准的农药使用方法来设计，以便获得残留定义和残留水平。

因为田间试验通常是在获得登记前，有计划地设计实施，在许多情况下与登记情况有所不同，所以一些试验数据可能与 JMPR 评估不相关。然而，对于 GAP 条件下的试验数量有限的情况，来自其他规范试验的结果也能够提供有力的信息，例如，残留降解数据能够提供残留浓度降低速率信息或高施药剂量而残留值低于检测限的试验信息。

残留数据首先应来自正常收获期的成熟作物。但是有可能作物可食部分在农药施药时期已经出现，那么需要进行残留降解研究以补充正常收获期的残留数据。

残留数据应通过至少两年，或代表不同气候条件的试验获得。如果农药授权在具有明显不同气候状况的地区使用，应在每一地区分别进行试验。如果残留数据仅来自一个地区，但是该地区具有广泛的作物种植面积，例如不同的气候条件和作物种类，那么也可以认为数据是充分的。

评估 MRLs 的残留数据应该通过独立试验获得（参阅独立规范试验部分）。

＊ hL 为非法定计量单位，为百升，本书为翻译书，不予换算。——编者注

行耕作物（土豆、小麦、大豆等）的农药使用方式是典型的广播喷洒处理，需要重点考虑小区面积（长度×宽度）。相比之下，对树生坚果、树生水果、架棚蔬菜和葡萄等作物，应该考虑作物高度、冠高或树高，即叶面处理高度，以计算每行作物、树需要的施药体积或者单位面积的施药量。需要特别关注"高"作物的叶面喷雾。例如，果树、葡萄类作物、啤酒花和温室西红柿，由于平地喷杆喷雾不是常见的施药方式，和通常使用喷涂（空气辅助）雾吹设备，需要考虑和报告各种作物生长阶段喷雾浓度和喷施容量，例如：有效成分 100 升有多少千克，每升最大喷施多少公顷。

进行田间试验的制剂应该尽可能地与商用终端产品接近。数据需要涵盖增加的制剂类型，或者根据具体情况进行分类。无论其他制剂数据是否提供，缓释剂型，如微胶囊制剂、颗粒制剂通常都需要提交完整数据集。

关联试验允许使用从最常见的水稀释制剂获得的数据来补充其他替代制剂的残留数据。这种制剂包括乳油、可湿性粉剂、水分散颗粒悬浮剂（也称为水浮剂）和可溶性液剂。关联试验通常涉及不同制剂或施用方法的比较，以达到数据外推的目的，但也可能涉及或不涉及并排的比较。

辅助剂如润湿剂、分散剂、非离子表面活性剂和植物油的浓度可能导致农药更好地沉积、渗透，或者在作物内部、表面更持久地残留。因此，如果测试物质标签中写明允许施用未详细说明的助剂，作物田间试验必须根据标签推荐的方法使用一种辅助剂（任何当地有效的辅助剂）。如果测试物质标签推荐使用某种特定辅助剂，作物田间试验必须根据标签推荐的方法使用这种辅助剂，或者其他相似性质的辅助剂。

试验次数

为准确地评估最大残留限量水平，首先要求有足够多的能反映该地区最大 GAP 的独立试验，试验设计需要考虑地理分布，并涵盖不同的种植和管理措施以及作物生长期。

JMPR 对评估 MRLs，HRs，STMRs 的试验次数没有最低要求。OECD 农药工作组规定了在 OECD 成员内农药登记所需要最少田间试验数量要求，其中核心 GAP 应该是一致的，即最多一个关键参数具有最大 25% 的偏差。（参阅《JMPR/FAO 评估手册》附录Ⅻ）

规范试验的选择和规范试验条件的比较

首先，要考虑反映 GAPs 条件的残留量的一致性和连续性。当残留值差异很大时，表示复合样品的残留或其他适当的统计方法得到的残留值有很高的变异系数，应怀疑残留数据来自不同的数据集。这种情况下，在评估 MRLs，STMRs 或 HRs 之前，需要对残留数据和试验条件进行更严格的分析。

实际情况下样品的田间试验次数是有限的。可代表一种统计上并无不同的残留群的大数据集会比从仅代表一种 cGAP 的试验中获得的小数据集能提供更加精确的百分位估算值。因此，在某一 GAP 条件下只能获得有限数量的试验数据，假定会产生的残留值最高，一种方法就是考虑可能会产生相同残留值的那些 GAPs，这种假设可以根据先前的经验和合理的统计方法予以确证。在考虑合并不同的残留试验数据时，要仔细核查残留试验数据的分布，只有那些基于类似 GAP 从相同母体数据集中产生的数据集才可以合并。在这种情况下，专家判断可辅以合理的统计检验，如 Mann-Whitney 的 U 检验或 Kruskal-Wallis 的 H 检验。这种计算可以使用已有的 Excel 模板 http：//udel.edu/~mcdonald/statkruskalwallis.html。

与常规统计检验方法相似，通常如果计算的概率大于 0.05，无用假设是可以被接受的，这些数据集就可以被合并。

在选择残留数据集评估 MRLs，STMRs，HRs 时，JMPR 考虑了基本原则。

只考虑那些按照国家推荐、批准或登记使用的极限施药方式进行的田间试验，也就是最大施用量，最多处理次数，最短 PHI。

如果一个国家或地区有足够多的按照极限 GAP 进行的田间试验，那么评估 MRL 可以仅以这些残留数据为基础。

经验表明在相似的农业种植习惯和气候条件下会导致相似的残留，因此一个国家的 cGAP 可用于评估在另一个国家进行但 cGAP 相对应的田间试验。

施药剂量

剂量变化必须在 cGAP 剂量的 ±25％内。值得注意的是 2010 年 JMPR 决定在情况允许时考虑残留比例推算。虽然 ±25％指的是导致残留浓度 ±25％的变化，而不是参数本身的变化。但是由于施药剂量与残留浓度成比例，因此施药剂量的 ±25％是可行的。

当合并田间试验数据形成完整的数据集时，这种"25％规则"可应用于任何一个 cGAP 条件，但不能用于多个 cGAP 条件。

该原则也适用判断剂型相同但有效成分含量不同的残留数据的等效性，

即 cGAP 变化不显著的情况下，例如有效成分施药剂量不超过 25%。

处理次数

判断试验的施药次数是否与登记的最多次数有可比性，取决于化合物持久性和施药间隔期。然而，除非化合物具有持久性或施药间隔较短，那么多次施药（超过 5 或 6）的早期处理对最终残留量贡献不大。

同时，如果前期施药时间距最后一次施药时间超过 3 个半衰期（由残留降解试验获得），那么认为前期施药对最终残留量贡献不大。

例子——联苯肼酯——蔓藤类浆果

美国 GAP 规定：一次施药有效成分剂量 $0.56kg/hm^2$，PHI 1d。

2004—2005 年的生长季节，美国和加拿大在蔓藤类浆果上进行了 8 点规范试验，其中 6 点为悬钩子，2 点为黑莓。按照最大施药剂量施药 2 次，施药间隔为 $29 \sim 35d$。施药当天的残留量是：1.4mg/kg、1.5mg/kg、1.7mg/kg、2.2mg/kg、2.3mg/kg、2.6mg/kg、3.3mg/kg、4.6mg/kg。

根据 2006 年 JMPR 评估结果，联苯肼酯在葡萄、苹果、梨上降解速度为 $7\sim28d$，半衰期分别是 12.2d、10.9d、13d。由于残留主要集中在水果外表皮上，而葡萄和悬钩子大小相似，残留降解速度具有可比性，因此认为第二次处理 $29\sim35d$ 前的第一次处理对残留量的贡献不超过 $10\%\sim15\%$。

会议推荐蔓藤类浆果的最大残留水平、STMR 分别为 7mg/kg 与 2.25mg/kg。

需要注意的是：一些残留可能从第一次处理后一直存在（正效应）；残留量从 0d 到 1d 的降解（负效应）。会议按照特殊情况推荐残留水平。

独立规范试验的定义

需要对试验中各个处理是否具有足够的独立性进行判断。

由于天气（不是气候）通常是确定残留量的主要因素，通常仅选择同一试验点多个平行田间试验中的一个进行评估。对于同一地点的多个试验，必须通过额外的试验证明数据的独立性，例如不同农业耕作方式对残留水平的影响。

同一生长季节同一地点使用相同设备进行的试验，不能视为独立试验。一般认为不同处理方式或不同制剂的试验也不具有足够的独立性。在这种情况下，产生最高残留的试验将用于进一步的评估。

重复田间样品、重复小区或者分区内的样品、重复田间试验的样品是相关的，残留平均量可用于进一步的评估。

例子——对于数据集的考虑

例 1——啶酰菌胺，柑橘类水果

GAP 条件下的美国 6 点葡萄柚试验中，全果上的啶酰菌胺残留量为：0.10mg/kg、0.12mg/kg、0.15mg/kg、0.15mg/kg、0.27mg/kg 和 0.85mg/kg。没有可食部分的数据。

GAP 条件下的美国 5 点柠檬试验中，全果上的啶酰菌胺残留量为：0.59mg/kg、0.68mg/kg、0.74mg/kg、0.94mg/kg 和 1.5mg/kg。没有可食部分的数据。

GAP 条件下的美国 13 点柑橘试验中，全果上的啶酰菌胺残留量为：0.23mg/kg、0.26mg/kg、0.30mg/kg、0.32mg/kg、0.33mg/kg、0.35mg/kg、0.47mg/kg、0.56mg/kg、0.64mg/kg、0.68mg/kg、0.71mg/kg、1.2mg/kg 和 1.4mg/kg。橘肉中的残留分别为<0.05mg/kg（6）、0.05mg/kg、0.06mg/kg、0.06mg/kg、0.09mg/kg、0.09mg/kg、0.12mg/kg 和 0.20mg/kg。

根据柑橘上的残留数据，会议估算柑橘类水果的最大残留水平是2mg/kg。根据橘肉上的残留数据，会议估算 STMR 为 0.05mg/kg。

需要注意的是：

——3 种农产品上的残留分布。

——残留数据集是否不同？

——可食部分的残留量。

例 2——唑螨酯，柑橘类水果

在美国，唑螨酯在柑橘上的 GAP：2 次叶面施药，有效成分施用剂量0.22kg/hm²（每个生长季节不超过 0.45kg/hm²），PHI 14d。

在美国 cGAP 条件下柑橘（全果）上的残留依次为：0.07mg/kg、0.11mg/kg、0.18mg/kg 和 0.28mg/kg。

在美国 cGAP 条件下柠檬（全果）上的残留依次为：0.17mg/kg、0.21mg/kg 和 0.23mg/kg。

在美国 cGAP 条件下葡萄柚（全果）上的残留依次为：0.02mg/kg、

0.04mg/kg 和 0.09mg/kg。

基于美国叶面喷施的数据，合并后的残留数据（全果）依次为（n＝10）：0.02mg/kg、0.04mg/kg、0.07mg/kg、0.09mg/kg、0.11mg/kg、0.17mg/kg、0.18mg/kg、0.21mg/kg、0.23mg/kg 和 0.28mg/kg。会议估算柑橘类水果最大残留水平为 0.5mg/kg。

需要注意的是：

——4 种农产品上的残留分布。

——残留数据集是否不同。

——试验次数。

——单个数据及合并数据集的中值。

例 3——氯虫苯甲酰胺，芸薹属蔬菜

根据西班牙 GAP（有效成分 35 g/hm²，PHI 1d），在欧洲进行试验得到的残留量：

甘蓝：＜0.01mg/kg、＜0.01mg/kg、＜0.01mg/kg、＜0.01mg/kg、＜0.01mg/kg、＜0.01mg/kg、＜0.01mg/kg、＜0.01mg/kg、<u>＜0.01mg/kg</u>、<u>＜0.01mg/kg</u>、0.011mg/kg、0.012mg/kg、0.012mg/kg、0.015mg/kg、0.018mg/kg、0.04mg/kg、0.059mg/kg 和 0.10mg/kg。

西兰花：0.064mg/kg、0.10mg/kg、0.10mg/kg、<u>0.12mg/kg</u>、0.14mg/kg、0.19mg/kg 和 0.37mg/kg。

花椰菜：＜0.01mg/kg、＜0.01mg/kg、0.012mg/kg、<u>0.019mg/kg</u>、0.036mg/kg、0.047mg/kg 和 0.082mg/kg。

加拿大氯虫苯甲酰胺在芸薹属蔬菜上登记使用方式是：有效成分 100g/hm²，PHI 是 3d，每季节最大用药量是有效成分 200g/hm²。

依据加拿大修订的 GAP，西兰花上的残留量（n＝9）分别为 0.12mg/kg、0.30mg/kg、0.32mg/kg、0.32mg/kg、0.35mg/kg、0.38mg/kg、0.40mg/kg、0.41mg/kg 和 0.56mg/kg。

依据加拿大修订的 GAP，甘蓝上的残留（n＝10）分别为 0.033mg/kg、0.066mg/kg、0.10mg/kg、0.28mg/kg、0.29mg/kg、0.48mg/kg、0.51mg/kg、0.64mg/kg、0.75mg/kg 和 1.1mg/kg。

在甘蓝上的残留量是最高的，因而使用这一数据集估算芸薹属蔬菜的最大残留水平。

需要注意的是：

——3 种农产品上的残留分布。

——残留数据集是否不同?

——估算 MRLs 的数据基础。

例 4——噻虫嗪,核果类水果

西班牙噻虫嗪在樱桃上的 GAP 是:2 次叶面喷施,施药浓度是有效成分 0.007 5kg/hL,PHI 7d。

与西班牙的 GAP 相匹配的 12 个樱桃试验点中,法国有 7 点、意大利 3 点、西班牙 2 点。噻虫嗪在樱桃上的残留依次是:0.13mg/kg、0.15mg/kg、0.16mg/kg、0.16mg/kg、0.17mg/kg、0.19mg/kg、0.20mg/kg、0.26mg/kg、0.31mg/kg、0.49mg/kg、0.50mg/kg 和 0.60mg/kg。会议估算噻虫嗪在核果类水果的最大残留水平是 1mg/kg。

需要注意的是:三个国家进行的试验具有相似的作物生长条件(南欧)和相同的使用方式。

培训班讲义——规范试验的选择

1. 选择合适的规范试验评估 STMRs,HRs 和 MRLs

2. 目的

- 这一章的目的是回顾规范试验选择的总原则,这些原则是评估 MRLs,STMRs 和 HRs 的基础。
- 通过制定 MRLs 可以客观地了解农药按照 GAP 条件使用后的情况。
- MRLs 不是安全上限,但食用含有低于 MRL 残留水平农药的农产品是安全的。

3. 简介

- 使用方式
- cGAP 条件下的规范试验
- 规范试验的选择
- 规范试验条件的比较
- 独立的规范试验的定义

• 残留数据集的合并

4. 使用方式

"使用方式"指国家批准的农药安全使用方式。

• 收获前，农药以不同的剂量和时间施用，但是不超出最高剂量和最短 PHI 允许范围。

• cGAP 包括以允许的最大剂量和最短施药间隔重复施药，并在高于允许 PHI 后采收。

• 农药最大残留水平应该涵盖 cGAP 条件下的残留。

• 用于评估长期和短期摄入量的 STMRs 和 HRs 来源于 cGAP 条件下的残留值。

5. 规范试验

• 规范的田间试验（作物田间试验）可用于确定初级农产品，包括饲料中农药残留水平。方案设计时要采用反映 GAP 条件下能够产生最高残留量的农药使用方式。

• 为准确地评估最大残留水平，首先要有足够多的能反映该地区极限 GAP 的独立的田间试验。试验方案要精心设计，要考虑到地理分布，不同的种植和管理措施以及生长季节。

6. 规范试验的选择

• 评估农药残留最重要的步骤之一是选择符合 cGAP 条件的，适用于估算 MRLs、STMRs 和 HRs 的规范田间试验。

• 在许多情况下，这项工作都依赖于专家对以前的试验或相关的科学研究获得的信息的判断。

• 如果能够合理选择残留数据进行评估，那么不管是否采用计算机方法，估计的 MRLs 都仅能反映可能出现的最大残留量。

7. 所需的 GAP 信息

• 应提供有效标签复印件以及关键内容的英文翻译。

• 应提供标签上作物组包括的具体作物信息。

• 反映现行 GAP 的标签应和"建议"标签明确地区分。

• 应提供同一国家相同的农药在同一作物上的 GAP 信息汇总，这些信息与提交的规范田间试验和更高施药剂量或更短的 PHI 的 GAP 有关。

8. 使用方式的信息

说明标签标注的每季节处理次数。

应以公制单位注明施药量。

某些情况标签标注的是 g/hL 或 kg/hL（喷施浓度），应注明喷施浓度，但不要根据每公顷的平均喷施体积折算成 kg/hm² （有效成分用量）。

标签上规定、建议或标注的 PHI，应在相关商品上标注。

如果对于相同或相似的农产品推荐了不同的 PHI，例如温室或户外种植作物的推荐 PHI 不同，或推荐了更高剂量，则应特殊说明。

9. GAP 信息

- GAP 信息应按照标准格式系统地提交。
- 提交的 GAP 信息汇总应包括且仅包括标签上信息。
- 如果 GAP 信息是由国家权威机构提供，那么需要提供上述详细信息以及药品标签。

10. 使用方式的记录格式

作物	国家	制剂	施 药 方 法					PHI, d
			方式	有效成分施药量, kg/hm²	有效成分喷施浓度, kg/hL	次数, r	间隔[1]	
大麦	法国			1.5				21
豆类	希腊	WP 800g/kg	叶	0.6～1.5	0.1～0.25	3～4		7
豆类	葡萄牙	WP 800g/kg	叶		0.13	1～2		7
豆类,叶菜类蔬菜	西班牙	WP 800g/kg	叶	1.6	0.16			21
甘蓝类蔬菜	意大利	WP 800g/kg	叶	0.35～0.40				10
莴苣	法国	WP 800g/kg	叶	0.64				21～41[2]
莴苣	以色列	WP 800g/kg	叶	2.0			每周	11

[1] 天或周。

[2] 夏季 PHI 21d，冬季 PHI 41d。

11. 规范试验的选择标准

- 因为田间试验通常是在获得登记前，有计划地设计实施，因此在许多情况下与登记情况有所不同。
- 应提供能够反映 cGAP 的典型试验。

- 来自其他规范试验的结果也能够提供有力的信息，例如，残留降解数据能够提供残留浓度降低速率信息或高施药剂量而残留值低于检测限的试验信息。
- 残留数据主要来自正常收获期的成熟作物。但是残留降解研究是对正常收获期的残留数据的补充。

12. 代表性的试验

- 残留数据应通过至少两年，或代表不同不同气候条件的独立试验获得。
- 如果农药授权在具有明显不同气候状况的地区使用，应在每一地区分别进行试验。
- 如果残留数据仅来自一个地区，但是该地区具有广泛的作物种植面积，例如不同的气候条件和作物种类，那么也可以认为数据是充分的。

13. 规范试验的施药时期

- 施药时期由作物生长阶段（例如，开花前期，50％的花头出现期等）或收获前天数决定。
- 当标签规定了具体 PHI 时，例如"不要在收获前 14d 内使用本产品"，那么，作物田间试验必须考虑此 PHI，此时生长阶段不是重要考虑因素。
- 有时作物生长阶段是 GAP 的关键组成部分，例如苗前、种植期、开花前、旗叶或花头出现期等，此时 PHI 反而是次要的。这种情况下，考虑尽可能多的作物品种，以便得到一个合适的 PHI 范围是非常重要的（例如，对于一年生作物苗前使用农药，应考虑从种植到成熟的更短或更长的间隔期）。应记录农药使用时的作物生长阶段（最好是 BBCH 代码）和 PHI。

14. 作物特点

- 行耕作物（土豆、小麦、大豆等）是典型的广播喷洒处理，需要重点考虑小区面积（长度×宽度）。
- 相比之下，对树生坚果、树生水果、架棚蔬菜和葡萄等作物，应该考虑作物高度、冠高或树高，即叶面处理高度，以计算每行作物或树需要的施药体积，或者单位面积的施药量。

- 需要特别关注"高"作物叶面喷雾。例如，果树、葡萄类作物、啤酒花和温室西红柿，由于平地喷杆喷雾不是常见的施药方式，而且通常使用喷涂（空气辅助）雾吹设备，需要考虑和报告各种作物生长阶段喷雾浓度和喷施容量，例如：有效成分含量（kg/hL），最大喷施量（L/hm²）。

15. 农药制剂的比较

进行田间试验的制剂应该尽可能地与商用终端产品接近。

无论其他制剂数据是否提供，缓释剂型，如微胶囊制剂、颗粒制剂通常需要提交完整数据集。

- 关联试验允许使用从最常见的水稀释制剂获得的数据来补充其他制剂的资料获得的残留数据。这种制剂包括乳油、可湿性粉剂、水分散颗粒悬浮剂（也称为水浮剂），和可溶性液剂。
- 关联试验通常涉及不同制剂或施用方法的比较，以达到数据外推的目的，但也可能涉及或不涉及并排的比较。

16. 关联试验

- 如果关联试验被认为是必要的且农药在不同作物上广泛应用，应至少获得 3 种主要作物群的数据（每一作物群一种作物），例如，叶菜类作物，根类作物，果树，谷类，油料，每种最少 4 点采样进行试验。
- 应选择那些可能出现高残留水平的作物进行田间试验（通常是那些在收获期或者接近收获期施药的作物）。
- 如果关联试验结果表明，新制剂或不同的使用方法的残留量明显提高，或者不同制剂的合并残留数据集产生了更高的 MRL，那么需要重新获得全套残留数据集。

17. 其他参数

- 辅助剂如润湿剂、分散剂、非离子表面活性剂和作物油浓度可能导致农药更好地沉积、渗透，或者在作物内部或表面更持久地残留。
- 辅助剂应按照标签规定使用：非指定/指定。
- 施药设备：空中、地面、手工操作、空气辅助等。

18. 施药设备

- 只要设备能够校准，农药就可以通过手持或商用设备来施用。通常在作物田间试验用于农药喷施的手持设备应能模拟商业实践。

- 在开展农药田间试验时，应使用标签标注的或建议的最大施药剂量、最大施药次数以及最短施药间隔期（依照 cGAP）。

19. 规范试验的次数

- 为准确地评估最大残留限水平，首先要求有足够多的能反映该地区最大 GAP 的独立试验，试验设计需要考虑地理分布，并涵盖不同的种植和管理措施以及作物生长期。

JMPR 对评估 MRLs，HRs，STMRs 的试验次数没有最低要求。

- 目前也没有关于最低田间试验采样点数要求的国际标准。
- OECD 农药工作组规定了在 OECD 成员内农药登记所需最少田间试验数量要求，其中核心 GAP 应该是一致的（即：最多一个关键参数具有最大 25％的偏差）。

20. 规范试验的数量

- 在某一 OECD 成员或作物生产地区的田间试验数量的减少，可以由更全面的数据集和更广阔作物地理分布来补偿。
- 为量化总结报告中的试验点数，所有的田间试验需要符合下面的标准：
- （1）根据 cGAP（施药剂量、次数和采收间隔期的变化在±25％之内）进行田间试验。至少有 50％的试验必须要遵照或高于（但是在 25％以内）cGAP 进行。因此，实际操作中可能低于 cGAP10％的试验（例如，配制药液时误差）也是可以接受的。此外，一些国家要求提供 50％试验的降解试验数据。
- 田间试验涵盖了每一种作物的典型田间种植方式，包括那些可能会导致最高残留的方式（例如，灌溉对非灌溉，架棚对非架棚产物，秋季种植对春季等）。

21. 计算最少试验数量的例子

国家/地区	USA/CAN	EU	JP	AUS	NZ	总数
法律规定的数量	24	16	2	8	4	54
降低 40％后的数量	14	10	2	5	2	33

22. 规范试验的数量

- 任何作物田间试验数量的减少都应在作物生产地区按比例减少。
- 在任何情况下，在特定作物种植地区的试验样品采样点数量不能少于 2 点。
- 在全面数据提交中，任何作物的田间试验采样点最小数量为 8。
- 此外，试验总数不得低于各个地区的要求。

23. 规范试验的数量

- 在相似 cGAP 的全面数据提交中，至少需要 8 点温室数据。
- 温室试验的地理分布通常不是重要问题。但对于易光解农药，要考虑不同纬度的地点。
- 采收处理至少进行 4 点试验，要考虑施药技术，储藏设施以及包装材料。对于桶装和袋装农产品，每个研究至少要采集和分析三个样品。

24. 选择残留数据集的一般原则

- 仅仅考虑反映 cGAP 的规范试验结果。
- 如果一个国家或地区有足够多的按照 cGAP 进行的田间试验，那么评估 MRL 可以仅以这些残留数据为基础。
- 经验表明相似的农业种植习惯和气候条件会导致相似的残留，因此一个国家的 cGAP 可用于评估在另一个国家进行但 cGAP 相同的田间试验。

25. 评估试验的选择

- 应考虑反映 GAPs 条件的残留量的一致性和连续性。当残留值差异很大时，需要对残留数据和试验条件进行严格的分析。
- 可代表一种统计上并无不同的残留群的大数据集会比从仅代表一种 cGAP 的试验中获得的小数据集能提供更加精确的百分位估算值。
- 因此，这些 GAPs 很可能产生相似的残留量，残留数据也可能可以合并用来估算残留水平。

26. 残留数据的合并

- 在考虑合并不同的残留试验数据时，要仔细核查残留试验数据的分布，只有那些基于类似 GAP 并从相同母体数据集中产生的数据集才可以合并。

- 这种假设是基于专家经验并辅以合理的统计学方法，如 Mann-Whitney 的 U 检验或 Kruskal-Wallis 的 H 检验。这种计算可以使用已有的 Excel 模板。

27. 残留数据合并的例子

在美国，fenpyroximate 在柑橘上的 GAP：2 次叶面施药，有效成分施药剂量 0.22kg/hm², PH I14 d。

- 柑橘（全果）上的残留依次为：0.07mg/kg、0.11mg/kg、0.18mg/kg 和 0.28mg/kg。

- 在美国，cGAP 条件下柠檬（全果）上的残留依次为：0.17mg/kg、0.21mg/kg 和 0.23mg/kg。

- 在美国，cGAP 条件下葡萄柚（全果）上的残留依次为：0.02mg/kg、0.04mg/kg 和 0.09mg/kg。

- 注意：

- 4 个柑橘数据不足以评估残留水平。

- 数据集被认为是相似的，JMPR 合并残留数据，估算出 MRL 为 0.5mg/kg。

- 柠檬和葡萄柚上的 3 个残留数据不足以使用 K-W 检验。

28. 选择残留试验数据集的一般原则

剂量变化必须在 cGAP 剂量的 ±25％ 内。值得注意的是 2010 年 JMPR 决定在情况允许时考虑残留比例推算。±25％ 指的是导致残留浓度变化的 ±25％，而不是参数本身的变化。由于施药剂量与残留浓度成比例，因此施药剂量的 ±25％ 是可行的。

- PHI 变化范围取决于评估中的化合物的残留降解速率。

29. 允许的 PHI 变化范围

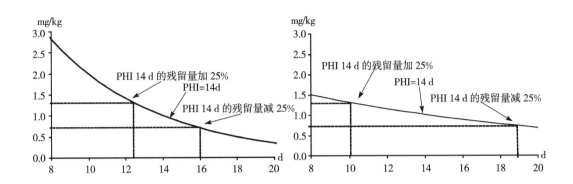

30. 选择残留数据集的一般原则

- 残留浓度是判断剂型相同但有效成分含量不同的残留数据的等效性的基础，这些残留数据是通过含有不同活性成分特殊制剂类型来获得，这样保证关键 GAP 的 cGAP 不显著改变，例如单位面积上增加的活性成分不超过 25%。即 cGAP 变化不显著，例如有效成分施药剂量不超过 25%。

- 判断试验的施药次数是否与登记的最多次数有可比性，取决于化合物持久性和施药间隔期。

- 除非化合物具有持久性或施药间隔较短，那么多次施药（超过 5 或 6）的早期处理对最终残留量贡献不大。

- 同时，如果前期施药时间距最后一次施药时间超过 3 个半衰期（由残留降解试验获得），那么认为前期施药对最终残留量贡献不大。

31. 实例——联苯肼酯，蔓藤类浆果

- 美国 GAP 规定：一次施药有效成分剂量 0.56kg/hm²，PHI 1 d。

- 施药当天采集 8 点试验样品。

- JMPR 评估化合物在葡萄、苹果、梨的半衰期分别是 12.2d、10.9d 和 13d。

- 由于残留主要集中在水果外表皮上，而葡萄和悬钩子大小相似，残留降解速度具有可比性，因此认为距第二次处理前 29~35d 的第一次处理对残留量的贡献不超过 10%~15%。

需要注意的是：

一些残留可能从第一次处理后一直存在（正效应）；

残留量从 0d 到 1d 发生变化（负效应）。

会议按照特殊情况推荐残留水平。

32. 独立规范试验的定义

- 由于天气（不是气候）通常是确定残留量的主要因素，通常仅选择同一试验点的多个平行田间试验中的一个进行评估。
- 同一生长季节同一地点使用相同设备进行的试验，不能视为独立试验。一般认为不同处理方式或不同制剂的试验也不具有足够的独立性。
- 重复的田间样品、重复小区或者分区内的样品、重复田间试验的样品是相关的，残留平均量可用于进一步的评估。

33. 数据集分析实例

34. 建议是基于一个数据集

按照 cGAP，啶酰菌酸在柑橘类水果上的残留：

——葡萄柚（全果）：0.10mg/kg、0.12mg/kg、0.15mg/kg、0.15mg/kg、0.27mg/kg 和 0.85mg/kg

——柠檬（全果）：0.59mg/kg、0.68mg/kg、0.74mg/kg、0.94mg/kg 和 1.5mg/kg

——橘子（全果）：0.23mg/kg、0.26mg/kg、0.30mg/kg、0.32mg/kg、0.33mg/kg、0.35mg/kg、0.47mg/kg、0.56mg/kg、0.64mg/kg、0.68mg/kg、0.71mg/kg、1.2mg/kg 和 1.4mg/kg

——橘肉：<0.05mg/kg（6）、0.05mg/kg、0.06mg/kg、0.06mg/kg、0.09mg/kg、0.09mg/kg、0.12mg/kg 和 0.20mg/kg。

根据柑橘上的残留数据，会议估算柑橘类水果的最大残留水平是 2mg/kg。根据橘肉上的残留数据，会议估算 STMR 为 0.05mg/kg。

需要注意的是：

——3 种农产品上的残留分布。

——残留数据集是否不同。

——可食部分的残留量。

35. 来自相同地区、不同国家的试验

噻虫嗪，核果类水果

- 西班牙噻虫嗪在樱桃上的 GAP 是：2 次叶面喷施，有效成分施药浓度是 0.007 5 kg/hL，PHI 7d。
- 基于与西班牙 GAP 相匹配的 12 点樱桃试验（法国 7 点、意大利 3 点、西班牙 2 点），会议估算了噻虫嗪在核果类水果上的最大残留水平。

需要注意的是：三个国家进行的试验具有相似的作物生长条件（南欧）和相同的使用方式。

36. 从一种到另一种作物上的残留数据外推原则

37. MRLs 评估

- 推荐组 MRLs 是为了尽可能覆盖更多的小作物。
- 明确有效成分的代谢、吸收和分布以及在植物体中的残留定义至关重要。

38. 残留外推的前提条件

- 如果下列条件具有可比性，才可以进行不同作物残留数据的外推：
——有效成分施药剂量
——施药时期
——施药次数
——施药间隔期
——施药方式
——剂型
——气候条件

39. JMPR 外推经验

- 一般来说，对于作物组的要求是组内主要农产品的残留值应该差异不大，登记使用方式应该相似。
- 在一些情况下，如果组内一种或几种农产品上的残留与其他的农产品差别很大，应推荐为"组，除了…"

40.

作　物	建　议
柑橘类水果	由柑橘和小柑橘外推至组
坚果类水果	由杏仁及其他坚果类（不包括椰子）外推至组
仁果类水果	由苹果和梨外推至组
核果类水果	由桃、油桃和樱桃或桃子、李子和樱桃外推至组
浆果及其他小型水果	由任意浆果和无籽葡萄干外推至组（不包括葡萄）

41.

作　物	建　议
根茎类蔬菜	由马铃薯胡萝卜和一种其他根茎类作物外推至组
	由马铃薯外推至块茎和球茎亚组 由甘薯或山药外推至块茎和球茎亚组（除马铃薯外）
球茎类蔬菜	由绿叶洋葱和干洋葱外推至组
果类蔬菜（非葫芦科）	由西红柿和辣椒外推至组
果类蔬菜（葫芦科）	由黄瓜、甜瓜、和其他葫芦科作物外推至组
芸薹属蔬菜	由花椰菜或青花菜和甘蓝和其他芸薹属类作物外推至组

42.

作　物	建　议
叶菜类蔬菜（也见茎类蔬菜）	由头状或叶生菜和菠菜外推至叶菜类蔬菜
草本植物类	由两种草本植物外推至草本组
豆科蔬菜	由鲜食豆类和豌豆外推至组
茎类蔬菜	由芹菜外推至叶柄亚组
豆类作物	由任意干豆和干豌豆外推至组
油籽类作物	由任意三种油籽外推至组
谷物类作物	由稻米和任意其他两种谷物外推至组（包括稻米）

本章缩写和缩略语

CAC　　　　　　食品法典委员会

cGAP	最严格良好农业操作规范
EC	乳油
FAO	粮食及农业组织
GAP	良好农业操作规范
HR	最高残留值
JMPR	农药残留专家联席会议
LOQ	定量限
MRL	最大残留限量
OECD	经济合作与发展组织
PHI	安全间隔期
SC	悬浮剂
SL	可溶性液剂
STMR	残留中值
WG	可溶性粒剂
WHO	世界卫生组织
WP	可湿性粉剂

8 规范田间试验数据的评价及最大残留水平、STMRs 和 HRs 的评估

规范试验——试验数据的不确定性

施药量、施药次数、剂型和 PHI 或生长阶段对残留水平的影响

由 PHI 或根据生长阶段确定施药时期

规范试验——数据的选择和有效性

从规范试验获得的信息

规范试验条件是否与 cGAP 一致？

规范试验数据的评估——简单情况

当两种残留定义同时存在时对规范试验数据的评估

谷物保护剂的残留物

当残留物含量理论上为零时

来自对照小区样品中的残留物

农产品的 MRLs

小宗作物

估算最大残留水平的统计方法

本章节的目的是解释如何利用规范试验数据估算符合食品法典的 MRLs 和用于风险评估的 STMRs 和 HRs。

《JMPR/FAO 评估手册》的相关章节

规范试验——试验数据的不确定性

估算最大残留水平的规范试验是科学的试验，依据农药样品标签内容对农作物或动物施用农药，然后对收集的农作物或者被屠宰的动物组织进行农药残留分析。通常指定的条件是指接近于已有的或者推荐的 GAP 条件（《JMPR/FAO 评估手册》）。

设计规范试验时应该考虑发生在作物或农场动物生产过程中的一些实际情况。一套良好的规范试验应该包括该农药在不同地理区域的施用情况，如果地理位置相近那么应该进行多季节的试验，商业化生产的作物品种的一般栽培技术和标签上描述的特殊使用方法。

一组设计巧妙的试验可以很自然地产生反映试验条件变化范围的一系列的残留数据。

有必要认识残留物预期的变异性。如果数据真实地反映了试验条件的变化范围、施药方法、季节和种植习惯，将会引起残留水平的巨大变化。在 1997 年和 2007 年之间由 JMPR 评估的规范试验分析显示，地域之间的变异系数有时候可以超过 110%……这还不足以说明这些数据的广泛性和变异性。如果试验结果是经过多年多地获取的，那么这些数据很可能更接近于商业规范，它们可以被广泛应用（《JMPR/FAO 评估手册》）。

残留信息可以通过采用相同的施药方法，但是在不同的地方，由不同的人使用不同的施用器械使用农药获得。"采用相同的施药方法"是指遵照同一标签的规定。在 JMPR 残留评估中有记录这样的例子。

在至少 8 组试验中选取数据（一组实验一个数据），在一个国家中所有的试验的施药量、PHI、施药次数都相同。试验中值标注下划线。

数据集的例子

葡萄，嘧菌环胺，法国，有效成分 0.38~0.50 kg/hm²，PHI 42~89d，16 个数据点（JMPR，2003）：0.02mg/kg、0.05mg/kg、0.06mg/kg、0.12mg/kg、0.16mg/kg、0.17mg/kg、0.18mg/kg、0.18mg/kg、0.24mg/kg、0.29mg/kg、0.31mg/kg、0.33mg/kg、0.36mg/kg、0.37mg/kg、0.44mg/kg 和 0.78 mg/kg。

柑橘，乙酰甲胺磷，日本，有效成分 0.05 kg/hL，PHI 26~60d，14 个数据点（JMPR，2003）：0.38mg/kg、0.40mg/kg、0.49mg/kg、

0.68mg/kg、0.78mg/kg、0.85mg/kg、0.88mg/kg、0.98mg/kg、1.7mg/kg、1.7mg/kg、1.8mg/kg、1.8mg/kg、2.6mg/kg 和 5.2mg/kg。

甲胺磷残留，相同的 14 个数据点：0.02mg/kg、0.03mg/kg、0.06mg/kg、0.04mg/kg、0.05mg/kg、0.08mg/kg、0.09mg/kg、0.08mg/kg、0.09mg/kg、0.14mg/kg、0.10mg/kg、0.15mg/kg、0.25mg/kg 和 0.26 mg/kg。

水稻，氟酰胺，美国，有效成分 $0.56 \sim 0.62$ kg/hm²，PHI30d，10 个数据点（JMPR，2002）：0.22mg/kg、0.25mg/kg、0.62mg/kg、0.99mg/kg、1.1mg/kg、1.3mg/kg、1.4mg/kg、1.7mg/kg、1.7mg/kg 和 6.2mg/kg。

马铃薯，氯苯胺灵，美国，收获后有效成分 0.015kg/t，19 个数据点（JMPR 2001）：8.2mg/kg（2）、8.7mg/kg、8.9mg/kg、9.1mg/kg、9.3mg/kg、9.4mg/kg、9.7mg/kg、9.9mg/kg、11 mg/kg（3）、13mg/kg、14mg/kg（2）、16mg/kg（2）、18mg/kg 和 23mg/kg。

在这些试验中最大值通常是中值的 $3 \sim 4$ 倍，但是许多例子中的最大值是中值的 10 倍或者更高。

在残留评估的过程中会出现离群值的情况。如果离群值的统计测试依赖于正常的或者其他特定类型分布的假设，那么它们是无效的。从进行的试验中剔除数据必须要有明确的理由，例如作物受干旱或病害的严重影响，没有获得好的品质或形成大的规模。

如果我们观察许多试验的数据分布，然后想象只有 4 或 5 组试验的一个值在最大范围附近，$4 \sim 5$ 组试验的剩余数据在最小范围附近，那么最大值表面上似乎是"离群值"。

施药量、施药次数、剂型和 PHI 或生长阶段对残留水平的影响

施药量对残留水平的影响

JMPR 一般接受标签规定剂量±25％的使用量。不可能期望试验者（或农民）在实际工作中能够更加准确。

积累的证据表明，在许多情形中，残留水平与施药量成正比。

施药次数对残留水平的影响

残留降解曲线可以反映施药次数对收获期的残留水平的影响。

举例，如果一种农药每隔 10d 喷施一次，而其半衰期是 8d，最后一次施药后的当天的残留物将会受前两次施药的影响（10d 和 20d 以前）。前 30d（多于 3 个半衰期）施用的农药在作物中的最终残留物少于 25％，可以被忽

略。在这些条件下，3 次或更多使用量产生的残留物相似。

剂型对残留水平的影响

在大多数情况下，不同的剂型不会导致更多的差异。由不同剂型推导出的数据具有可比性。在使用前用水稀释的最常见的剂型包括乳油、可湿性粉剂、水分散粒剂（WG）、悬浮剂（SC）（也称为易流动液剂）和可溶性液剂（SL）。试验的经验表明，这些剂型产生的残留量相似（《JMPR/FAO 评估手册》）。

最近的一篇论文[①]对来自平行试验中使用不同剂型农药的农产品中农药残留水平进行了比较，即将可湿性粉剂和乳油、胶囊悬浮剂及乳油、水乳剂和乳油、可湿性粉剂和悬浮剂之间进行了比较，结果验证了用不同剂型农药残留水平是相等的假设。

PHI 对残留水平的影响

PHI（PHI）是作物最后一次施药到收获之间的时间间隔。对许多农药的使用来说，PHI 是 GAP 的重要组成部分，并且在适当的时候，也是印在标签上使用说明的一部分。

在评估残留数据时，我们应接受 PHI 接近标签 PHI 的规范试验数据。变化范围一般是符合残留水平有 ± 25% 变化。残留降解曲线表明残留水平的改变。

与易降解的残留物相比较，稳定残留物的 PHI 允许变化的区间较宽。

由 PHI 或根据生长阶段确定施药时期

根据 PHI 或生长阶段确定施药时期。当时间间隔长达几个月时，利用生长阶段比 PHI 更适合，例如

——适用于苹果树的开花前期

——适用于大豆的 4 叶期

描述作物的生长发育阶段的系统代码已经公布[②]。它的描述更加标准化，这使得生长阶段的说明更容易理解。

---

① MacLachlan D J, Hamilton D. 2010. A new tool for the evaluation of crop residue trial data (day zero-plus decline). *Food Additives&Contaminants*：*Part A*，27：347‑364.

② Meier U. 2001. Growth stages of mono-and dicotyledonous plants//BBCH Monograph：2nd edition. Germany：Federal Biological Research Centre for Agriculture and Forestry.

例子——吡氟甲禾灵使用方式和残留量（JMPR，2009）

吡氟甲禾灵和甲基吡氟甲禾灵是除草剂，喷洒整块田地的主要目的是清除杂草。当大田作物处在早期阶段时，例如 4 叶期，作物的田间覆盖比例很小，作物单位面积上只接触很小比例的剂量。在后期生长阶段，作物的田间覆盖率变大。单位面积上相同的施药量，作物将接触更大的剂量。收获产品中的残留物在很大程度上取决于施药时作物的生长阶段。

2009 年 JMPR 报告提供了在棉花不同生长阶段施药对收获期棉花种子中吡氟甲禾灵残留量的影响。在两组试验中从棉花的 2 叶期到开花的第七周中的 8 个不同的生长阶段，对棉花施用一次甲基吡氟甲禾灵。

当残留水平以作物生长阶段和 PHI 表示时，生长阶段更能预测可能的残留水平。

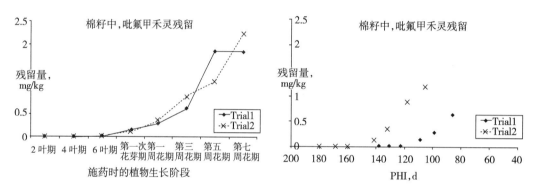

注意事项

——在一些情况下，参考作物生长阶段比 PHI 更容易确定施药时期。

规范试验——数据的选择和有效性

大多数规范试验由农药公司发起或在农药公司的赞助下进行。公司必须提供这些残留数据和农药登记时要求的相关信息。

当化合物被提名复审，公司也会向 JMPR 提供这些研究信息用来建立食品法典 MRLs 值。

汇总数据表是评估过程的一部分。

评估中应该仅包含有效数据。如果试验有效性是可疑的或者缺少真实的信息，那么试验就不能输入到评估汇总表。如果被输入到汇总表，应该标注解释和支持者的意见。

汇总表是为了汇总有效数据。如果可疑数据和有效数据混在一起了，就很难解释了。

规范试验的研究内容

——标题、作者、完成或发表的日期、研究认证号

——研究报告

• 摘要或汇总。

• 试样的鉴别和描述。

• 试验设施——田间和实验室。

• 数据表。

——田间报告

• 地点、作物和种类、生长和生产条件、地块大小、农药处理、施药器械、收获、样品的定义和大小、样品的鉴别、储藏条件、到实验室的运输。

• 所有事件的日期。

——试验报告

• 样品的接收和储藏、样品鉴别、样品的制备、分析样品的性质、分析物或待测物的性质、提取和分析、分析方法、方法验证、程序回收率、分析结果、分析结果的表示。

• 样品的接收、制备、提取、分析日期。

• 有关异常或影响报告结果的评论，例如：较低的回收率、质控样品的残留量、样品可能定性错误、对回收率结果或储藏过程损失的校正，以及结果表示方法。

——附件

• 样品色谱分析和校准，以及实验室工作表。

• 田间数据、田间记录、天气、灌溉的详细资料。

• 试验协议。

从规范试验获得的信息

樱桃 国家，年（品种）	施药（有效成分）				PHI, d	样品	残留，mg/kg				参考文献
	制剂 类型	kg/ hm²	kg/hL	用水量，L/hm²，间隔			农药		代谢物		
							全果	果肉	全果	果肉	
法国，2005 (Montmorency)	WG	0.007 4 0.007 7	1 470 +1 540	施药2次，每次间隔7d	0— 0 3 7 10 14	整个水果 和果肉	0.32 0.61 0.34 0.31 0.20 0.13	0.36 0.68 0.38 0.34 0.22 0.14	<0.02 <0.02 <0.02 <0.02 <0.02 <0.02	<0.02 <0.02 <0.02 <0.02 <0.02 <0.02	05-0416 AF/8641 /SY/1

JMPR 的汇总表提供了规范试验的数据记录的清单。

列 1：作物、国家、试验时间，作物种类。

施药：剂型、施药量（有效成分，kg/hm^2）、喷洒浓度（有效成分，kg/L）、每公顷喷药体积（L）、施药次数和施药间隔期（d）。

PHI：安全间隔期（最后一次施药距采收期的时间）

农产品：用于残留报告的农产品。

残留物：残留浓度，mg/kg，< 0.02 代表残留量低于定量限 $0.02mg/kg$。

来自对照小区（未处理）样品的残留物：必须检查此项数据，但只有当残留量等于或大于 LOQ 时，才需要将此数据记录到汇总表中。

参考：在评估结束时，参考列表中出现的研究或报告编号。

为了保证数据的有效性，必须检查试验所有支持信息。

支持信息的检查清单：

——分析方法。

——程序回收率。

——喷雾器和喷雾器校准。

——田块大小。

——试验设计、单独地块的重复样品或者重复地块的样品。

——田间样品大小。

——收获日期。

——提取和分析日期。

——存储在冰箱中的样品的时间间隔。

——检查支持信息的一种方法记录在电子表格中。

作物	国家	研究号	分析方法	添加回收率	喷雾器	小区面积	样品量	田间设计	采样日期	分析日期	储藏间隔期	储藏状态
大麦	美国	02-711	PG 615	65%～118% n=8	CO_2 backpack	260 m²	1.2 kg	未复制的单个图	2002-07-31	2003-02-17	201	OK

规范试验条件是否与 cGAP 一致？

GAP 指的是国家授权的、在实际条件下有效防治病虫害所必需的安全使用规范。它包括农药最高允许施用范围，施用时要做到农药残留应尽可能最少。（《JMPR/FAO 评估手册》）

基本 GAP 是指同一国家同一农药在同一农作物上目前登记使用的方式，包括最高用量和最短 PHI，规范田间试验的使用模式要符合基本 GAP（通常也称为 cGAP）。

JMPR 制定了一系列评估试验数据和估算 MRLs、STMRs 和 HRs 的准则。

- 每一个试验仅取一个数据点。
- 评估试验国家或邻国中具有相似气候和种植模式的 GAP（国家登记使用）下的残留数据。
- 试验条件应与登记使用的最大使用量（cGAP）一致。
    - o 通常，施药量应该在正常用量的 ±25% 范围内，包括生产实践中可能的差异。
    - o 农药施用次数对残留的影响取决于农药的持效性、施药间隔期和作物自身的性质。残留降解试验提供了农药持效性相关数据可以帮助确定施药次数的影响。
- 关于最后处理和收获之间的 PHI，也取决于残留持久性（从残留降解试验获得）。批准 PHI 附近可接受的 PHI 变化范围取决于残留水平 ±25% 的变化范围。
- 当残留量低于 LOQ 时，评估可以考虑高施药剂量的数据。
- 当有重复小区或单一小区的重复田间样品的不同数据时，可以选择平均值。
- 同一生长季节同一地点使用相同设备进行的试验，不能视为独立试验。在这种情况下，选择产生最高残留值的试验以及最高的残留量。
- 分析同一小区重复样品的农药残留，选择残留平均值。
- 如果较短 PHI 条件下的残留值反而低于在较长 PHI 条件下的残留值，选择较高的残留值。
- 当所有试验数据都 <LOQ，除非有其他证据证明残留量"理论上是零"，假定 STMRs 和 HRs 等于 LOQ。需要提供证据，例如来自代谢研究或来自增加剂量的试验。

规范试验数据的评估——简单情况

许多情形很简单。

——残留定义：监测和膳食风险评估中规定的一致。

——农产品：商业化农产品和农产品可食用部分相同。

——试验条件：施药量、PHI 等与 cGAP 一致。

——试验的位置：在有适合 GAP 的国家。

在汇总有效试验后，选择每个试验的单一残留值并在下面划线。所有被选的值按大小顺序排列，并用下划线标明中值。

数据集已经可以用于评估最大残留水平、STMR 和 HR，同时也可用于统计方法计算。

例子——氯氰菊酯在梨上的残留（JMPR，2008）

美国氯氰菊酯在梨上的 GAP 是：有效成分 $0.056kg/hm^2$，PHI 14 d。

在美国符合 cGAP 的 12 点残留试验中，氯氰菊酯在仁果上的残留是：0.05mg/kg、0.05mg/kg、0.06mg/kg、0.07mg/kg、0.24 mg/kg、0.29mg/kg、0.31mg/kg、0.33mg/kg、0.39mg/kg、0.43mg/kg、0.49mg/kg 和 0.56mg/kg。

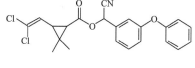

氯氰菊酯

下表是 12 个试验中的两个的汇总数据，其中之一是降解试验（试验 15）

梨		施药情况			PHI	样品	残留量，mg/kg	参考文献
国家，年（品种）	制剂	有效成分 kg/hm²	用水量，L/hm²	施药次数	d		zeta	
美国（CA），2001（Shinko）	EC	0.056	890~920	6	7 14 21 28	梨 梨 梨 梨	0.06 0.07 0.06 0.06 0.06 0.06 0.05 0.07	P 3559 Trial 15
美国（WA），2001（Bartlett）	EW	0.056	190	6	14	梨	0.29	P-3559 Trial 16

通过对数据集的检验，0.7mg/kg 或 1mg/kg（首选的）适合作为最大残留水平。通过 OECD 计算器得到的"平均值＋4 倍标准偏差＝0.996"和"3 倍平均值＝0.818"，也建议最大残留水平定为 1mg/kg。

氯氰菊酯在梨上的残留推荐值：

——最大残留水平 1 mg/kg。

——STMR 0.30 mg/kg。

——HR 0.56 mg/kg。

当两种残留定义同时存在时对规范试验数据的评估

估算最大残留水平时需要监测残留定义产生的数据，同时 STMRs 和 HRs 需要风险评估的定义的数据。

这意味着对规范残留试验样品的分析应该考虑这两种情况。理想情况下，母体化合物和相关的代谢物应该分别进行分析，以便满足不同残留定义的需要。

例子——螺虫乙酯在葡萄上的残留物（JMPR，2008）

螺虫乙酯用于植物源农产品残留监测和膳食摄入评估的残留定义不同。

用于植物源农产品残留监测的定义：螺虫乙酯和螺虫乙烯醇，以螺虫乙酯表示。

用于植物源农产品膳食摄入评估的定义：螺虫乙酯和代谢产物烯醇、ketohydroxy、烯醇葡萄糖苷及一羟基，以螺虫乙酯表示。

美国和加拿大 GAP：每季有效成分 0.14 kg/hm²，每季有效成分 0.22kg/hm²，PHI 7d。

螺虫乙酯

根据美国 GAP 条件，葡萄中的残留量（螺虫乙酯和烯醇，n＝15）是：0.057mg/kg、0.14mg/kg、0.21mg/kg、0.23mg/kg、0.24mg/kg、0.26mg/kg、0.31mg/kg、0.32mg/kg、0.34mg/kg、0.36mg/kg、0.44mg/kg、0.49mg/kg、0.58mg/kg、0.62mg/kg、1.0 mg/kg（按照监测残留定义的数据组）。

根据数据集，最大残留水平适合定为 2mg/kg。根据 OECD 计算器得到"平均值＋4 倍标准偏差＝1.30"和"3 倍平均值＝1.119"。

葡萄上残留量（螺虫乙酯和 4 个新陈代谢产物，n ＝ 15）排序，中值用下划线标注：0.11mg/kg、0.26mg/kg、0.29mg/kg、0.32mg/kg（2）、0.36mg/kg、0.40mg/kg、0.41mg/kg、0.48mg/kg（2）、0.55mg/kg、0.65mg/kg、0.79mg/kg、0.85mg/kg、1.3mg/kg（按照膳食摄入风险评估残留定义的数据组）。

结论：STMR＝0.41mg/kg，HR＝1.3 mg/kg（风险评估残留定义）。

最大残留水平＝2 mg/kg（监测残留定义）。

实例——抗蚜威在柑橘类上的残留物（JMPR，2006）

抗蚜威用于植物源农产品残留监测和膳食摄入评估的残留定义不同。

流通领域是全果，可食用部分是柑橘果肉。

用于植物源农产品残留监测的定义：抗蚜威。

用于植物源农产品膳食摄入评估的定义：抗蚜威、二甲基抗蚜威和二甲基甲酰胺基抗蚜威之和，以抗蚜威表示。

最大残留水平以全果表示。

中值和最大残留量以可食部分表示。

西班牙柑橘 GAP：叶面喷洒，有效成分 0.05kg/L，PHI 7d。

根据西班牙 GAP 条件，在意大利和西班牙进行 6 点柑橘试验，全果上的抗蚜威残留量：0.11mg/kg、0.11mg/kg、0.25mg/kg、0.27mg/kg、0.37mg/kg 和 0.40mg/kg。

在相同的 6 点柑橘试验，在柑橘果肉（可食部分）上的残留（膳食摄入残留定义）量：＜0.01mg/kg（5）和 0.01 mg/kg。

根据西班牙 GAP，在意大利和西班牙进行了 8 点中国柑橘残留试验，全果的抗蚜威残留量是：0.35mg/kg、0.68mg/kg、0.77mg/kg、0.87mg/kg、1.2mg/kg、1.2mg/kg、1.8mg/kg 和 2.2 mg/kg。

在相同的 8 点试验中，中国柑橘果肉（食品部分）中的残留物量（膳食摄入残留定义），残留中值以下划线标出，是：＜0.01mg/kg、0.01mg/kg、0.01mg/kg、<u>0.01mg/kg</u>、<u>0.02mg/kg</u>、0.03mg/kg、0.04mg/kg 和 0.08 mg/kg。

同一个柑橘类水果的 GAP 和足够的残留数据表明柑橘类水果的最大残留水平取决于中国柑橘的残留数据，因为它高于柑橘残留。

通过对数据集的检验，3mg/kg 适合作为最大残留水平。通过 OECD 计算器得到"平均值＋4＊标准偏差＝3.58"和"3＊平均值＝3.40"。

结论：柑橘类水果——STMR＝0.015 mg/kg，HR＝0.08 mg/kg，最大残留水平＝3 mg/kg。

注意事项：

——最大残留水平以监测残留定义和整个果实为基础。

——用于膳食摄入评估的 STMR 和 HR 基于膳食摄入残留定义和可食部位。

——柑橘类水果的评估采用了高于柑橘残留数据的中国柑橘数据。合并不同数据集是不合适的；在这种情况下，它会产生较低的试验中值。

谷物保护剂的残留物

谷物保护剂用于谷物收获后处理，保护谷粒不受仓储害虫的侵害。它们的使用与收获前的农药施用有很大不同，收获前农药是施用于作物上，残留结果取决于作物生长和环境条件。

收获后使用，杀虫剂有效成分以每吨多少克直接施用于农产品上。如果能够平均且有效地施用，谷类上的农药浓度（以 mg/kg 计）应该接近于以有效成分 g/t 计的用量，这是评估最大残留水平时重要的一点。

谷物保护剂的规范残留试验经常涉及谷粒的处理、在窖中或模拟窖中条件下的储藏，和储藏间隔期模拟商业实际，也就是 6 个月到 1 年。储藏后，谷粒被加工并转变成加工农产品，并确定公众是否可能接触谷物保护剂。

实例——氯氰菊酯在小麦上的残留，收割后使用（JMPR，2009）

残留定义：氯氰菊酯

法国 GAP：包含氯氰菊酯和增效醚的氯氰菊酯超低容量液剂，注册用于秋收谷物处理，剂量为每吨籽粒 1.7g 氯氰菊酯。

以有效成分 1.7g/t 处理小麦，分别储藏 7d（2 个试验）和 270d（两个试验）残留量是：

第 1 天：1.11mg/kg、1.17mg/kg、1.2mg/kg 和 1.35 mg/kg；

第 7 天：1.07mg/kg、1.3mg/kg、1.4mg/kg 和 1.5 mg/kg；

第 180 天：1.3mg/kg 和 0.96 mg/kg；

第 270 天：1.3mg/kg 和 0.99 mg/kg。

残留物在储藏期间相当稳定——基本没有降解。这 4 个试验中的 HR 分别是：1.11mg/kg、1.35mg/kg、1.40mg/kg 和 1.5 mg/kg。

根据施药剂量（有效成分 1.7g/t）估算最大残留水平是 2mg/kg，小麦的 STMR 和 HR 分别是 1.38mg/kg 和 1.5mg/kg。

小麦磨制后氯氰菊酯的加工因子分别是麸 2.5 和面粉 0.35，计入小麦 STMR 和 HR：

面粉 STMR-P＝1.38×0.35＝0.48mg/kg，面粉 HP-P＝1.5×0.35＝0.53mg/kg。

麸 STMR-P＝1.38×2.5＝3.45mg/kg，麸 HP-P＝1.5×2.5＝3.75mg/kg。

面粉 HR-P（0.53mg/kg）低于小麦最大残留水平（2mg/kg），因此没有必要制定面粉的最大残留水平。

麸 HR-P（3.75 mg/kg）高于小麦最大残留水平（2mg/kg），因此需要制定麸的最大残留水平。

估算小麦麸的最大残留水平为 5mg/kg。

注意事项：

——采收后施药量极大地影响小麦最大残留水平。

——农药在储藏期间非常稳定，储藏期的任何时间测量的最高残留量都可以代表独立试验。

——对加工的样品的 STMR-P 和 HP-P 进行评估。

——面粉的残留量低于小麦，不需要制定面粉的最大残留量。

——麸的残留量高于小麦，需要制定小麦麸的最大残留量。

当残留物含量理论上为零时

在指定使用模式下，当特殊样品中的残留量未检测或低于定量限，可能需要改进分析（较低的定量限）方法检测残留量。对于这种情况，应评估 STMR 和 HR 为定量限。

另外，也可能是由于它们降解或消退迅速，或没有直接喷洒到作物上，从而致使残留量"基本上是零"。对于这种情况，应评估 STMR 和 HR 为 0。

当"残留量为零"时，需要提交代谢研究或大剂量且仍然未检出的规范残留试验作为支持。

实例——苯霜灵在马铃薯上的残留试验（JMPR，2009）

巴西 GAP：叶面施药两次，有效成分 0.24kg/hm²，PHI 7d。

巴西试验：按照 cGAP 条件的 5 点试验以及 5 点倍量试验。苯霜灵残留量＜LOQ（0.1mg/kg）（10）

法国和意大利 GAP：叶面施药 4 次，有效成分 0.24 kg/hm²，PHI 7d。

法国和意大利试验：按照 cGAP 条件的 6 点试验。在 6 点试验的马铃薯上苯霜灵残留量＜LOQ（0.02mg/kg）。

马铃薯上苯霜灵代谢研究表明，没有放射性物质转移到块茎，这表明苯霜灵没有预计在马铃薯上的残留。

估计最大残留水平：苯霜灵在马铃薯上 0.02（＊）mg/kg。

估计 STMR 和 HR 分别是 0mg/kg 和 0mg/kg。

注意事项

——在不同地区的试验中未检测到马铃薯块茎上的残留，即使采用了两倍推荐剂量进行施药。

——代谢研究显示，苯霜灵未转移到块茎中。

——有证据表明，苯霜灵在马铃薯上的残留"基本上是零"，所以 ST-MR＝HR＝0。

来自对照小区样品中的残留物

对照样品（田间）[①]：样品是来自没有喷施农药的（施药量为 0）田间试验小区，或与试验小区（除了试验农药）一样的化学处理。

有时规范残留试验中对照样品中可能会有药物残留。这可能是由于药物从处理区飘移过来或经雨水流过来，也有可能是样品标签错误。

如果对照区样品出现相应的农药残留，应对其进行评估判断是否有效。

如果对照组的残留非常低，例如接近定量限，并且处理样品的残留量足够高的话，我们可以认为试验数据是有效的。否则，受影响的残留数据应视为无效。然而，我们也应该考虑其他影响因素。

---

① Stephenson G R, Ferris I G, Holland P T, et al. 2006. IUPAC Glossary of terms relating to pesticides. *Pure Appl. Chem.*, 78：2075 - 2154.

实例——在对照区样品中的规范残留试验

作物				剂量		PHI,d	样品	残留量，mg/kg	参考
农药	剂型	有效成分 kg/hm²	有效成分 kg/hL	次数					
黑醋栗 螺虫乙酯	悬浮剂	0.096	0.009 6	1		14 21	水果	<0.01 0.065 c＝0.08	JMPR，2009
橄榄 阿尔法- 氯氰菊酯	悬浮剂	0.015	0.001 5	1		0 3 7 14	橄榄	0.02 0.02 0.04 0.01 c＝<0.01, 0.04, 0.01, <0.01	JMPR，2008
生菜 抗蚜威	水分散 粒剂	0.25	0.05	2		0 3 7 10	生菜	5.1c＝0.03 2.9c＝0.04 2.7c＝0.02 2.8c＝0.01	JMPR，2006 注:预审污染 控制图
甘蓝芽 氟氯氰菊酯	乳油	0.050		12		1	头	0.44 c＝0.01	JMPR，2007
胡萝卜 苯醚甲环唑	乳油	0.13		4		0	根	<0.02 c＝0.19	JMPR，2007 在研究报告中 指出，测试和质 控样本可能切换

c：未处理对照区的样品

在大多数情况下，对照区的残留都是不可接受的。虽然生菜在对照区域中的残留量比在处理区少得多，许多检测指出了一般的污染问题。甘蓝试验可行是因为对照区残留量足够低（定量限），远低于处理区的样品中的残留。

农产品的 MRLs

《JMPR/FAO 评估手册》（6.7 节）说明了推荐样品组的最大残留限量的诸多因素和可能性。

最简单情况下，满足两个要求即可获得组最大残留限量。

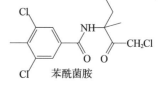

苯酰菌胺

- 施用于作物组的农药已经登记或授权。
- 至少可以获得一组主要样品的相关和充分的残留数据。

在这个声明中的一个隐含的假设是，注册用途的作物组和最高残留限量的样品组相一致。

普遍采用的组最高残留限量是柑橘类水果、仁果、核果和瓜果类蔬菜。

因为注册用户可以指定最高残留限量与样品组相一致的作物组，所以评估起来相对简单。

坚果也普遍采用组最高残留限量，主要原因是农药残留不能达到内部，通过最高残留限量可以很容易地推断到组。

实例——苯酰菌胺在瓜果类蔬菜上的残留（JMPR，2009）

美国 GAP：瓜类：叶面施用苯酰菌胺 8 次，有效成分 0.22kg/hm^2，PHI 0d。

黄瓜：6 点符合 cGAP 的美国试验：0.01mg/kg、0.02mg/kg、0.03mg/kg、0.05mg/kg、0.12mg/kg、0.13mg/kg。

哈密瓜：6 点符合 cGAP 的美国试验：0.04mg/kg、0.06mg/kg、0.08mg/kg、0.37mg/kg、0.44mg/kg、0.73mg/kg。

西葫芦：5 点符合 cGAP 的美国试验：0.08mg/kg、0.10mg/kg、0.15mg/kg、0.19mg/kg、0.39mg/kg。

哈密瓜有最高的残留量，使哈密瓜的数据可外推到组。另外，因为没有必要制定苯酰菌胺的 ARfD，所以不需要 HR 值。

果菜类蔬菜，瓜类：

最高残留水平：2mg/kg。

规范残留试验中值：0.225mg/kg。

实例——氟啶酰胺在果类蔬菜而非瓜类上的残留（JMPR，2009）

美国 GAP：果类蔬菜：叶片上施用氟啶酰胺有效成分 kg/hm^2，每季最高有效成分剂量 0.42kg/hm^2，PHI 2d。

番茄：12 点符合 cGAP 的美国试验：0.05mg/kg、0.06mg/kg、0.08mg/kg、0.10mg/kg、0.15mg/kg、0.15mg/kg、0.17mg/kg、0.17mg/kg、0.19mg/kg、0.19mg/kg、0.28mg/kg 和 0.42mg/kg。

氟啶酰酸

甜椒：7 点符合 cGAP 的美国试验：0.04mg/kg、0.05mg/kg、0.09mg/kg、0.15mg/kg、0.17mg/kg、0.19mg/kg 和 0.57mg/kg。

辣椒：3 点符合 cGAP 的美国试验：0.10mg/kg，0.36mg/kg 和 0.58mg/kg。

辣椒组合数据：0.04mg/kg、0.05mg/kg、0.09mg/kg、0.10mg/kg、0.15mg/kg、0.17mg/kg、0.19mg/kg、0.36mg/kg、0.57mg/kg 和 0.58mg/kg。

使用合并辣椒数据代表果类蔬菜组，但排除蘑菇和甜玉米。

非瓜类果菜类蔬菜（蘑菇、甜玉米除外）：

最大残留水平：1mg/kg。

STMR：0.16mg/kg。

HR：0.58mg/kg。

注意事项：

——如果由于某种原因，一个或两个样品不适合纳入组最高残留限量，可以提出建议该组的最高残留限量但除……外。

——蘑菇和甜玉米不是蔬菜作物，但可被划为蔬菜组。美国果类蔬菜作物组包括：地面樱桃、黄瓜、辣椒（灯笼椒，干辣椒，烹饪，青椒，甜辣椒）、茄子、番茄。因此，"果菜类蔬菜"作物组目前并不等同于"果菜类蔬菜"样品组。

小宗作物

小宗作物可被定义为一种小面积种植作物，因此农药用量太小而不能按照标准农药登记要求注册[①]。

小宗作物最大残留限量可能来自：

——包含在组最高残留限量中；

——以相关作物农药使用结果外推得出；

——获得足够数据进行评估。

组最高残留限量已在本章前面所述。

根据主要作物外推的例子

主要作物	外推	依据	农药	参考
马铃薯	甘薯	GAP 相近	丙线磷	JMPR，2004
覆盆子	黑莓，露莓	没有说明	氟菌腈	JMPR，2004
洋葱	大蒜	GAP 相近无残留	二甲吩草胺-P	JMPR，2005
洋葱	葱	GAP 相近无残留	二甲吩草胺-P	JMPR，2005
黄瓜	嫩黄瓜	GAP 相近	丰果胺	JMPR，2005
马铃薯	甘薯	GAP 相近无残留	二甲吩草胺-P	JMPR，2005

---

① Stephenson G R, Ferris I G, Holland P T, et al. 2006. IUPAC Glossary of terms relating to pesticides. *Pure Appl. Chem.*, 78：2075-2154.

（续）

主要作物	外推	依据	农药	参考
洋葱	大蒜	'蔬菜' GAP 无残留	抗蚜威	JMPR，2006
黄瓜	嫩黄瓜	没有说明①	噻虫啉	JMPR，2006
菜籽	白芥	GAP 相近	噻虫啉	JMPR，2006
小麦	小黑麦	GAP 相近	氯氨草啶	JMPR，2006
香蕉	芭蕉	GAP 相近	嘧菌酯	JMPR，2008
小麦	小黑麦	GAP 相近	嘧菌酯	JMPR，2008
小麦	小黑麦	GAP 相近	高效氯氟氰菊酯	JMPR，2008

如果小宗作物 GAP 与相关主要作物近似，可以进行外推（例如，同一作物组）。

注意事项：

——小宗作物的 GAP 必须和主要作物相同或类似。

——小宗作物的 GAP 必须是有效的，例如写在注册标签上。

小宗作物的最小数据库的例子

JMPR 接受 cGAP 条件下的最低 3 点规范残留试验。应当指出，试验必须记录完全并且有效，必须有有效 GAP 信息支持。

JMPR 针对小宗作物的例子

主要作物	农药	cGAP 条件下有效田间试验	决定政策	参考
辣椒	联苯肼酯	3＋支持甜椒数据	小宗作物-数据充分可以制定 MRL	JMPR，2006
啤酒花	联苯肼酯	3	小宗作物-数据充分可以制定 MRL	JMPR，2006
芹菜	苯醚甲环唑	3	小宗作物-数据充分可以制定 MRL	JMPR，2007
辣椒	苯醚甲环唑	2，两倍剂量也是 2	小宗作物-数据不充分，需要另外 3 个试验	JMPR，2007
蔓越橘	甲萘威	4	小宗作物-数据充分可以制定 MRL	JMPR，2007
洋蓟	嘧菌酯	3	小宗作物-数据充分可以制定 MRL	JMPR，2008
杨桃	氯氰菊酯	5	小宗作物-数据充分可以制定 MRL	JMPR，2008
开心果	嘧菌酯	3	小宗作物-数据充分可以制定 MRL	JMPR，2008
石榴	吡虫啉	3	小宗作物-数据充分可以制定 MRL	JMPR，2008

注意事项：

——按照 cGAP 进行的 3 个试验（试验设计、应用程序记录、分析方法和回收率等）是必要的。

——小宗作物的 GAP 必须是有效的，例如标注在标签上。

---

① 不同的表面积与质量之比会导致嫩黄瓜的残留会比黄瓜高，因此外推有必要。

估算最大残留水平的统计方法

多年来，我们已经建立直接根据规范残留试验数据计算最高残留限量的统计方法。

从残留结果计算 MRL 的任务是艰巨的：

——残留试验的设计一般不用作统计计算；

——数据集不是随机的，它包括代表性的样品、实际生产中随机的作物品种、施药器械、地理位置和天气条件；

——数据点的数量是有限的，需要对数据进行外推；

——数据分布一般都是未知。

因此，我们在尝试新方法的同时不断改进老方法。

近年来，JMPR 已经采用 NAFTA 计算器（如《JMPR/FAO 评估手册》手册中所述），但也测试 OECD 计算器（"'平均值＋4 倍 SD'与'3 倍平均值'及'最高残留'"三者的最高值）。

JMPR 用计算器估算最大残留水平。其他信息如相关农产品的残留量、其他施用方法的残留量、从施药量预估的残留量等，在专家判断时都应考虑到。

目前，由于计算器的结果的不确定性，我们只能获得有限的信息。

从不同的计算器中计算的最大残留限量往往相似，但在特殊情况下可能会不同。这些差异反映了计算结果的不确定性。

下表选择支持最大残留限量建议的规范残留试验——NAFTA 与 OECD 计算器计算 MRL 的比较。报告中的数据没有舍入（JMPR，2009）。

农药	样品	数据	数量	JMPR MRL	NAFTA	OECD
噻嗪酮	草莓	0.09，0.15，0.39，0.44，0.55，0.85，1.24	7	3	3.19	2.14
甲基毒死蜱	桃	<0.01，<0.01，0.01，0.01，0.02，0.02，0.02，0.02，0.02，0.06，0.07，0.08，0.17，0.23	14	0.5	0.117	0.323
甲基毒死蜱	辣椒	0.03，0.03，0.04，0.04，0.06，0.06，0.14，0.16，0.16，0.52，0.72	11	1	0.372	1.093
腈苯唑	杏仁壳	0.10，0.13，0.45，0.51，0.77	5	3	2.407	1.513
氟吡菌胺	芹菜	0.16，0.76，1.0，1.4，5.2，6.7，14	7	20	10.15	24.1

（续）

农药	样品	数据	数量	JMPR MRL	NAFTA	OECD
氟吡菌胺	结球甘蓝	0.31，0.36，0.61，1.2，1.9，2.3，3.9	7	7	8.7	6.72
氟吡菌胺	洋葱	0.01，0.05，0.05，0.07，0.08，0.11，0.58	7	1	0.507 5	0.929
氟吡甲禾灵	豆类（干）	0.01，0.06，0.07，0.08，0.08，0.21，0.32，0.39，0.42，0.86，1.5，1.5，1.8，2.0	14	3	2.070 9	3.557
氟吡甲禾灵	菜籽	<0.01，<0.01，<0.01，<0.05，<0.05，<0.05，<0.05，<0.05，<0.05，<0.05，0.07，0.10，0.11，0.33，0.37，0.42，0.43，0.57，0.62，1.1，1.5，1.9	22	3	5.18	2.42
氰氟虫腙	大白菜	<0.10，<0.10，0.76，0.77，1.4，1.6	6	6	5.968 9	3.307
丙硫菌唑	小麦秸秆，麦秸	<0.05，0.12，0.15，0.17，0.19，0.21，0.22，0.23，0.27，0.36，0.41，0.57，0.61，0.67，0.85，0.89，0.89，0.92，1.3，1.4，1.4，1.6，1.7	23	4	4.493	2.742

理想的情况下，最大残留限量计算器应提供位于 95 和 99 置信区间的残留数量的估计，它应该提供对计算结果的不确定度。

尽管科技在发展，但对于小数据集试验不可能得到一致精确性的结果。

本章缩写和缩略语

CS	微胶囊悬浮剂
EC	乳油
EW	水乳剂
GAP	良好农业操作规范
HR	最高残留值
HR-P	加工食品的最高残留值
JMPR	农药残留专家联席会议
LOQ	定量限
MRL	最大残留限量
NAFTA	北美自由贸易协定
OECD	经济合作与发展组织
PHI	安全间隔期

SC	悬浮剂
SD	标准偏差
SL	可溶性液剂
STMR	试验中值
STMR-P	加工食品的残留中值
UL	超低容量液体
WG	水分散粒剂
WP	可湿性粉剂

9 根据监测数据评估香料中农药最大残留限量和再残留限量

评估香料中的农药最大残留水平

评估干辣椒中的农药最大残留水平

评估农药再残留水平（EMRL）的数据要求

培训班讲义——香料和 EMRLs 监测数据的评估

本章讲述了如何根据残留监测数据评估香料中的农药最大残留水平和评估持久性农药污染物的再残留限量。

《JMPR/FAO 评估手册》的相关章节

评估香料中的农药最大残留水平

香料是典型的小规模种植的作物，且经常和其他的作物如蔬菜、水果一起种植。只有小部分是工业规模的种植。在香料上登记的农药很少，种植者通常在香料上施用与在其他作物上类似的农药。

考虑到香料在一些国家的经济重要性及其在日常饮食中微乎其微的消费，国际食品法典农药残留委员会（CCPR）决定根据监测数据制定香料中的农药最大残留限量。JMPR 考虑到监测数据的特殊性，详细说明了评估香料中农药最大残留水平的原则。

监测残留数据和规范田间试验残留数据的重要区别如下：

* 大量样品的来源和施药历史是未知的；
* 抽取的样品可能来自几个小产区；

- 一般采用定量限较高的多残留分析方法检测香料样品中的残留。

选择农药残留评估数据的标准

- 仅考虑已经在食品法典系统中存在的农药。
- 也包括在任何进口或出口国登记的农药。
- 不包括已经禁用或者不被批准在植物保护中施用的持久性农药污染物（如 DDT、艾氏剂、七氯、异狄氏剂等）。
- 仅考虑在修订的 028 组中香料上的残留数据。例如不包括香草、干洋葱、干辣椒等。
- 一些国家将罂粟籽（SO 0698）、芥菜籽（SO 0090）和芝麻籽（SO 0700）作为主要食品添加剂，但它们在本手册中不作为香料考虑。
- 要考虑所有的残留数据，不能排除异常值。
- 残留值为 0 的用小于定量限代替。
- 只有那些至少包括 59 个数据点（满足第 95 百分位数的 95％置信上限）的数据集才会被考虑，否则宁愿多选几组香料。有一个例外是如果所有的残留值都小于定量限，在此情况下，即使数据点相对较少，也可以按照报告的最高定量限推荐最大残留水平。
- 不考虑采后施用农药导致的残留（和任何其他农药的使用一样，国家政府必须对它们监管）。

香料监测数据的评估原则

- 某一特定农药不同来源的残留数据都是未检出，且定量限不一致时，以最高定量限推荐农药最大残留水平。
- 由于没有零残留的说法，残留中值可按照报告定量限计算。报告最高定量限为最高残留值。用 * 标记该残留值，它不一定表示在检测物中没有残留，有可能需要一种更灵敏的方法。
- 残留数据的分布是分散的或者偏向较高的部分。似乎没有任何分布拟合是恰当的。因此，使用一种以二项式概率计算为基础的统计方法，计算具有第 95 百分位数的 95％置信上限的样品的最大残留水平。
  o 假设随机抽取样本，意味着评估的最大残留水平将至少在 95％概率情况下涵盖 95％的残留（95％的情况下）。为了满足这种要求，至少需要 59 个样本。应当指出的是，59 个的样本大小要保证在 95％置信区间至少有一个残留值在第 95 百分位以上。然而，我们不能确定有多少的测量值是在第 95 百分位以上及最高残留值代表的百分比（第 95.1，第 99 或第 99.9）。样品中的第 95 个百分位不一定代表采样农产品的有残留样品的第 95 百分位。

　　o 如果超过 72 个样品包含可检出的残留，就可以计算残留样品的第 95 百分位的 95％的置信上限。

　　o 如果数据集包含大量可检出的残留数据时，一些高残留值超出了残留样品的第 95 个百分位的置信上限，在评估最大残留限量时它们可以被忽略（见图 1）。

- 一个相当大比例的随机监测样本不包含可检测到的残留物，很有可能表明大部分采取的样品没有施用或者没有接触到该农药。残留中值来源于可检出的某特定农药的残留。根据膳食摄入量大的农产品的残留数据和特定农产品组的膳食比例计算慢性膳食摄入量（用农药多残留筛查程序覆盖所有抽样农产品上使用的农药是不可能的，因此，需通过包含可检出某特定农药残留的样品比例和所分析的样品总数计算施用或暴露于某特定农药的农产品比例）。

- 评估的最高残留值和残留中值与规范田间残留试验的残留中值和最高残留值类似，可用于农药残留的短期和长期膳食风险评估。

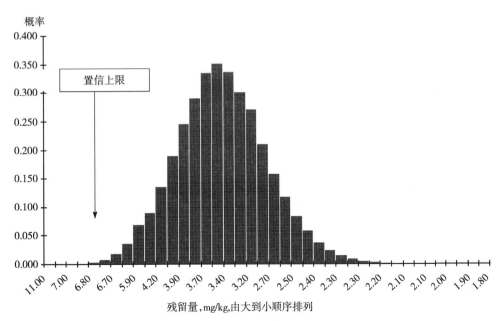

图 1　残留数据第 95 百分位的 95％置信上限（样品数目为 343 个）

选择性田间调查

选择性田间调查是一种生成制定香料最大残留限量残留数据的替代方法，在评估最大残留水平时监测数据有局限性，因为缺乏作为样品的农产品上农药使用的历史信息。

在选择性田间调查中，样品是从直接或间接施用农药的种植农作物的农田中采集。选择性田间调查的重要特点是施用的所有农药、作物的生长阶段和香料的采后用药都是有记录的，且都附在采样报告里。这些可以使实验室明确，除了要分析环境污染物如来自土壤的有机氯农药外，还要分析哪些农药。

在评估最大残留水平时，选择性田间调查是一种较好的获取数据的方法，因为其使用的农药是已知的，而监测数据的农药残留来源是未知的。

评估干辣椒中的农药最大残留水平

通常情况下，辣椒根据其颜色进行交易。一般不会到成熟期才收获它们。国家与国家甚至农民与农民之间收获的做法都不同，但是产业规模种植通常在辣椒颜色最佳时期收获。最佳时期几乎总是比成熟高峰期晚。现在农民的常用做法是把果实留在植株上，在太阳下晒干，节省了脱水的成本。

在制定鲜辣椒的食品法典 MRL 时，假设在 GAP 的基础上，果实成熟时再采样。辣椒被风干后作为调味品消费的时期不是在辣椒的收获季节。根据果实收获时评估的脱水系数不能反映常规的农业生产实际。

根据辣椒和干辣椒的含水量数据，JMPR 评估将青辣椒和红辣椒转换成干辣椒粉的残留浓缩系数分别是 10 和 7。因此，当仅有青辣椒的残留数据时，干辣椒中的残留量就是辣椒的残留数据乘以 10。如果在红辣椒上做的残留试验，干辣椒中的残留量就是红辣椒的残留数据乘以 7。

实例——干辣椒中的甲基毒死蜱（JMPR，2009）

JMPR 评估甲基毒死蜱在辣椒中的最大残留水平是 1mg/kg，规范残留试验的最高残留值（HR）是 0.72mg/kg，规范残留试验的残留中值（STMR）是 0.06mg/kg。

用默认的脱水系数 10 来推算从青辣椒到干辣椒的残留量，JMPR 评估甲基毒死蜱在干辣椒中的最大残留水平是 10mg/kg（根据 HR 是 7.2mg/kg），STMR 是 0.6mg/kg。

注意事项

——如果用甜辣椒的残留数据来评估"辣椒"中的最大残留水平、规范残留试验中值和最高残留值时，那么需乘以浓缩系数 10 得到干辣椒中相应的残留数据。

实例——干辣椒中的噻嗪酮（JMPR，2009）

基于美国在除葫芦科外果菜类蔬菜上的 GAP，噻嗪酮在非青辣椒（例如红辣椒）中的残留量是 0.17mg/kg，0.54mg/kg 和 1.1mg/kg。

将青辣椒和非青辣椒的数据合并得到辣椒的 MRL 是 2mg/kg，STMR 是 0.33mg/kg，HR 是 1.1mg/kg。

根据辣椒的 STMR、HR 和默认的脱水系数 7，可以计算出干辣椒的 STMR 和 HR 分别是 2.31mg/kg 和 7.7mg/kg。根据 HR，JMPR 推荐干辣椒的噻嗪酮最大残留水平为 10mg/kg。

> 注意事项
>
> ——辣椒的数据是用来支持"辣椒"中的最大残留水平、STMR 和
> HR。然后将数据乘以脱水系数 7 得到干辣椒相应的数据。

评估农药再残留水平（EMRL）的数据要求

再残留是指除了农药直接或间接在农产品上的使用之外的来自环境（包括以前的农业用途）的农药残留。通过食品监测的残留数据评估再残留限量。

理想情况下，应该对所有的有地域代表性的再残留监测数据进行评估，以覆盖国际贸易。这些残留数据应该包括零残留的数据（和定限量值）。

如果已选择特定的再残留限量，JMPR 就依据预期的超标率评估监测数据。超标率在 0.5% 和 1% 之间或更高，在贸易中一般是不能接受的。

2000 年，JMPR 按 0.1%、0.2% 和 0.5% 的超标率进行肉中 DDT 残留量的评估，并建议 CCPR 应该选择可接受的超标率（风险管理决策）。

培训班讲义——香料和 EMRLs 监测数据的评估

1. 根据监测数据评估香料中农药最大残留水平
2. 目的

本章的目的是解释如何通过残留监测数据评估香料中的最大残留水平和持久性农药污染物的再残留限量。

3. 大纲

- 香料中农药残留水平的评估
——选择农药残留评估数据的标准
——香料监测数据的评估原则
——选择性田间调查
- 干辣椒中农药最大残留水平的评估
- 评估农药再残留限量的数据要求

4. 干辣椒中农药最大残留水平的评估

- 香料生长的特殊条件。
- 香料是典型的小规模种植的作物，且经常和其他的作物如蔬菜、水果一起种植。
- 只有小部分是工业规模的种植。
- 在香料上登记的农药很少，种植者通常在香料上施用与在其他作物上类似的农药。

5. 监测残留数据和规范田间试验残留数据的主要区别

- 大量样品的来源和施药历史是未知的；
- 抽取的样品可能来自几个小产区；
- 一般采用定量限较高的多残留分析方法检测香料样品中的残留。

6. 评估香料中残留数据的选择标准——1

- 仅考虑已经在食品法典系统中存在的农药。
- 也包括在任何进口或出口国登记的农药。
- 不包括已经禁用或者不被批准在植物保护中施用的持久性农药污染物（如 DDT、艾氏剂、七氯、异狄氏剂等）。
- 仅考虑在修订的 028 组中香料上的残留数据。例如不包括香草、干洋葱、干辣椒等。
- 一些国家将罂粟籽（SO 0698）、芥菜籽（SO 0090）和芝麻籽（SO 0700）作为主要食品添加剂，但它们在本手册中不作为香料考虑。

7. 评估香料中残留数据的选择标准——2

- 要考虑所有的残留数据，不能排除异常值。

- 残留值为 0 的用小于定量限代替。

- 只有那些至少包括 59 个数据点（满足第 95 百分位数的 95％置信上限）的数据集才会被考虑，否则宁愿多选几组香料。有一个例外是如果所有的残留值都小于定量限，在此情况下，即使数据点相对较少，也可以按照报告的最高定量限推荐最大残留水平。

- 不考虑采后施用农药导致的残留（和任何其他的农药使用一样，国家政府必须对它们监管）。

8. 香料监测数据的评估原则

- 某一特定农药不同来源的残留数据都是未检出，且定量限不一致时，以最高定量限推荐农药最大残留水平。

- 由于没有零残留的说法，残留中值可按照报告定量限计算。报告最高定量限为最高残留值。用 * 标记该残留值，它不一定表示在检测物中没有残留，有可能需要一种更灵敏的方法。

9. 香料监测数据的评估原则

- 残留数据的分布是分散的或者偏向较高的部分。似乎没有任何分布拟合是恰当的。因此，使用一种以二项式概率计算为基础的统计方法，计算具有第 95 百分位数的 95％置信上限的样品的最大残留水平。

- 假设随机抽取样本，至少有一个残留值在所分析残留样本的第 95 百分位以外。

- 因此，评估的最大残留水平将至少在 95％概率情况下涵盖 95％的残留（95％的情况下）。

- 然而，我们不知道有多少的测量值是在第 95 百分位以外及最高残留值代表的百分比（95.1、99 或 99.9）。

10. 香料监测数据的评估原则

- 在采集的样品中，第 95 百分位数的样品不一定代表第 95 百分位数的残留数据。

- 如果超过 72 个样品包含可检出的残留，就可以计算残留样品的第 95 百分位的 95％的置信上限。

- 如果数据集包含大量可检出的残留物，一些高残留值超出了残留样品的第 95 个百分位的置信上限，在评估最大残留限量时它们可以被忽略。

11.

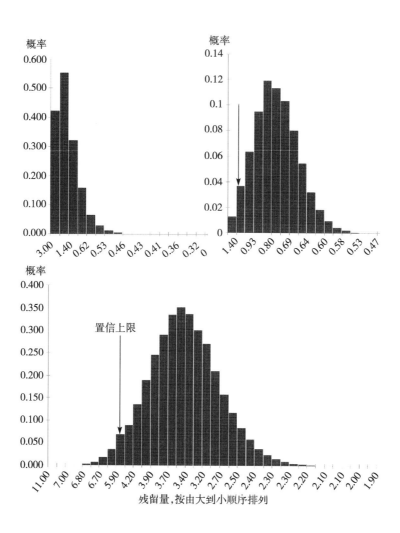

解释样品数量对残留分布第 95 百分位的影响

左上图：61 个样品，未计算置信上限。

右上图：129 个样品，计算第 95 个百分位的置信上限。

下图：343 个样品，残留数据第 95 百分位的置信上限。

12. 居民膳食暴露香料残留的评估原则

- 已修订的香料作物亚组（A28）不一定与计算摄入量的消费数据相一致。因此要结合 GEMS/FOOD 表里香料的膳食数据来计算。

- 一个相当大比例的随机监测样本不包含可检测到的残留物，很有可能表明大部分采取的样品没有施用或者没有接触到农药。

- 残留中值来源于可监测到的残留物。监测到的最高残留值视为最高残留值（它可能比评估的最大残留水平高！）。

13. 香料监测数据的评估原则

- 评估的最高残留值和残留中值与规范田间残留试验的残留中值和最高残留值类似，可用于农药残留的短期和长期膳食风险评估。
- 慢性膳食摄入是通过膳食量最大的亚组的残留数据和它们之间的比例因子来计算的。
- 通过可检出残留与未检出残留的样品数目的比例计算暴露某特定农药农产品的比例因子。残留中值可用推荐的细化膳食摄入计算程序的因子来调整。

14. 香料中二嗪农残留量的评估实例

可监测到的二嗪农残留（上一部分已经表明）：

- 大茴香样品（69/667）：x mg/kg、x mg/kg、0.82mg/kg、0.88 mg/kg、0.9mg/kg、1.1mg/kg、1.1mg/kg、1.2mg/kg、1.3mg/ kg、1.8mg/kg、1.8mg/kg、2.1mg/kg、2.7mg/kg、3.5mg/kg、 3.6mg/kg。
- 茴香种子（31/734）：0.26mg/kg、0.45mg/kg、0.59mg/kg、0.65mg/ kg、0.72mg/kg、0.76mg/kg、0.77mg/kg、1.2mg/kg、1.7mg/kg。
- 芹菜和小茴香种子：0.1mg/kg、0.1mg/kg、0.14mg/kg、0.29mg/kg。

JMPR 推荐种子香料亚组的最大残留水平为 5mg/kg、最高残留值为 3.6mg/kg、残留中值为 0.19mg/kg（基于大茴香种子的残留数据）。

15. 香料中二嗪农残留量的评估实例

JMPR 推荐根茎类香料的最大残留水平为 0.5mg/kg、最高残留值为 0.26mg/kg、残留中值为 0.05mg/kg（数据未列出）。未推荐茎皮、芽以及假种皮的残留水平。

JMPR 推荐用最高残留值 3.6mg/kg 计算短期膳食摄入、用残留中值 0.19mg/kg 和比例因子 0.1（69/667）计算长期膳食摄入。

16. 香料中进行可靠残留评估的前提

- 最大残留限量应该覆盖香料上施用农药可能导致的残留。

- 定量限应该足够低（最好≤0.01mg/kg）以排除未检测到的农药。
- 应该确定可检测到的农药的身份。
- 尽可能使用独立的样品。
- 应持续几年分析相对大量的样品。

17. 选择性田间调查

- 选择性田间调查是一种生成制定香料最大残留限量残留数据的替代方法，在评估最大残留水平时监测数据有局限性。
- 在选择性田间调查中，样品是从直接或间接施用农药的种植农作物的农田中采集。
- 选择性田间调查的重要特点是施用的所有农药、作物的生长阶段和香料的采后用药都是有记录的，且都附在采样报告里。
- 主要优点是使实验室明确他们应该检测哪些农药残留，且这些样品代表了独立的试验点。

18. 评估干辣椒中的农药最大残留水平

- 产业规模种植通常在辣椒颜色最佳时期收获，最佳时期几乎总是比成熟高峰期晚。
- 鲜辣椒的最大残留限量基于成熟期作物，用来干燥和用作香料的辣椒并不是成熟期的辣椒。
- 根据辣椒和干辣椒的含水量数据，JMPR 评估将青辣椒和红辣椒转换成干辣椒粉的残留浓缩系数分别是 10 和 7。

19. 例一——干辣椒中的甲基毒死蜱

JMPR 评估甲基毒死蜱在辣椒中的最大残留水平是 1mg/kg，规范残留试验的最高残留值（HR）是 0.72mg/kg，规范残留试验的残留中值（ST-MR）是 0.06mg/kg。

- 用默认的脱水系数 10 来推算从辣椒到干辣椒的残留量，JMPR 评估甲基毒死蜱在干辣椒中的最大残留水平是 10mg/kg（根据 HR 是 7.2mg/kg），STMR 是 0.6mg/kg。
- 注意事项
——如果用甜辣椒的残留数据来评估"辣椒"中的最大残留水平、规范残留试验中值和最高残留值时，那么乘以浓缩系数 10 得到干辣椒中相应的残留数据。

20. 例二——干辣椒中的噻嗪酮

- 基于美国在除葫芦科外的果菜类蔬菜上的 GAP，噻嗪酮在非青辣椒（例如红辣椒）中的残留量是 0.17mg/kg、0.54mg/kg 和 1.1mg/kg。

- 将青辣椒和非青辣椒的数据合并得到辣椒的 MRL 是 2mg/kg，ST-MR 是 0.33mg/kg，HR 是 1.1mg/kg。

- 根据辣椒的 STMR、HR 和默认的脱水系数 7，可以计算出干辣椒的 STMR 和 HR 分别是 2.31mg/kg 和 7.7mg/kg。根据 HR，JMPR 推荐干辣椒的最大残留水平为 10mg/kg。

- 注意事项

——红辣椒的数据是用来支持"辣椒"中的最大残留水平、STMR 和 HR。然后将数据乘以脱水系数 7 得到干辣椒相应的数据。

21. 评估农药再残留水平（EMRL）的数据要求

- 再残留是指除了农药直接或间接在农产品上的使用之外的来自环境（包括以前的农业用途）的农药残留。通过食品监测的残留数据评估再残留限量。

- 包括所有的有地域代表性的再残留监测数据。

- 包括零残留的数据（和报告定量限）。

22. 再残留限量的评估

- 如果已选择特定的再残留限量，JMPR 就依据预期的超标率评估监测数据。

- 超标率在 0.5% 和 1% 之间或更高，在贸易中一般是不能接受的。

- 2000 年，JMPR 按 0.1%、0.2% 和 0.5% 的超标率进行肉中 DDT 残留量的评估，并建议 CCPR 应该选择可接受的超标率（风险管理决策）。

本章缩写和缩略语

CCPR	食品法典农药残留委员会
EMRL	再残留限量

GAP	良好农业操作规范
HR	最高残留值
JMPR	农药残留专家联席会议
LOQ	定量限
MRL	最大残留限量
STMR	残留中值

10 储藏和加工过程中的农药残留归趋

储藏过程中的农药残留归趋

食品加工过程中的农药残留归趋

理化性质的解释说明

培训班讲义——食品储藏和加工

本章主要介绍食品加工过程中的农药残留归趋和需要制定加工食品的农药最大残留限量的时期。

《JMPR/FAO 评估手册》的相关章节

储藏过程中的农药残留归趋

一些农产品，例如谷物，在采收后食用前会储藏很长时间。谷物采收后，需用谷物防护剂来防虫。

研究谷物防护剂持久性的储藏试验是必须的，这些研究用来确定防虫的间隔期及小麦加工成面粉后农药的残留量。

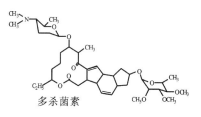

多杀菌素

当谷物磨粉以后，"新鲜残留"（最近处理过的谷物上的残留）也许和那些"陈旧残留"（存储很长一段时间之后谷物上的残留）不一样，因此对那些在适当的储藏间隔期后处理的谷物的加工研究就更为重要了。

实例——多杀菌素，一种谷物防护剂（JMPR，2004）

在美国一些试验中，用多杀菌素有效成分 1g/t 剂量处理谷物并储藏在室温下。在 11 个月内定期抽取谷类样品进行分析。

施药后，谷物中的残留量很快从 43％升到 91％，表明施药效率高。在储藏期间残留量变化很小。

谷物	试验室水平，每个处理 14～23kg 谷物				
	多杀菌素残留，mg/kg				
	0 个月	3 个月	6 个月	11 个月	高残留
大麦	0.69	0.50			0.69
大麦	0.91	0.81			0.91
大麦	0.72	0.86			0.86
玉米	0.57	0.59			0.59
玉米	0.45	0.41			0.45
玉米	0.54	0.58	0.42	0.50	0.58
玉米	0.59	0.90	0.66	0.58	0.90
玉米	0.63	0.54			0.63
燕麦	0.47	0.33			0.47
燕麦	0.67	0.69			0.69
燕麦	0.69	0.63			0.69
大米	0.48	0.67			0.67
大米	0.73	0.63	0.68	0.93	0.93
大米	0.75	0.78	0.75	0.91	0.91
小麦	0.43	0.34			0.43
小麦	0.81	0.63			0.81
小麦	0.73	0.75	0.56	0.59	0.75
小麦	0.61	0.72	0.79	0.48	0.79
小麦	0.70	0.62			0.70

在两个规模较大的小麦和玉米试验中，在储藏之前谷物移动喷雾，处理的总数分别为 9.9t 玉米和 30.9t 小麦。

粮　食	多杀菌素残留，mg/kg			
	0 个月	3 个月	6 个月	11 个月
玉米，9.9t，施药（有效成分）剂量 1.6g/t	1.4	0.77	0.77	0.50
小麦，30.9t，施药（有效成分）剂量 1.2g/t	0.92	0.74	0.95[1]	0.71

[1] 储藏 6 个月后，小麦磨成面粉——见下表。

注意事项

1) 谷物中的农药浓度（mg/kg）低于预期的有效成分使用率（g/t），这种情况通常发生在采后处理中。

2) 如果可能，会观察到从一个储藏间隔到下一个储藏间隔残留量的变化（如果有的话）。

3) 在处理后任何时间发现最高残留值可用作最大残留水平的评估。

4) 当评估最大残留水平时，需考虑 GAP 的施药（有效成分）剂量 1g/t。

实例——储藏小麦磨粉后多杀菌素残留（JMPR，2004）

多杀菌素一般残留在小麦谷粒的外部。因此，当储藏小麦（储藏 6 个月）被清洗和研磨时，高残留通常存在于谷物气体交换部位（谷物粉尘）。

在美国进行的磨粉试验中，多杀菌素在储藏小麦和加工部分中的残留：

加工因子＝加工农产品中的残留÷谷物中的残留

商品	多杀菌素残留，mg/kg	加工因子
小麦谷粒	0.95	
气体交换部位	302	317
糠	0.92	0.97
麦麸	0.29	0.30
细磨麸粉	1.05	1.2
胚芽	0.68	0.72
面粉	0.33	0.34
面筋	1.2	1.3
淀粉	0.007	0.007 4

注意事项：面粉中的残留远低于谷粒中，糠中的残留与谷粒中近似。

食品加工过程中的农药残留归趋

在模拟工业加工过程的加工研究中，使用 ^{14}C 标记的化合物是不切合实际的。

为能在实验室研究残留归趋，水解的温度、pH、试验持续时间被选做模拟代表巴氏灭菌法、焙烧、酿造、煮沸和消毒的过程。

可根据实验室的研究结果，来考虑化合物是否稳定，或者是否需要分析加工食品中的分解产物。

氟啶酰菌胺

实例——氟啶酰菌胺在食品加工过程中是稳定的（JMPR，2009）

在模拟加工条件下测试氟啶酰菌胺的降解。在 pH 为 4、5 和 6 的缓冲溶液中添加 ^{14}C 标记的氟啶酰菌胺，模拟巴氏灭菌法、焙烧、酿造、煮沸和消毒进行水解作用。结果见下表。

pH	温度，℃	时间，min	模拟过程	检测到的 ^{14}C 标记的氟啶酰菌胺的平均值，%
4	90	20	巴氏灭菌法	99
5	100	60	焙烧、酿造、煮沸	104
6	120	20	消毒	100

氟啶酰菌胺在这些过程中是稳定的。

实例——噻螨酮在巴氏灭菌和煮沸的过程中是稳定的，但是在灭菌过程中不稳定（JMPR，2009）

在模拟加工条件下测试噻螨酮的降解。在 pH 为 4、5 和 6 的缓冲溶液中添加 ^{14}C 标记的噻螨酮，模拟巴氏灭菌法、焙烧、酿造、煮沸和消毒进行水解作用。结果见下表。

pH	温度，℃	时间，min	模拟过程	结 果
4	90	20	巴氏灭菌法	89% ^{14}C 为噻螨酮，6% ^{14}C 鉴定为二聚水分子产物
5	100	60	焙烧、酿造、煮沸	99% ^{14}C 为噻螨酮
6	120	20	消毒	53% ^{14}C 为噻螨酮，54% ^{14}C 鉴定为二聚水分子产物

噻螨酮在巴氏灭菌和煮沸的过程中是稳定的，但在灭菌过程中约有一半水解了。

理化性质的解释说明

化合物的理化性质有助于预测和解释加工过程中化合物的归趋。

在清果汁生产过程中，水溶性化合物倾向于分布在果汁中，而非水溶性化合物倾向于分布在果渣中。

在植物油生产过程中，脂溶性化合物倾向于分布在油相中，而非脂溶性化合物倾向于分布在油渣中。

分布于谷物或水果表面的农药残留，在清洗阶段比分布于谷物或水果内部的残留更容易去除。

从初级农产品到加工产品的产出率决定了最大理论加工因子。

例如，葵花籽含油量 45%，在葵籽油中脂溶性化合物的最大理论加工因子是 100÷45＝2.2。玉米含油量 5%，在玉米油中脂溶性化合物的最大理论加工因子是 100÷5＝20。

如果用碱性溶液清洗水果或脱皮处理，那么在碱性条件下易水解的农药的残留量会降低。

实例——棉籽加工
食品加工流程表有助于理解每一农产品的位置实例——棉籽中的吡丙醚（JMPR，1999）

棉花上施用过量的吡丙醚，最后一次施药后 28d 收获。加工过程概括于表中。

棉籽中吡丙醚残留量为 0.10mg/kg，原油和精油中吡丙醚残留量为 0.02mg/kg，但是在棉渣中未检出（＜0.01mg/kg）。

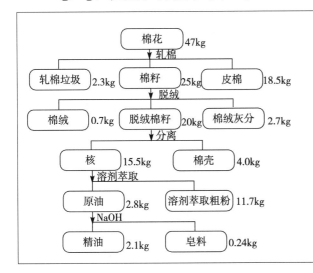

农产品	吡丙醚，mg/kg
棉籽	0.10
溶剂萃取粗粉	＜0.01
棉壳	＜0.01
原油	0.02
精油	0.02

美国：放大剂量的残留试验（有效成分）0.25 ＋ 0.37 ＋ 0.37 kg/hm²（5 倍标签剂量），最后一次施药后 28d 采集并进行加工。

图表清晰地阐明了加工过程中农产品出现的位置和相对重量，有助于理解加工过程。

计算吡丙醚在棉籽中的加工因子

$$棉籽到棉渣 = \frac{<0.01}{0.10} = <0.1$$

$$棉籽到棉壳 = \frac{<0.01}{0.10} = <0.1$$

$$棉籽到原油 = \frac{0.01}{0.10} = 0.2$$

$$棉籽到精油 = \frac{0.02}{0.10} = 0.2$$

实例——加工因子和 STMR-P

加工试验残留中值的评估：螺螨酯实例（JMPR，2009）

通过在加工研究中测定的残留量计算加工因子。当加工产品的残留量小于定量限时，用 LOQ 和初级农产品中的残留量计算加工因子，标上"小于"（<）标记。

加工因子＝定量限÷初级农产品中的残留

农产品	加工因子	加工因子（中间值或最好的估计）	初级农产品的残留中值,mg/kg	加工试验的残留中值[5]，mg/kg
橙汁	0.05	0.05	0.13	0.13×0.05＝0.006 5
苹果汁	＜0.02（2），＜0.71（3）	＜0.02[1]	0.20	0.20×0.02＝0.004
苹果渣（干）	16，17，21	17[2]	0.20	0.20×17＝3.4
苹果干	＜0.02，0.16	0.09[3]	0.20	0.20×0.09＝0.018
葡萄汁	＜0.006，0.008 1，＜0.54（3）	0.008 1[4]	0.063	0.063×0.008 1＝0.000 51

注意事项

1. 如果苹果汁中的残留量都低于 LOQ，那么加工因子的计算取决于初级农产品（苹果）中的可检测的残留量。在这种情况下，最好用苹果的残留最高值进行评估，即最低的加工因子。

2. 如果苹果渣（干）所有的残留量都接近 LOQ 或高于 LOQ，那么用残留中值评估。

3. 应考虑用 LOQ 计算苹果干的加工因子，因为这个试验比其他试验会导致残留降解更快。

4. 葡萄汁：如果在葡萄汁中能检测到残留，就很好计算加工因子。

5. 加工农产品的残留中值由初级农产品的残留中值和加工因子计算得来。

实例——代森锰锌产生的乙撑硫脲
加工过程中产生的残留（JMPR，1993）

乙撑硫脲由二硫代氨基甲酸酯盐类农药如代森锰锌在食品加工过程中如煮沸时产生。乙撑硫脲也是一种代谢物，可能会存在于初级农产品中。

代森锰锌 → ETU（乙撑硫脲）

加工因子概念不适用于加工过程中产生的残留。该概念的前提是加工产品中的农药残留仅来源于初级农产品中的相同化合物。

农产品	二硫代氨基甲酸酯残留，以二硫化碳表示，mg/kg		乙撑硫脲残留，mg/kg	
	处理 1	处理 2	处理 1	处理 2
葡萄	21　17	49　36	0.01　0.01	0.28　0.35
干渣	12　14	20　18	0.20　0.21	1.3　0.90
浓汁	2.4　2.6	1.4　1.2	0.08　0.08	4.3　4.3
清汁	<0.1　<0.1	<0.1　<0.1	0.19　0.23	2.4　2.6
巴氏杀菌汁	<0.1　<0.1	<0.1　<0.1	0.08　0.09	0.93　0.90
	加工因子			产率，%
干渣	0.68	0.45	1.7	3.8
浓汁	0.13	0.031	0.68	15
清汁	<0.005	<0.002	1.8	8.7
巴氏杀菌汁	<0.005	<0.002	0.72	3.2

加工产品中乙撑硫脲的百分含量可由初级农产品中的两个来源计算。

$$乙撑硫脲的产率 = \frac{100 \times ETU_{ProcCom}}{ETU_{RAC} + 0.67 \times DITH_{RAC}}$$

0.67 是分子量调整系数，它表明了每个代森锰锌分子产生 2 分子的 CS_2 或 1 分子的乙撑硫脲。

需要注意的是，在高浓度的二硫代氨基甲酸酯类农药存在的条件下，很难准确分析乙撑硫脲，因为分析过程中可能会发生乙撑硫脲的转化。报道的评估转化率是 0.22%～8.5%（JMPR，1993）。

培训班讲义——食品储藏和加工

1. 食品储藏与加工过程中的农药残留归趋

2. 评估加工农产品农药残留需提交的资料

- 细化膳食暴露评估

——初级农产品在食用前一般都要经过加工，比如小麦。

——初级农产品也可以直接食用，比如苹果，或加工为苹果汁。

- 如果加工产品的残留水平高于初级农产品中的最大农药残留限量就有必要制定加工农产品中的农药最大残留限量。

问题

1）什么情况下预期的加工农产品中的残留量比初级农产品中的高？

2）为什么农药最大残留限量不适用于所有加工农产品？

3. 食品加工

- 食品准备，如清洗和削皮
- 烹饪
- 榨汁
- 酿造
- 装罐
- 碾碎与烘焙
- 榨油
- 干燥

4. 提纲

- 加工农产品
- 定义
- 残留物
- 加工因子
- 食品储藏
- 食品加工的实例和加工因子
- 注册登记前的风险评估

5. 用于加工的农产品

- 通常是小麦
- 有时是橘子
- 家庭加工——冲洗、清洗和烹调
- 所有水果——如香蕉是指可食部分
- 商业加工

6. 定义 （《JMPR/FAO 评估手册》）

　　食品法典中的"初级食品"是指那些市售的处于自然状态将要进行加工的或不加工的食品。

　　"初级农产品"与"初级食品"意思相同。

7. 定义 （《JMPR/FAO 评估手册》）

　　食品法典中的"加工食品"是指初级食品经过物理的、化学的或者生物的处理后直接销售给消费者的或者直接用作食品工业原料进一步加工的。

8. 定义 （《JMPR/FAO 评估手册》）

　　加工因子是指加工食品中的农药残留与初级农产品中的农药残留之比。

9. 残留特征

　　在无作物基质情况下，放射性化合物的水解试验可作为研究加工过程中化合物的降解模型。

10. 水解研究

- 在合适时间、特定温度与 pH 的条件下，进行^{14}C 标记的农药水解实验并鉴定水解产物。
- 食品加工的工艺条件

温度，℃	时间，min	pH	加工类型
90	20	4	巴氏灭菌
100	60	5	烘烤、酿制、煮沸
120	20	6	灭菌

Timme and Walz‐Tylla，2004

11. 异氯磷的水解

异氯磷 → THPI

12. 代森锰锌的水解

代森锰锌 → ETU

13. 加工因子

$$加工因子 = \frac{加工产品中的残留量（mg/kg）}{初级农产品中的残留量（mg/kg）}$$

可选择的形式

"浓缩因子"是指残留量的增加，"减少因子"是指残留量的降低。

14. 加工因子

- 一些加工程序中，加工因子大于 1

例如

——用油萃取脂溶性的化合物

——糠中的残留

——水果干燥

15. 谷类储藏

小麦 30℃储藏

——敌敌畏（DDV）：半衰期为 2 个月

——储藏过程中溴氰菊酯、甲氰菊酯和苄氰菊酯很稳定

16. 2℃储藏条件下苹果中的二苯胺

- 储藏过程中缓慢渗透入苹果中
- 代谢为羟基共轭化合物
- 在冷储过程中，从处理的转移到未处理的水果中

17. 模拟加工是否遵循商业加工?

- 检验加工流程和加工条件
- 明确加工过程中产生的家畜饲料（例如果渣）
- 家畜饲料中的残留可能导致家畜肉、奶和蛋中的残留
- 追溯加工流程实例

18. 葡萄加工

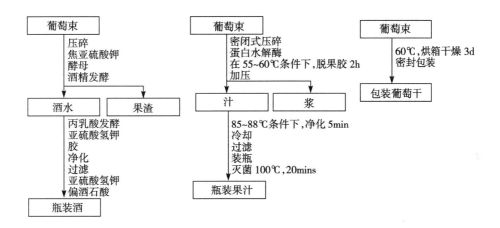

19. 苹果加工

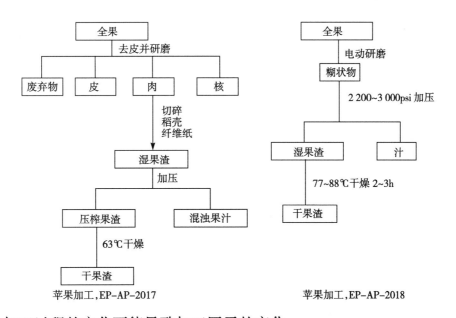

苹果加工,EP-AP-2017   苹果加工,EP-AP-2018

加工过程的变化可能导致加工因子的变化。

20. 玉米加工

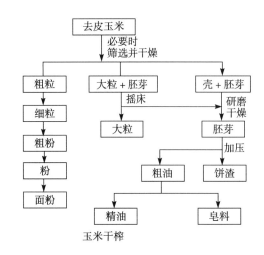

玉米干榨

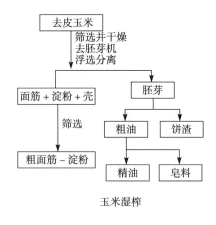

玉米湿榨

21. 加工因子实例

农药	初级农产品	加工农产品	加工因子	中间值或最好的估计
抗蚜威	番茄	番茄汁	0.50 0.62 0.70 0.86 1.54	0.70
抗蚜威	番茄	番茄酱	0.62 0.64 1.49 2.19 2.33	1.49
联苯肼酯	葡萄	葡萄干	0.36 3.2	3.2
噻虫嗪	咖啡豆	焙炒咖啡	<0.14 <0.14 <0.17 <0.20 <0.20 <0.20 <0.25 <0.25 <0.25 <0.33 <0.33 <0.50	<0.14

加工因子评估的不确定度？加工因子的变异性？

22. 加工因子实例

农药	初级农产品	加工农产品	加工因子
西维因	苹果	果汁	0.36
溴氰菊酯	苹果	果汁	<0.09
吡虫啉	柑橘类水果	果汁	0.28
吡虫啉	棉籽	油	<0.09
克螨特	棉籽	油	0.20
克螨特	葡萄	葡萄干	1.6

23. 加工因子实例

农药	初级农产品	加工农产品	加工因子
联苯菊酯	小麦	麦糠	3.15
联苯菊酯	小麦	白面粉	0.31
双苯氟脲	梅子	干梅子	3.1
噻虫嗪	棉籽	粗粉	0.27

（续）

农药	初级农产品	加工农产品	加工因子
噻虫嗪	棉籽	油	<0.02
抗蚜威	番茄	果汁	0.70
啶酰菌胺	油菜籽	食用油	1.29

24. 加工试验的最高残留值和残留中值的评估——氯氰菊酯

- 氯氰菊酯作为一种采后处理的谷物杀虫剂登记在谷物上

小麦

——规范田间试验的残留中值：1.38mg/kg。

——规范田间试验的最高残留值：1.5mg/kg。

——最大残留限量：2mg/kg。

加工因子

——小麦→面粉 0.35

——小麦→麦麸 2.5

25. 加工试验的最高残留值和残留中值的评估——氯氰菊酯

	小麦粉	麦糠
加工因子	0.35	2.5
加工试验的残留中值	$1.38×0.35=0.48$	$1.38×2.5=3.45$
加工试验的残留高值	$1.5×0.35=0.53$	$1.5×2.5=3.75$

麦麸：评估的最大残留水平为 5mg/kg。

小麦粉：最高残留值低于小麦的 MRL（2mg/kg），因此小麦粉的 MRL 是不需要的。

加工试验的最高残留值是必须的，虽然麦粉和麦麸是膨胀和混合商品，但是采后处理可能在膨胀和混合之后进行。

26. 加工农产品残留中值的评估——噻虫嗪

- 噻虫嗪在梨类水果上登记，叶面使用。
- 梨类水果

——规范残留试验的残留中值：0.07mg/kg。

——规范残留试验的最高残留值：0.15mg/kg。

——最大残留限量：0.3mg/kg。

- 加工因子

——苹果→苹果汁 0.93

27. 加工试验残留中值的评估——噻虫嗪

	苹果汁
加工因子	0.93
加工试验的残留中值	0.07×0.93＝0.065

苹果汁：加工试验的残留中值低于梨类水果 MRL（0.3mg/kg），因此苹果汁的 MRL 是不需要的。

苹果汁的最高残留值是不需要的，因为果汁是从农场中的初级农产品加工而来，噻虫嗪仅在农场中使用。

28. 居民膳食风险评估

- 获得 STMR‐P 和 HR‐P 的评估程序。
- 获得加工农产品的膳食消费数据。
- 在 IEDI 和 IESTI 电子表格中加工食品的膳食摄入量与未加工食品的饮食摄入量的评估是整合的。

本章缩写和缩略语

ETU	乙撑硫脲
GAP	良好农业操作规范
HR	最高残留值
HR‐P	加工食品的最高残留值
IEDI	国际估计每日摄入量
IESTI	国际估算短期摄入量
JMPR	农药残留专家联席会议
LOQ	定量限
RAC	初级农产品
STMR	残留中值
STMR‐P	加工试验的残留中值

11 家畜中的农药残留——通过动物饲料暴露或动物直接用药处理

家畜饲喂试验

家畜膳食残留负担值

家畜饲喂数据和膳食负担值的整合

使用杀虫剂对家畜的外部用药处理

通过家畜直接用药和饲料中的残留量推荐农药最大残留限量的协调方法

培训班讲义——家畜中的农药残留

本章的目的是阐述如何通过家畜饲喂试验预测饲料中残留导致的肉、奶和鸡蛋中的残留。家畜皮外寄生物的直接处理导致的残留。来源于这两个方面的残留都必须在残留评估中协调进行。

《JMPR/FAO 评估手册》的相关章节

在家畜的饲喂试验中，以等同或者高于在饲料中的农药剂量饲喂家畜数周。在整个饲喂期间内采集牛奶和蛋，在规定的时间内屠宰经饲喂的家畜并收集肉和内脏器官。

然后，分析采集的动物农产品中的农药残留量，以建立家畜饲料和肉、牛奶和蛋类残留量的关系。

家畜饲喂试验

家畜饲喂试验的目的是为了在经过数周的连续饲喂后，检测动物组织、牛奶和蛋类中的农药残留。饲喂剂量应与通过饲料计算的残留负担值相接近。

每天收集奶牛的牛奶和家禽的蛋，一直延续直到牛奶和蛋类中残留量达到最高值，这对于试验很重要。

脂溶性的农药在一头牛的不同脂肪库中的分布是不同的。应该分别采样和分析（不能按照一个复合体进行）。农药最大残留限量的制定要考虑到残留量最高的脂肪样品。

对于一个长残留的农药，测定停止给药后残留消耗的速度是十分有用的。这是一个净化过程，在最后给药后的 1～3d 和 1～2 周的时间段中，要保留一些高剂量给药的牛和鸡，监测牛奶和鸡蛋中的残留，在最后给药的时间段屠宰并测定器官中的残留。

奶牛饲喂试验清单

• **试验材料**

——化合物以及相关纯度。

——剂量，mg/（kg·d）（体重），等值于饲料干重中所含农药的量（mg/kg）。

——方法：胶囊法或者混合配给法。

饲喂机制？每天饲喂次数，连续饲喂天数

• **动物**

——种类。

——每个剂量组的动物数量。

——组数，典型的 3 个剂量和一个对照组。

——体重（kg）。

——饲料消耗？每天消耗的饲料干重。

　　牛奶产量（L/d 或 kg/d）。

• **程序**

——饲料配比。

——牛奶收集，每天的次数。

——牛奶混合。

——最终饲喂和屠宰家畜采集组织的时间间隔。

——收集的组织清单，注意不同类型的脂肪和肌肉。

——按照脂肪类型分开保存或者混合进行分析。

——从牛奶中分离奶油并分别分析。

产蛋母鸡饲喂清单

原则上，清单和奶牛的一样，不过是用产蛋量代替了产奶量。

实例——用氰氟虫腙饲喂产蛋母鸡（JMPR，2009）

用相当于0.1mg/kg、0.3mg/kg和0.9mg/kg干重饲料的氰氟虫腙通过胶囊饲喂数组产蛋的来亨白鸡55d。每天采蛋两次。在最后给药的24h内屠宰鸡并采集组织。在最后一次给药后的3d、7d、10d、14d、17d和27d采集经过净化期高剂量的母鸡。

氰氟虫胺

氰氟虫腙是一种脂溶性的化合物。

表1　最后一次给药后的24h内母鸡组织中的农药残留

组织	氰氟虫腙，mg/kg		
	0.1mg/kg 给药水平	0.3mg/kg 给药水平	0.9mg/kg 给药水平
肌肉	<0.02（3），0.021	0.021，0.024，0.026，0.031	0.040，0.046，0.051，0.057
肝脏	0.029，0.030，0.032，0.033	0.081，0.089，0.096，0.114	0.161，0.217，0.264，0.298
脂肪	0.297，0.303，0.327，0.338	0.921，1.045，1.051，1.245	2.649，2.737，3.396，3.493

可通过组织中氰氟虫腙残留量计算转移因子

转移因子＝组织中的残留量/饲料中的残留量

通过不同饲喂水平获得的一致转移因子表明，残留量与饲养水平成正比，因此可提高根据现有数据内推或外推的可信度。

对于肝脏和脂肪，所计算的饲喂水平之间的转移因子的可变性与同一饲喂水平内的可变性是相同的。对于肌肉，残留量低时（接近LOQ），成比例或不成比例并不明显。

试验天数与鸡蛋中残留浓度的分布如图2所示。鸡蛋中的残留在21d后达到稳定期，但是最高饲喂剂量中的残留量有较大的变异并掩盖了这种情况。

表 2　氰氟虫腙在产蛋母鸡中的转移因子

饲喂水平，mg/kg	肌　肉		肝　脏		脂　肪	
	残留，mg/kg	转移因子	残留，mg/kg	转移因子	残留，mg/kg	转移因子
0.1	＜0.02		0.029	0.29	0.297	2.97
0.1	＜0.02		0.030	0.30	0.303	3.03
0.1	＜0.02		0.032	0.32	0.327	3.27
0.1	0.021	0.21（忽略）	0.033	0.33	0.338	3.38
0.3	0.021	0.070	0.081	0.27	0.921	3.07
0.3	0.024	0.080	0.089	0.30	1.045	3.48
0.3	0.026	0.087	0.096	0.32	1.051	3.50
0.3	0.031	0.103	0.114	0.38	1.245	4.15
0.9	0.040	0.044	0.161	0.18	2.649	2.94
0.9	0.046	0.051	0.217	0.24	2.737	3.04
0.9	0.051	0.057	0.264	0.29	3.396	3.77
0.9	0.057	0.063	0.298	0.33	3.493	3.88
平均值		0.069		0.296		3.37

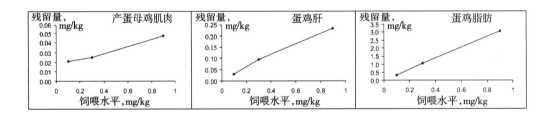

图 1　不同饲喂水平下氰氟虫腙在组织中的残留量及肝脏和脂肪中的比例

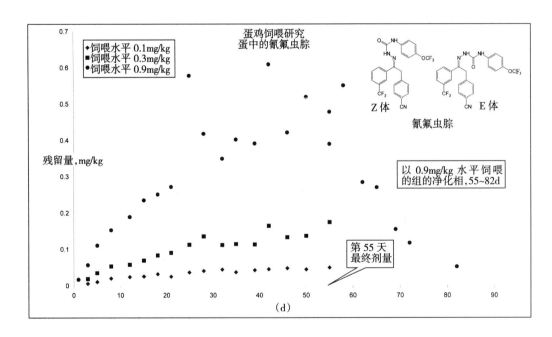

图 2　3 个饲喂剂量下鸡蛋内氰氟虫腙的残留量，最高饲喂剂量下鸡蛋中的

氰氟虫腙残留量从 55d 开始下降

实例——用α-氯氰菊酯饲喂奶牛（JMPR，2008）

3头泌乳期的乳牛分别以含有 α-氯氰菊酯胶囊 4mg/kg（1×），12 mg/kg（3×）和 40mg/kg（10×）（基于干重）连续饲喂 28d，采集 14 个时间点的牛奶以供分析。在 29d 时，最后给药的 24h 内屠宰动物，采集组织：肝脏、肾脏、胃网膜脂肪和肌肉。

α-氯氰菊酯

α-氯氰菊酯是一种脂溶性的残留物。

组织	α-氯氰菊酯，mg/kg		
	4mg/kg	12mg/kg	40mg/kg
肾	<0.05（3）	<0.05（3）	<0.05（3）
肝脏	<0.05（3）	<0.05（3）	<0.05（3）
肌肉	<0.05（3）	<0.05（3）	<0.05（3）
脂肪、网膜	<0.05，0.058，0.064	0.16，0.14，0.18	0.89，0.42，1.01

在最高剂量下（相当于干重 40mg/kg）在肾脏、肝脏和肌肉中的残留量均低于 LOQ（0.05mg/kg），相当于在干重饲喂量中的 40mg/kg。在网膜脂肪中均能检测到残留。

用脂肪中的 α-氯氰菊酯计算转移因子。

转移因子＝组织中的残留量/饲料中的残留量

α-氯氰菊酯浓度，mg/kg	脂肪中的残留，mg/kg	转移因子
4	0.058	0.015
4	0.064	0.016
12	0.16	0.013
12	0.14	0.012
12	0.18	0.015
40	0.89	0.022
40	0.42	0.011
40	1.01	0.025

在整个剂量范围内转移因子是恒定的，允许在一种剂量组中观测到动物之间的变异。结果表明，在测试范围内动物脂肪和膳食中 α-氯氰菊酯残留量是成正比关系的。这种比例能够合理地被假定到剂量为 0mg/kg 或略微高于 40mg/kg 的情况下。

家畜膳食残留负担值

家畜膳食中的农药残留可导致家畜中的农药残留。

在食品法典中将初级动物饲料分成三类：

AL：豆类动物饲料，如苜蓿饲料、干豌豆和花生饲料。

AS AF：谷物秸秆、干草料、青贮饲料，如大麦秆、玉米青贮饲料。

AM AV：混合饲料，如饲料甜菜、萝卜叶、甘蔗饲料和杏仁壳。

经常作为饲料的加工副产品：

CM：谷物副产品，如麦麸。

AB：水果和蔬菜加工副产品，如苹果渣和甜菜渣。

SM：混合植物源的次级农产品，如棉籽粕。

一些人类的食品也用作动物饲料：

GC：粮谷类，如小麦和玉米。

VR：根菜类，如马铃薯。

VB：芸薹类蔬菜，如卷心菜。

通过残留试验和加工试验对农药进行评估以后，得到 STMRs、HRs 和 MRLs。作为家畜饲料的残留数据可用于膳食负担值的计算。

在 2009 OECD 饲料表中有家畜膳食负担值的计算表（可以从下面的网址获得：http：//www. fao. org/agriculture/crops/core － themes/theme/pests/pm/jmpr/jmpr‐docs/en/）。

在膳食表中可用最高残留值、残留中值和加工产品的残留中值来估算动物产品的残留中值。

在这种计算里，残留量用干重表示。

程序：选择那种可以在动物体内引起高残留的饲料品种，记录每种农产品和每组农产品的膳食量。最终的饲喂量不能超过 100％。

用实例来解释商品组的限量最好。每种饲料饲喂量的最大比例必须包括同组其他饲料。

实例——谷物中的氯氰菊酯，计算膳食负担

肉牛

农产品	农产品组	残留量 mg/kg	来源	干物质,%	残留量(体重), mg/kg	膳食内容,%				残留分布, mg/kg			
						US-CAN	EU	AU	JP	US-CAN	EU	AU	JP
大麦	GC	0.04	STMR	88	0.040	50	70	80	70	0.02	0.03	0.03	0.03
玉米	GC	0.01	STMR	88	0.011	80	80	80	75	0.01	0.01	0.01	0.01
燕麦	GC	0.02	STMR	89	0.022		40	80	55		0.01	0.02	0.01
大米	GC	0.57	STMR	88	0.648	20		40		0.13		0.26	
小麦	GC	0.01	STMR	89	0.011	20	40	80	25	0.00	0.01	0.01	0.00

按照干物质中的残留量大小顺序确定计算膳食内容的优先顺序。

肉牛

农产品	农产品组	残留量 mg/kg	来源	干物质,%	残留量(体重), mg/kg	膳食内容,%				残留分布, mg/kg			
						US-CAN	EU	AU	JP	US-CAN	EU	AU	JP
大米	GC	0.57	STMR	88	0.648	20		40		0.13		0.26	
大麦	GC	0.04	STMR	88	0.040	50	70	80	70	0.02	0.03	0.03	0.03
燕麦	GC	0.02	STMR	89	0.022		40	80	75		0.01	0.02	0.01
玉米	GC	0.01	STMR	88	0.011	80	80	80	75	0.01	0.01	0.01	0.01
小麦	GC	0.01	STMR	89	0.011	20	40	80	25	0.00	0.01	0.01	0.00

　　在美国、加拿大的动物膳食量中，大米占 20%；大麦允许占 50%，但是 20% 已经被指定，所以大麦只能占 30%；玉米允许占 80%，但是 50% 已经被指定，所以玉米只能占 30%；小麦允许占 20%，小于已制定的其他组的 80%，所以小麦没有贡献率。

　　在欧盟的动物膳食量中，大麦谷物占 70%；燕麦和小麦不允许超过 70%，所以被删除了；玉米饲料允许占 80%，但是 70% 已经被指定，所以玉米饲料占 10%。

　　在澳大利亚的动物膳食量中，大米占 40%；大麦占 80%，但是 40% 已经被指定，大麦只能占 40%；燕麦、玉米和小麦不准超过已指定的其他组的 80%，所以不考虑。

　　在日本的动物膳食量中，大麦占 70%；燕麦和小麦不允许超过 70%，所以不考虑；玉米饲料允许占 75%，但是 70% 已被指定，所以玉米饲料只占 5%。

　　表格变为：

肉牛

农产品	农产品组	残留量，mg/kg	来源	干物质，%	残留量（体重），mg/kg	膳食内容，%				残留分布，mg/kg			
						US-CAN	EU	AU	JP	US-CAN	EU	AU	JP
大米	GC	0.57	STMR	88	0.648	20		40		0.13		0.26	
大麦	GC	0.04	STMR	88	0.040	30	70	40	70	0.01	0.03	0.02	0.03
燕麦	GC	0.02	STMR	89	0.022								
玉米	GC	0.01	STMR	88	0.011	30	10		5	0.00	0.00		0.00
小麦	GC	0.01	STMR	89	0.011								

一旦所有的组分分配确定后，所有的饲料条目按干重中残留量降低的顺序排列，以这个优先顺序决定最后的膳食分配，直到达到100%总膳食量。

家畜饲喂数据和膳食负担值的整合

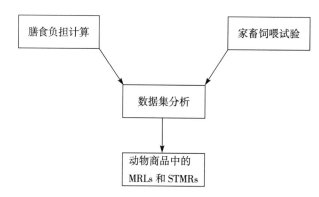

下一步将有关的家畜饮食负担应用于饲喂试验结果，以预测肉、牛奶和鸡蛋中可能的残留量。

JMPR已经决定在饲喂试验中何时使用残留中值或者残留高值和何时使用残留平均值或残留最高值。

《JMPR/FAO评估手册》中解释了许多种可能性。

接下来的实例是说明如何通过牛的膳食负担值评估牛脂肪中的残留中值和残留高值。

其他动物产品也遵循类似的程序。

实例——氯氰菊酯在家畜上的最大和平均膳食负担值

所有膳食负担值的计算结果概述如下。（注：2008年，评估氯氰菊酯时不包括来自日本的数据。）

		家畜膳食负担，氯氰菊酯，干物质中残留，mg/kg		
		US-Canada	Europe	Australia
最大值	肉牛	20.7	24.4	31.4[1]
	奶牛	13.8	17.1	21.6[3]
	家禽——肉	0.16	0.05	0.35
	家禽——蛋	0.16	2.2[5]	0.35
平均值	肉牛	7.9	8.3	11.3[2]
	奶牛	5.3	7.6	8.3[4]
	家禽——肉	0.16	0.05	0.35
	家禽——蛋	0.16	0.66[6]	0.35

[1] 适用于评估哺乳动物肉 MRL 的牛肉或奶牛中的最高膳食负担。
[2] 适用于评估哺乳动物肉 STMR 的牛肉或奶牛中的平均膳食负担。
[3] 适用于评估牛奶 MRL 的奶牛中的最高膳食负担。
[4] 适用于评估牛奶 STMR 的奶牛中的平均膳食负担。
[5] 适用于评估家畜和鸡蛋中 MRL 的家畜中的最高膳食负担。
[6] 适用于评估家畜和鸡蛋中 STMR 的家畜中的平均膳食负担。

选定的膳食负担值应用于家畜饲喂试验以确定在家畜中的残留值。

对于牛组织而言，牛肉或奶牛的最大膳食负担值适用于在饲喂试验中最高残留值的评估。

平均负担值可用于饲喂试验中组织中的残留中值的评估。

在氯氰菊酯的例子中，分别用 31.4mg/kg 和 11.3mg/kg 膳食负担值评估 HR 和 STMR（图 3）。

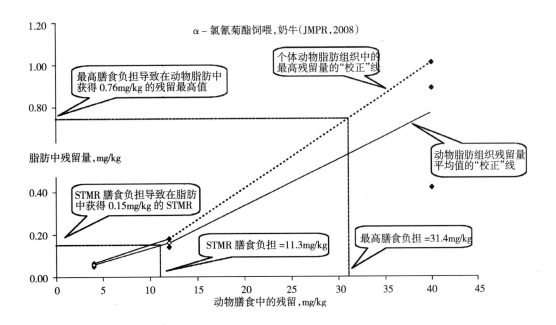

表3 在奶牛饲喂试验中不同饲喂水平下牛肉脂肪中的 α-氯氰菊酯残留量氯氰菊酯上的试验一般认为是互认的

在脂肪中 31.4mg/kg 膳食负担值产生了 0.76mg/kg 的最高残留值。

在脂肪中 11.3mg/kg 膳食负担值产生了 0.15mg/kg 的残留中值。

类似程序被应用于其他组织和奶，也被应用于禽类。

使用杀虫剂对家畜的外部用药处理

农药直接用于家畜，以控制虱子、蝇、扁虱以及其他昆虫。

用药处理可能导致农药在肉、牛奶或鸡蛋中的残留。然而，厩舍用药处理比动物饲料导致的残留更容易控制。

应该在农药登记标签中标明允许的使用方法、剂量和时间。

参考作物上的规范试验，家畜上的残留试验应把重点放在标签上规定可能导致最高残留的剂量、时间和方法上。因为这些数据将用于最大残留水平的评估。

用于绵羊养殖的外用杀寄生虫药，尤其对于虱子、丽蝇的控制，可能有多种使用方式：

    ——绵羊养殖循环

      o 修剪绵羊

      o 短毛绵羊

      o 长毛绵羊

    ——使用方法

      o 浸蘸

      o 喷洒或淋浸

      o 注射

      o 灌注

    ——具体情况

      o 蝇蛆病处理

      o 伤口处理

考虑到绵羊在不同时期的养殖产品以及不同的使用方法，用残留试验覆盖所有情况是行不通的。应在获得最高残留值的基础上选择可监控的残留试验条件。

实例——多杀菌素在羊和牛上的使用（JMPR，2001、2004）

现有来自澳大利亚的羊的规范残留试验数据，包括注入水槽，注射，对蝇蛆伤口喷雾。

多杀菌素D   多杀菌素A

蝇蛆伤口处理比其他处理易导致在组织中产生较高的残留。

导致的最大残留水平：

MM 0822   羊肉   0.3（脂肪）mg/kg；

MO 0822   羊，可食器官   0.1mg/kg。

来自澳大利亚的规范残留试验，多杀菌素通过喷雾或倾倒直接使用到牛身上。

导致的最大残留水平：

MM 0812   牛肉   3（脂肪）mg/kg；

MO 1280   牛肾   1mg/kg；

MO 1281   牛肝   2mg/kg。

通过牛的膳食负担值和奶牛的饲喂试验结果，推荐多杀菌素的最大残留水平如下。

MM 0095   肉（哺乳动物）   2（脂肪）mg/kg；

MO 0105   可食器官（哺乳动物）   0.5mg/kg。

通过家畜直接用药和饲料中的残留量推荐农药最大残留限量的协调方法

推荐合适的最大残留限量时必须牢记 3 点：

1) 推荐的最大残留限量必须足够高，能覆盖不同的合法使用农药导致的残留。

2) 直接处理造成的农药残留只能是农药产品在标签上标注的畜禽种类。例如：在羊上登记的不能用在牛上。直接用药推荐的最大残留限量应是登记中所列动物种类上的产品。

3) 动物饲料中的农药残留可能导致动物产品中的农药残留，所以，动物饲料的最大残留限量必须与广泛的哺乳类和家禽动物食用的农产品相关。

以多杀菌素为例，如果直接处理导致羊产品中的农药残留低于食用动物饲料导致的残留，就不单独制定羊产品的最大残留限量。

但是，如果直接处理导致牛产品中的农药残留高于取食动物饲料导致的残留，就需要制定牛产品的最大残留限量。

这意味着，哺乳类动物农产品最大残留限量不包括牛，必须在限量后注明"牛除外"。

经过协调，最大残留限量推荐如下：

MM 0812	牛肉	3（脂肪）mg/kg；
MO 1280	牛肾	1mg/kg；
MO 1281	牛肝	2mg/kg；
MM 0095	肉（哺乳类）［除了牛］	2（脂肪）mg/kg；
MO 0105	可食用内脏（哺乳类）［除了牛］	0.5mg/kg。

STMRs 和 HRs 的评估遵循相同的程序。

当 JECFA 推荐同时作为农药使用的兽药的 MRLs 时，也遵循相同的程序。无论是基于兽药使用或农药使用或两方面都有的食品法典最大残留限量在交易中都需要协调。

培训班讲义——家畜中的农药残留

1. 家畜中的农药残留
2. 家畜中农药残留的来源

饲料中的残留可能导致肉、奶和鸡蛋中的农药残留。
还来源于杀灭家畜体表寄生物而使用过的农药。
这两种来源的农药残留在评估中必须协调。

3. 主要动物饲料

豆类动物饲料——食品法典代码：AL
——苜蓿饲料
——豌豆干草
——花生饲料
谷草饲料——食品法典代码：AS，AF
——大麦秸秆和草料
——玉米青贮饲料

混合饲料——食品法典代码：AM，AV

——饲料甜菜

——萝卜叶

4. 以干重为基础

必须制定动物饲料中的 MRLs，且以干重表示。

以干重为基础测定的农药残留，需要测定水分含量，特别应选择相关产品的标准方法，如果是整个包含在干物质中的残留就可以计算了。

5. 用作动物饲料的加工农产品

磨碎的谷制品——食品法典代码：CM

——麦麸、稻壳

果蔬加工副产品——食品法典代码：AB

——苹果渣

——甜菜渣

混合植物源次级食品饲料——食品法典代码：SM

——棉籽粕

——大豆壳

6. 用作动物饲料的农产品

根类蔬菜——食品法典代码：VR

——马铃薯去除物

豆类——食品法典代码：VD

——干豆

谷物——食品法典代码：GC

——玉米

7. 评估过程

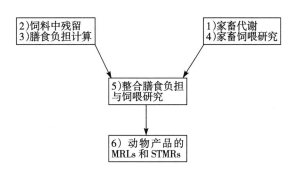

8. 评估程序 1

第一步　家畜代谢——测定家畜组织、牛奶和鸡蛋中的残留组成。

第二步　测定 GAP 条件下动物饲料和加工副产品中的残留水平。

第三步　通过饲料中的残留水平和家畜膳食结构计算家畜膳食负担值。

9. 评估程序 2

第四步　家畜饲喂试验——依据家畜膳食中的残留水平测定家畜组织和牛奶中的残留水平。

第五步　将膳食负担值和家畜饲喂试验研究结果整合，用来评估动物农产品中的残留水平。

第六步　评估动物农产品的 MRLs、STMRs 和 HRs。

10. 动物直接用药处理

按照在家畜上登记的农药的标签进行规范残留试验。

评估动物农产品中与登记使用有关的 STMRs、HRs 和 MRLs 值。

11. 协调

协调评估两种来源的残留。

最大残留限量和摄入量应基于较高残留来源。

值得注意的是直接使用通常涉及到单一物种，而饲料残留可能产生更广泛的哺乳动物家畜和家禽群体的残留。

12. 实例

多杀菌素

多杀菌素A　　　　　　　　　　　多杀菌素D

13. 第一步：家畜代谢

通过代谢研究确定残留定义和提供脂溶性方面的数据。

多杀菌素

残留定义：多杀菌素 A 和多杀菌素 D 的总和（监测和膳食评估），残留物是脂溶性的。

14. 第二步：残留试验和加工

残留试验结果

产　品	组	STMR，mg/kg	HR，mg/kg
玉米饲料	AF AS	0.70 干重[19]	0.1 干重
玉米秆草料	AF AS	0.46 干重	0.1 干重
麦秸和干饲料	AF AS	0.215 干重	0.83 干重
谷粒（采后）[20]	GC	0.70	0.95[21]
杏仁壳	AM	0.56	0.1

[19] 干重。

[20] 计算需要单个农产品的数据。

[21] 在混合和包装后可能会发生收货后处理，所以可能产生高残留。

15. 第二步：残留试验和食品加工

加工后的商品

商　品	组	STMR‐P
湿苹果渣	AB	0.064
柑橘渣	AB	0.12
棉籽渣	SM	0.002
棉籽油	SM	0.001 7

[19] 干重。

[20] 计算需要单个农产品的数据。

[21] 在混合和包装后可能会发生收货后处理，所以可能产生高残留。

16. 第二步：残留试验和食品加工

将国家描述转换说明为 OECD 文件描述。例如：

甜菜饲料＝甜菜根，甜菜饲料

花生饲料＝花生干草

菜籽饼＝菜籽饼

玉米＝玉米粒饲料

玉米饲料＝玉米秆饲料

17. 第三步：家畜膳食负担值

——饲料中的残留水平

——家畜膳食〔OECD 饲料表 2009（来源于 FAO 网站：http：// www.fao.org/agriculture/crops/core － themes/theme/pests/pm/ jmpr/jmpr－docs/en/）。〕

18. 膳食负担值计算

录入数据

农产品组	农产品	HR	STMR 或 STMR‐P	最大值来源	%干物质
AM/AV	杏仁壳		0.56	STMR	90
AB	苹果渣，干		0.064	STMR	40
GC	加工大麦	0.95	0.70	HR	88
AB	柑橘浆，干		0.12	STMR	91
AM/AV	轧棉副产品		0.002	HR	90
SM	棉		0.0017	STMR	89
GC	加工玉米	0.95	0.70	HR	88
AF/AS	玉米饲料	2.1	0.46	HR	100
AF/AS	玉米青饲料	3.1	0.70	HR	100
CM/CF	玉米碾磨副产品		0.13	STMR	85
GC	加工小米	0.95	0.70	HR	88
GC	加工燕麦	0.95	0.70	HR	89
GC	加工大米	0.95	0.70	HR	88
CM/CF	稻壳		2.0	STMR	90
GC	加工黑麦	0.95	0.70	HR	88
GC	加工高粱	0.95	0.70	HR	86
GC	加工黑小麦	0.95	0.70	HR	89
GC	加工小麦	0.95	0.70	HR	89
CM/CF	小麦碾磨副产品		1.4	STMR	88
AF/AS	小麦秸秆，干	0.83	0.215	HR	88

注意：

1）输入采后谷物残留的 STMR 和 HR，在"Basis"用 HR 代替 STMR。

2）如果残留物已用干重表示，那么在"%干物质"列输入 100。

19. 膳食负担值计算

肉牛									MAX			
农产品	农产品组	残留量, mg/kg	来源	干物质（%）	残留量体重, mg/kg	膳食内容（%）				残留贡献（mg/kg）		
						US-CAN	EU	AU	JP	US-CAN	EU	AU	JP
玉米青饲料	AF/AS	3.1	HR	100	3.10	15	80	80		0.47	2.48	2.48	
稻壳	CM/CF	2	STMR	90	2.22			5				0.11	
小麦碾磨副产品	CM/CF	1.4	STMR	88	1.59	40	20	15	55	0.64	0.32	0.24	0.87
高粱秆	GC	0.95	HR	86	1.10	40			35	0.44			0.39
大麦秆	GC	0.95	HR	88	1.08	5			10	0.05			0.11
总 计						100	100	100	100	1.60	2.80	2.83	1.37

计算表的一部分

基于澳大利亚的动物膳食数据，以干物质计算的牛肉的最大负担值是 2.83mg/kg。

20. 膳食负担值计算

		US-Can	EU	Aust	Japan
最大值	肉牛	1.60	2.80	2.83	1.37
	奶牛				
	肉鸡				
	蛋鸡				
平均值	肉牛	1.12	1.04	1.16	1.24
	奶牛				
	肉鸡				
	蛋鸡				

表格总结：

基于澳大利亚的动物膳食数据，以干物质计算的牛肉的最大负担值是 2.83mg/kg。

基于澳大利亚的动物膳食数据，以干物质计算的牛肉的平均负担值是 1.24mg/kg。

21. 第四步：家畜饲喂试验

3 组奶牛每天经口分别给药 1mg/kg、3mg/kg、10mg/kg（基于干重）的多杀菌素，连续给药 28d。定期测定牛奶中的残留量。在第 28 天屠宰，测定肉、肾、肝脏和脂肪中的残留量。

22. 第四步：家畜饲喂试验

剂量，mg/kg	组织	残留量 （3只动物）	平均值	最高值
1	脂肪	0.62 0.66 0.66	0.65	0.66
3	脂肪	0.81 0.78 1.7	1.1	1.7
10	脂肪	6.1 3.6 7.5	5.7	7.5

类似的数据可以从其他组织中获取——肝脏、肾脏和牛肉。

23. 脂肪中的残留——与剂量有关

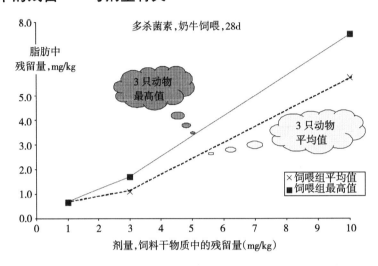

24. 第五步：整合膳食负担值和家畜饲喂试验的结果

可能的最高残留值：

——将最大膳食负担值和家畜饲喂试验的残留高值相结合。

残留中值：

——将平均膳食负担值和家畜饲喂试验的残留中值相结合。

25. 最大膳食负担值导致组织中的残留

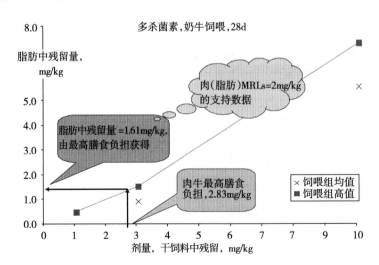

26. 平均膳食负担值导致组织中的残留

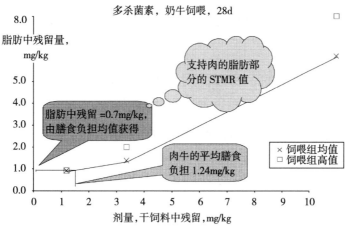

27. 组织中的残留

　　每个组织都遵循类似的程序

　　——肌肉

　　——肝脏

　　——肾脏

　　——脂肪

28. 牛奶中的残留

　　在早期给药阶段，牛奶中的残留是增加的，最后达到平稳期。

　　平稳期的残留可用于 STMRs 和 MRLs 评估。

　　一些试验包括净化时期，表明当停止给药后，可观察到牛奶中的残留消失。

29. 牛奶中的残留

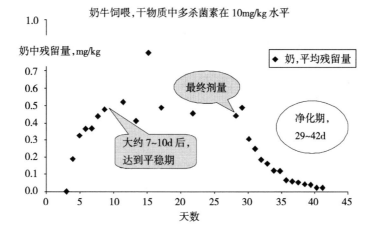

30. 组织、牛奶和蛋类中的残留

虽然这些描述是针对脂肪的，其他组织也遵循相似的程序，如：肉、肝脏、肾脏。

因为牛奶是成桶装的，所以需用平均值计算。

对于脂溶性化合物，也要评估牛奶脂肪中的残留。对于家禽，评估肌肉、脂肪、肝脏和蛋类中的 STMR 和 HR 遵循类似的程序。

31. 第六步：评估动物农产品的 MRLs、STMRs 和 HRs

如果牛的数据有效，JMPR 将评估产品组的 MRLs、STMRs 及 HRs：

——肉类（哺乳类·······）。

——可食内脏（哺乳类）。

——奶类。

如果鸡的数据有效，遵循类似程序：

——家禽肉。

——家禽内脏。

——蛋类。

32. 多杀菌素直接用药处理

在美国，直接对牛和奶牛大量喷淋给药。对家畜也可以进行喷雾。

在澳大利亚，在不同时期用不同方法对羊直接使用多杀菌素。

——喷洒—长毛。

——浸入，剪羊毛后 2～6 周。

——沐浴，剪羊毛后 2～6 周。

——伤口处理。

33. 协调饲料和直接用药导致的残留

多杀菌素直接用于牛比通过饲料添加产生更高的残留。

多杀菌素直接用于羊比饲料产生较低的残留。

最终结果：

——MRLs 针对家畜肉和内脏（涵盖直接用药）。

——MRLs 针对，除了牛的其他哺乳类的肉和内脏（涵盖饲料和直接用药导致羊中的残留）。

34. 多杀菌素 MRLs

适用于外用处理的 MRLs：

——MO 1280 家畜肾脏　　　　1mg/kg。

——MO 1281 家畜肝脏　　　　2mg/kg。

——MM 0812 家畜肉类　　　　3（脂肪）mg/kg。

——ML 0812 家畜奶类　　　　1mg/kg。

其他动物农产品的 MRLs：

——MO 0105 可食内脏（哺乳类）[家畜除外]　　0.5mg/kg。

——MM 0095 肉类（除了海洋哺乳动物）[家畜除外]　　2mg/kg（脂肪）。

35. 家畜中的农药残留

残留来源于饲料时

——代谢研究——残留定义。

——饲料中的残留量。

——家畜膳食负担值。

——家畜饲喂试验。

——通过负担值和饲喂试验计算组织中的残留。

——评估动物农产品的 MRLs、STMRs 和 HRs。

36. 家畜中的农药残留

残留来源于直接用药时

——登记使用。

——符合登记使用条件的残留试验得出的残留数据。

——评估组织中的残留。

推荐的 MRL 应适用于来自作物和动物上登记的不同来源的农药残留。

本章缩写和缩略语

AB　食品法典农产品组，用于动物饲养目的来自水果和蔬菜加工过程中的副产品

AF　食品法典农产品组，谷物饲料和牧草

AL　食品法典农产品组，豆科的动物饲料

AM　混合饲料

AS　食品法典农产品组，谷物的秸秆、草料（干）和干草以及类似牧草的植物

AV　食品法典农产品组，多种草料和饲料作物（饲料）

CM　食品法典农产品组，研磨后的谷物

GC　国际食品法典农产品组，谷物

JECFA　食品添加剂专家联席委员会

JMPR　农药残留专家联席会议

MRL　最大残留限量

OECD　经济合作与发展组织

SM　混合植物源的次级农产品

STMR　残留中值

STMR‐P　加工试验的残留中值

VB　食品法典农产品组，芸薹属蔬菜（油菜或甘蓝），结球甘蓝，头状花序甘蓝

VR　食品法典农产品组，根茎类蔬菜

12　最大残留限量的表述

一般原则

最大残留限量（MRL）在定量限（LOQ）左右时，MRL 的表述

MRL 的几种表达方式

培训班讲义——MRL 的不同表述

本章的目的是解释 MRLs 表述的规则。

《JMPR/FAO 评估手册》的相关章节

一般原则

评估的最大残留水平和推荐的最大残留限量以每千克（kg）农产品残留的毫克（mg）值（mg/kg）表示。食品法典 MRL 适用的商品部分见食品法典第 2 卷（附录六）。

除饲料外，进入国际贸易（如实验室收到）的大部分商品，以鲜重为基础来表示残留量。

一些特殊情况

由于含水量变化大，动物饲料的 MRL 建立在干重的基础上。为评估其最大残留水平，应明确饲料中的水分含量。相反，如果试验报告中的残留数据以鲜重表示，则不能用于评估最大残留水平。

对于肉类，脂溶性农药的 MRL 在脂肪的基础上表述，在残留后面用方括号 [脂肪] 表示。

对于附带脂肪的那些动物源产品不足以提供一个合适的样本进行分析的，肉类产品（无骨）的 MRL 适用于整个商品。

对于残留在肝脏和肾脏中的其他农药，MRL 的测定适用于贸易中的整个商品。对于鸡蛋，MRL 的测定适用于除壳后整个蛋清和蛋黄。

2004 年以来，两种评估牛奶中脂溶性农药最大残留限量的方式：一种对于全脂奶，一种对于乳脂。需要时，考虑到牛奶制品中脂类和非脂类的贡

献，奶制品（奶酪）的最大残留限量可用以上两种方式计算。

2008 CCPR 会议决议，用脚注来表示全脂奶和乳脂的 MRL："出于监测和管理的目的，应分析全脂奶，并与全脂奶 MRL 比较。

对于非脂溶性的化合物，MRL 针对全脂奶。

以直接动物处理为基础的 MRL 应标注，"MRL 适合动物外部用药试验"。

用字母区分反映特殊用途或条件的最高残留限量，目前，如下情况用字母区分。

E   根据再残留制定的 MRL。

Po   收获后处理农产品的 MRL。

PoP   初级农产品收获后、经处理并加工的农产品的 MRL。

最大残留限量（MRL）在定量限（LOQ）左右时，MRL 的表述

定量限是利用可行的方法对农产品中的农药残留检测时所能检测到的最低浓度。

对于实验室未检出残留的情况，JMPR 一般建议将定量限作为最大残留限量。其后用 * 表示。

这样的 MRL 并不总是意味着在该农产品中没有农药残留，可能需要更灵敏或更特殊的检测方法。当代谢研究或是其他的信息表明农产品中无残留时，则残留中值是 0 并纳入膳食摄入量计算。

当残留量为分析方法的 LOQ 或在其附近时，制定 MRL 和监管时可能需要不同的方法，方法的选择与残留定义和组分有关。所有可用的相关信息，应仔细加以考虑，确保制定的 MRL 与单个残留成分的 LOQ 在同一水平，能够完全涵盖 GAP 条件下这些组分的浓度水平。

残留定义可以包括一种残留组分如糖用甜菜中的丁苯吗啉，或者多种残留组分如花生油中的涕灭威，及其代谢产物亚砜和砜，以涕灭威表示；大豆中的灭草松、6-羟基灭草松和 8-羟基灭草松以灭草松表示，马铃薯中的倍硫磷，及其氧化物亚砜和砜，以倍硫磷表示。

包含代谢物的残留定义，可分为两种情况。

1）残留组分可转换为单一化合物或分析物，如倍硫磷。总残留以单一化合物测定，以母体化合物表示（如测量倍硫磷砜，以倍硫磷表示）。在总残留的基础上制定 MRL。所有的残留组分转换以后，可检测单一的化合物，

可以简单测定 MRL 或 LOQ。这种情况与单一化合物残留的测定类似。

2）分别测定残留组分，通过分子量和总量，调整可检测残留物的浓度，其总量用于评估最大残留水平。

当农产品中的残留不可检出时，以单个残留组分的 LOQs 总和为基础推荐的 MRL 不适合残留监管。最好的办法是考虑代谢物的比例，代谢研究可提供最好的信息。

最好用实例来说明这个问题。以灭草松，6-羟基灭草松和 8-羟基灭草松的总量来表述在植物源农产品中灭草松的残留。在规范残留试验中，三个组分的 LOQs 分别为 0.02mg/kg，而监管的 LOQs 分别为 0.05mg/kg。对于灭草松，如果 MRL 以三个化合物残留的监管 LOQs 的总和作为 MRL，则 MRL 将被定为 0.2mg/kg（3 倍的检出线）。在这种情况下，任何一种残留组分不应该超过 0.06mg/kg，或三种组分之和不应该超过 0.2mg/kg。因此，单个残留组分可以在 MRL 以内的 10 倍或 3 倍。同样，如果在规范残留试验中考虑使用 LOQs 的总和仍然允许 5 倍的残留，即 0.1mg/kg 的 MRL。

MRL 的几种表述方式

为了充分反映统计计算方法的影响，JMPR 总结了更加详细的缩放步骤取代传统的缩放步骤（0.01mg/kg、0.02mg/kg、0.03mg/kg、0.05mg/kg、0.07mg/kg、0.1mg/kg、0.2mg/kg、0.3mg/kg、0.5mg/kg、0.7mg/kg、1mg/kg、2mg/kg、3mg/kg、5mg/kg、7mg/kg、10mg/kg、15mg/kg、20mg/kg、25mg/kg、30mg/kg、40mg/kg 和 50mg/kg）。

MRL 通常用整数表达，小数点后 0 不用，因为在精密度估计过程中它将提供一个错误的印象。

目前认可的 OECD 计算器方法提供了以下约数方案（通过图例说明）。

MRL 分级（数值）

MRL 评估值	建议的 MRL
0.000 001	0.01
0.010 5	0.015
0.015 5	0.02
0.021	0.03
0.091	0.1

（续）

MRL 评估值	建议的 MRL
0.105	0.15
0.155	0.2
0.21	0.3
0.91	1
1.05	1.5
1.55	2
2.1	3
9.1	10
10.5	15
15.5	20
21	30
91	100
105	150
155	200
210	300
910	1 000

培训班讲义——MRL 的不同表述

1. 最大残留限量的表述

2. 目的

本章的目的是解释 MRL 表述的规则。

3. 概要

一般原则

定量限附近的最大残留限量的表述

最大残留限量（MRL）的不同表述

4. MRLs 的表述

- 评估的最大残留水平和推荐的最大残留限量以每千克（kg）农产品残留的毫克（mg）值（mg/kg）表示。
- 食品法典 MRLs 适用的商品部分见 食品法典第 2 卷（附录六）。

- 除饲料外，进入国际贸易（如实验室收到）的大部分商品，以鲜重为基础来表示残留量。

5. 动物饲料的 MRL

- 由于含水量变化大，动物饲料的 MRL 建立在干重的基础上。
- 为评估其最大残留水平，应明确饲料中的水分含量。
- 相反，最坏的情况是如果假定在试验报告中是以鲜重为基础的残留数据，将不适用于最大残留水平的评估。

6. 肉中的 MRL

- 对于肉类，脂溶性农药的 MRL 在脂肪的基础上表述，在残留后面用方括号［脂肪］表示。
- 对于附带脂肪的那些动物源产品不足以提供一个合适的样本进行分析，肉类产品（无骨）的 MRL 适用于整个商品。
- 对于残留在肝脏、肾脏和鸡蛋中的其他农药，MRL 的测定适用于贸易中的整个商品。

7. 牛奶的 MRLs

- 2004 年以来，有两种评估牛奶中脂溶性农药最大残留限量的方式：一种针对全脂奶，一种针对乳脂。
- 需要时，考虑到牛奶制品中脂类和非脂类的贡献，奶制品（奶酪）的最大残留限量可用两种方式计算。
- 基于 2008CCPR 决议，用插入脚注来表示全脂奶的 MRL 和乳脂的 MRL："出于监测和管理的目的，应分析全脂奶，并与全脂奶的 MRL 比较。
- 对于非脂溶性化合物，MRL 针对全脂奶。

8. 特殊事例的 MRL

以直接动物处理为基础的 MRL 应标注，"MRL 适合动物外部用药试验"字样。

用字母区分反映特殊用途或条件的最高残留限量，目前，如下情况用字母区分。

E——根据再残留制定的 MRL。

Po——收获后处理商品的 MRL。

PoP——初级农产品收获后、经处理并加工的农产品的 MRL。

9. 最大残留限量（MRL）或者定量限（LOQ）

- 对于在实验室未检出的残留 JMPR 一般建议将定量限作为最大残留限量，其后用 * 表示。

- 这样的 MRL 并不总是意味着在该农产品中没有农药残留，可能需要更灵敏或更特殊的检测方法。

- 当代谢研究或是其他的信息表明农产品中无残留时，则残留中值是 0 并纳入膳食摄入量计算。

10. 定量限或在其附近的 MRL

- 当残留量为分析方法的 LOQ 或在其附近时，制定 MRL 和监管时可能需要不同的方法，方法的选择与残留定义和组分有关。

- 所有可用的相关信息，应仔细考虑，确保制定的 MRL 与单个残留成分的 LOQ 在同一水平，能够完全涵盖 GAP 条件下这些组分的浓度水平。

- 残留定义可以包括一种残留组分如糖用甜菜中的丁苯吗啉，或者多种残留组分如花生油中的涕灭威，及其代谢产物亚砜和砜，以涕灭威表示；大豆中的灭草松、6-羟基灭草松和 8-羟基灭草松以灭草松表示，马铃薯中的倍硫磷，及其氧化物亚砜和砜，以倍硫磷表示。

11. 包含代谢物的残留定义

a) 残留组分可转换为单一化合物或分析物，如倍硫磷，测定其氧类似物亚砜和砜，以倍硫磷表示。

b) 分别测定残留组分，通过分子量和总量，调整可检测残留的浓度，其总量用于评估最大残留水平。

当农产品中的残留不可检出时，以单个残留组分的 LOQs 总和为基础推荐的 MRL 不适合残留监管。最好的办法是考虑代谢物的比例，代谢研究可提供最好的信息。

12. 实例：基于残留总量推荐的 MRL

- 植物源农产品中的灭草松残留以灭草松、6-羟基灭草松和 8-羟基灭草松的总量来表述。

- 在规范残留试验中，三个组分的 LOQs 分别为 0.02mg/kg，而监管的 LOQs 分别为 0.05mg/kg。

- 对于灭草松，如果 MRL 以三个化合物残留的监管 LOQs 的总和作为 MRL，则 MRL 将被定为 0.2mg/kg（3 倍的检出线）。

- 在这种情况下，任何一种残留组分不应该超过 0.06mg/kg，或三种之和不应该超过 0.2mg/kg。

13. MRL 的几种表述

- MRL 通常用整数表达，小数点后 0 不用，因为在精密度估计过程中它将提供一个错误的印象。

目前认可的 OECD 计算器方法提供了以下约数方案：0.01mg/kg、0.015mg/kg、0.02mg/kg、… 0.1mg/kg、0.15mg/kg、0.2mg/kg、… 15mg/kg、20mg/kg、…100mg/kg、150mg/kg、200mg/kg…mg/kg。

本章缩写和缩略语

CCPR	食品法典农药残留委员会
EMRL	再残留限量
GAP	良好农业操作规范
JMPR	农药残留专家联席会议
LOQ	定量限
MRL	最大残留限量
OECD	经济合作与发展组织
Po	收获后处理
PoP	初级农产品收获后处理并加工
STMR	残留中值

13 摄入量评估

长期摄入量——IEDI 计算

短期摄入量——IESTI 计算

IESTI 和替代 GAP

膳食风险评估

本章内容解释了如何把食品中的农药残留和居民膳食数据相结合计算膳食暴露量，是风险评估中很重要的一部分。

《JMPR/FAO 评估手册》的相关章节

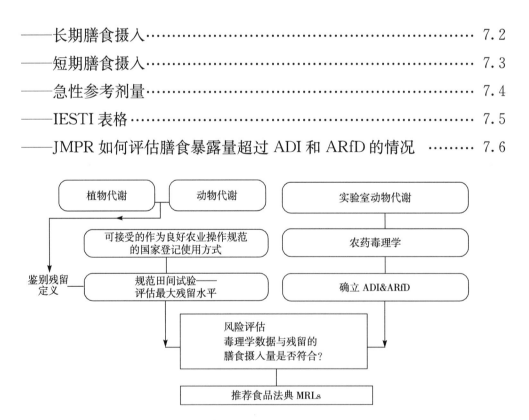

风险评估过程是农药残留评估中很重要的一部分。

JMPR 评估过程已经发展并规范化了。膳食暴露风险评估依赖于 IEDI 和 IESTI 的计算，它们的计算依赖于残留量和膳食数据。残留组分用残留定义表述。

IEDI 是国际估计每日摄入量。IEDI 可以预测每日摄入残留农药的长期效应，而这种预测是基于人均每日摄食量和规范残留试验的残留中值。必须考虑到可食部分的残留和 JMPR 定义的残留组分。IEDI 用每人每日每千克体重摄入农药残留的毫克数来表达（mg/kg）。（《JMPR/FAO 评估手册》）

IESTI 是国际短期摄入量。IESTI 可以预测摄入残留农药的短期效应，而这种预测是基于每人每日高的食物消费量和试验中的最高残留值。必须考虑到在可食部分的残留和 JMPR 定义的残留组分。IESTI 用每千克体重摄入农药残留的毫克数来表达。（《JMPR/FAO 评估手册》）

不管是"膳食摄入量"还是"膳食暴露量"都表达的一个意思。

下面是一个很简单的计算农药残留摄入量的公式：

$$摄入量 = \frac{食品中的残留浓度（mg/kg）\times 膳食食入量（kg）}{体重（kg）}$$

然而，这三个指标选择的数值是随情况而变化的。在 IEDI 的计算中也是如此，比如，长期摄食量的计算，所有食品的摄食量都必须加上。在 IESTI 的计算中，往往考虑的是食品中大比例的部分，但是每种食品都要分别考虑。

JMPR 用电子表格来进行这些计算，往往需要膳食数据和公认的公式来计算摄食摄入量。

长期摄入量——IEDI 计算

在慢性风险评估中，对农药残留长期膳食摄入量进行可靠评估是必须的。这种摄入量与来源于动物饲喂试验的 ADI 相比。而 ADI 的定义重点在于"每天的摄入量，整个生命周期，没有对消费者的健康带来不可接受的风险"。

从历史上看，慢性摄入量由 MRL 和膳食信息来计算。当时的想法是如果这样一个复杂的公式得到的结果小于 ADI，就没有更进一步评估的必要。如果计算的摄入量超过了 ADI，那么就需有更精确的膳食摄入量评估。

实际中，这种反复精炼的计算系统不如法典完善，因为每年只开一次会议。

这项工作首先应充分利用所有可得到的有效数据进行评估，然后得到最可能的估计摄量。

比如，生产残留量与 MRL 一致的商品是不可能的，即使是处理非常精确的情况下，农药残留量也会有较大幅度的变化，因此如果最高残留值不超过最大残留限量（MRL），则实际的残留量应比最大残留限量低很多。

通常只需要食品的可食部分的残留数据，也包含代谢物的风险评估。

在膳食摄入量评估中，当残留中值低于定量限时，残留量应该假定为定量限（LOQ），除非有证据表明残留量需要为零。

残留数据也可以从加工食品中获到，比如果汁、面粉、面包、蔬菜油和果酒。所有这些有效的数据应该被包含在 IEDI 的计算中。

IEDI 计算表

a	b	c	d	e f	g h	i j	k l
				A	B	C	D
农产品食品法典编码	名称	STMR 或 STMR-P，mg/kg	膳食校正因子	膳食摄入量	膳食摄入量	膳食摄入量	膳食摄入量
002	仁果类水果		—	— —	— —	— —	— —
FP 0009	仁果类水果（包括苹果汁）		1	0.5 —	84.1 —	21.9 —	45.2 —
FP 0009	仁果类水果（不包括苹果汁）		1	0.5 —	79.9 —	21.8 —	43.6 —
FP 0226	苹果（包括果汁）		1	0.3 —	60.5 —	18.5 —	39.9 —
FP 0226	苹果（不含果汁）		1	0.3 —	56.3 —	18.4 —	38.3 —
JF 0226	苹果汁		1	0.0 —	2.8 —	0.1 —	1.1 —
FP 0230	梨		1	0.1 —	22.3 —	2.8 —	4.8 —
FP 0231	温柏		1	0.1 —	1.3 —	0.6 —	0.5 —

IEDI 表格程序中关于仁果类水果部分目前还在讨论。

a、b 列：商品标识。为了研究长期膳食摄入，苹果的膳食数据既包括未经加工的苹果也包括一系列的苹果产品，如苹果汁、苹果派、苹果脯等等。如果可获得苹果汁的残留数据，那么在"去掉苹果汁"这一行需要做相应调整。

c 列：残留数据，初级农产品的是 STMR，加工农产品的是 STMR-P。

d 列：在有些计算中可能用到的一个因子。

e、g、i、k 列：是 13 种膳食结构中的前 4 种。每一种饮食结构都代表特定的国家，而表中的数字代表每人每天消费的特定食物的克数。

f、h、j、l 列：是 c 列中的 STMR（mg/kg）乘以每人每日的摄入量，就是每日农药残留摄入量，单位为 μg/（人·d）。

把 f 列中计算的摄入量相加，就得到 A 结构的总摄入量。总膳食摄入量按除以 ADI（乘以体重），或者表述成％ADI。另外 12 种膳食结构也是同样的算法。

在 IEDI 中加工食品的计算：

经过农产品加工，农药残留可能损失掉，也可能在加工环节中重新分配。

经常获得一些大规模食品加工的农药残留数据，例如小麦的粉碎、果汁的生产、植物油的生产、啤酒的酿造、白酒的制作等过程。然后将 STMR - P 和 HR - P 值用于评估加工农产品。

HR - P：加工试验的最高残留值，是通过初级农产品 HR 值乘以相应的加工因子计算得来（相应加工因子参考《JMPR/FAO 评估手册》）。

STMR - P：加工试验的残留中值，是通过初级农产品的 STMR 乘以相应的加工因子计算得来（相应加工因子参考《JMPR/FAO 评估手册》）。

如果加工农产品中的农药残留量低于定量限，加工系数就用小于号（＜）表示，表明该数值是通过分析方法的定量限计算的，而不是实测的残留量。

如果数值是由初级农产品的 STMR 计算得来，则小于号不需转移到 STMR - P 中。

实例——番茄的加工，噻嗪酮残留

番茄中噻嗪酮的残留中值（STMR）是 0.24mg/kg。

噻嗪酮

番茄酱加工因子 0.9   0.9×0.24   STMR - P 0.22mg/kg

番茄汁加工因子 0.22   0.22×0.24   STMR - P 0.053mg/kg

番茄（罐头）加工因子 0.17   0.17×0.24   STMR - P 0.041mg/kg

当用 STMR - P 计算 IEDI 时，初级农产品的膳食消费数据必须按加工农产品的量相应减少。

在现在的例子中，番茄的消费数据分为初级农业品和三种加工农产品。

在 M 区膳食量中，所有番茄产品每天消费量相当于 103.0g 初级农产品（RAC）。但是表格中显示 RAC 是 27.3g/d。

IEDI 计算表的选择

农产品	STMR‐P	G区膳食量	H区膳食量	I区膳食量	J区膳食量	K区膳食量	L区膳食量	M区膳食量
	mg/kg	膳食摄入	膳食摄入	膳食摄入	膳食摄入	膳食摄入	膳食摄入	膳食摄入
番茄（包括汁，浆，去皮）		23.5	31.7	15.0	16.2	35.6	9.9	103.0
番茄（不含汁，浆，去皮）	0.24	22.8 5.5	4.1 1.0	12.3 3.0	1.8 0.4	32.8 7.9	0.4 0.1	27.3 6.6
番茄汁	0.053	0.0 0.0	0.8 0.0	0.1 0.0	7.2 0.4	0.0 0.0	2.4 0.1	45.2 2.4
番茄浆	0.22	0.1 0.0	2.1 0.5	0.6 0.1	0.4 0.1	0.6 0.1	1.4 0.3	1.2 0.3
去皮番茄	0.041	0.2 0.0	14.5 0.6	0.2 0.0	0.0 0.0	0.3 0.0	0.8 0.0	1.2 0.0

番茄（不包括酱，汁，罐头）　27.3g/d　相当于27.3g/d初级农产品
番茄酱　45.2g/d（×1.25）　相当于56.5g/d初级农产品
番茄汁　1.2g/d（×4）　相当于4.8g/d初级农产品
番茄罐头　1.2g/d（×1.25）　相当于1.5g/d初级农产品
总计　　　相当于90.1g/d初级农产品①

表格的脚注提供了加工农产品的产率和计算生产1克加工农产品所需初级农产品的克数因子。

例如番茄，1.25g番茄生产1g番茄汁或1g去皮的番茄，而4g番茄生产1g番茄酱。

当前的电子表格已经对番茄作出计算。然而，如果需要计算一个没有包括在内的加工商品的摄入量，则必须调整总的商品消费。

加工过程经常导致一些农药残留的减少或消除。如番茄上噻嗪酮的例子，假设所有番茄被认为是初级农产品（顶行）消费或通过表中所示添加4行的初级农产品和加工（最底行）的处理，计算摄入量。

农产品	STMR	G区膳食量	H区膳食量	I区膳食量	J区膳食量	K区膳食量	L区膳食量	M区膳食量
	mg/kg	膳食摄入	膳食摄入	膳食摄入	膳食摄入	膳食摄入	膳食摄入	膳食摄入
番茄总量，未加工	0.24	5.6	7.6	3.6	3.9	8.5	2.4	24.7
番茄，初级产品＋汁，浆，去皮		5.5	2.1	3.1	0.9	8.0	0.5	9.3

注意事项

——番茄生产果汁、果浆和去皮番茄的重量比分别为1.25、4和1.25。

---

① 90.1g/d的总重与103.0g/d不符，可能是由于原始数据来源于不同的数据库或不同加工因子。

但是在 2005 年的统计分析中，这三个重量分别为 1.06、6.4 和 1.0。这主要是由于国家内这些数值的变异性和国际上派生数值的不确定度。

——在 H，J，L 和 M 区膳食量时中，加工消耗了大部分番茄，如果根据加工信息细化膳食摄入量，则摄入量明显下降。

——当考虑加工数据时，大多数长期摄入量会减少，因为食品加工经常会除去一部分残留。而且清洗可能是加工的第一步，可能除去更多的表面残留。

短期摄入量——IESTI 计算

IESTI 计算，即使是来自同一牧场的接受同样农药处理的所有食品，农药残留量水平也会有非常大的变异。其中某一个水果或蔬菜的单一个体的残留量可能会高于或低于它们的平均水平。

除了残留水平的差异外，每天的人均消费量也有很大不同。

IESTI 计算假定每日高消费与高残留量相对应，且单个水果或蔬菜的残留量比平均水平高三倍。如果消费超一个，剩余部分的残留量则被假定为和它们的平均水平相同。

IESTI 计算——有时 HR，有时 STMR

最高残留值是农药按照 GAP 规定的最大量使用时，残留在可食部位的最高值（以 mg/kg 表达）。最高残留值应该是在 GAP 规定的最高施药剂量下进行试验，并包括 JMPR 确定的残留定义，以用于风险评估。

STMR（规范残留试验的残留中值）。STMR 是按最大 GAP 施药时，在可食用部位的残留量的中值（单位：mg/kg）。

在国际短期膳食摄入量计算中，对水果、蔬菜以及其他粮食来说，HR 值指的是不经过加工、混和或包装到达消费者的这类食用产品。比如：苹果、甘蓝、马铃薯和新鲜肉类。

在国际短期膳食摄入量计算中，STMR 或 STMR‑P 指的是经过加工、混和或包装制成的食品，这些食品来源于一个以上的农厂并且施过不同的农药。比如：谷物食品、豆类、植物油、果汁以及牛奶。

注意一些例外：HR‑P 也应该用于像葡萄干和罐装菠萝这类产品中，他们加工后仍是可以分离的。HR‑P 还应用于谷物的收获后处理，因为这些农产品可能被大规模处理的，而且可能来自许多农场并被混合。

国际短期膳食摄入量（IESTI）

a	b	c	d	e	f	g	h	i	j	k	l	m	n	o	p	q
编码	农产品	STMR	HR	国家	体重，kg	最大膳食消费量，g/(kg·d)(体重)	最大膳食消费量,g/人	单位重量，g	国家	可食部位%	可食部分单位重量	变异系数	案例	IESTI,μg/(kg·d)(体重)	%ARfD	预置
FS0247	桃		SAF	55.7	12.30	685	110	FRA	90%	99	3	2a	ND	—		
FS 0247	桃		SAF	55.7	12.30	685	150	JPN	100%	150	3	2a	ND	—		
FS 0247	桃		SAF	55.7	12.30	685	122	UNK	90%	110	3	2a	ND	—		
FS 0247	桃		SAF	55.7	12.30	685	98	USA	87%	85	3	2a	ND	—		
FS 0247	桃		SAF	55.7	12.30	685	141	SWE	76%	107	3	2a	ND	—		
FS 0247	桃		SAF	55.7	12.30	685	140	BEL	90%	126	3	2a	ND	—		

用桃子举例国际短期膳食摄入量（IESTI）表格的使用。

a、b列：商品类别；

c、d列：STMR 和 HR 数据的输入栏，对桃子而言，用 HR；

e列：桃子产量最大的国家，此例中是南非；

f，g、h列：对于体重平均为 55.7kg 的国民来说，在南非，桃子膳食消费量大，平均每人消费 685g，而按国际短期膳食摄入量（IESTI）计算，大额膳食消费是指一天内，这种产品的消费者达到 97.5%。

i、j列：桃子在这个国家最广泛最普遍的重量单位放在 j 列中；

k、l列：j列中描述的该国家该农产品可食用的比率以及计算的可食部分的百分比；

m列：国际短期膳食摄入量（IESTI）计算的可变因子，可变因子为 3 则表明这种高残留个体的残留是平均残留的三倍；

n列：计算的例子。考虑到农产品的参数，选定表格中的例子，这 4 个例子在《JMPR/FAO 评估手册》的 128～130 页有完整表述。

o列：国际短期膳食摄入量（IESTI）值；

p列：以急性参考剂量表述的国际短期膳食摄入量（IESTI）。

q列：如果 n 列是未检出，且 e，f，g，h 列又有大量膳食摄入，则 q 列要用例 1 或例 3 计算。而且，表格中 n 列的例子可能被 q 列中的例 1 或例 3 覆盖。

对桃子而言，HR 值有 6 行的数据可用。

起初，这个选择基于有些国家进行了相关的试验并提供了单个重量数据，而这些试验并不是每个国家都做。

随着电子表格的使用，目前的做法是所有的有效行都输入数据。

国际短期膳食摄入量（IESTI）表格中的例 1 或例 3

对国际短期膳食摄入量（IESTI）表格中的一些农产品，只有使用者选择列 q 中的例 1 或例 3 时才需要计算。

选择例 1，需要在 HR 栏（d 列）输入 HR；选择例 3，需要在 c 列输入 STMR 或 STMR-P。

例 1 中反映的是：混合样品中的残留是一餐中食品的残留（单个重量低于 25g 的情况）。

例 3 中反映的是：农产品经过包装或混合（来源于多个农场的农产品）并进行加工。（见《JMPR/FAO 评估手册》，128～130 页有国际短期膳食摄入量的完整表述。）

国际短期膳食摄入量（IESTI）表格中要求在 q 列输入数据计算的例子。

a	b	c	d	e	f	g	h	i	j	k	l	m	n	o	p	q
编码	农产品	STMR	HR	国家	体重，kg	最大膳食消费量，g/(kg·d)（体重）	最大膳食消费量，g/人	单位重量，g	国家	可食部位%	可食部分单位重量	变异系数	案例	IESTI，μg/(kg·d)（体重）	%ARfD	预置
VP 0541	大豆（未成熟籽粒）			Thai	53.5	2.41	129	—	—	—	ND	ND	ND	ND	—	
VP 0063	豌豆（荚 & 未成熟籽粒）			JPN	52.6	1.19	63	—	—	—	ND	ND	ND	ND	—	
FI 0343	荔枝			Thai	53.5	4.93	264	—	—	—	ND	ND	ND	ND	—	
VA 0389	葱			THAI	53.5	1.33	71	—	—	—	ND	ND	ND	ND	—	
VL 0845	绿芥末			USA	65.0	3.50	228	—	—	—	ND	ND	ND	ND	—	
VL 0470	玉米沙拉			FRA	52.2	1.60	84	—	—	—	ND	ND	ND	ND	—	

商品组的国际短期膳食摄入量（IESTI）计算

当有充分的数据可利用时，JMPR 更青睐于组最大残留限量（MRLs）。与组 MRLs 相关的是组 STMRs 与 HRs。

国际短期膳食摄入量（IESTI）计算只与单个特定食品相关，与食品组无关。所以，若用同组内的重要农产品计算国际短期膳食摄入量

（IESTI），则这种农产品的选择很大程度上取决于特定农产品的特定膳食数据。

如果推荐核果的组 MRLs，国际短期膳食摄入量计算可能会用樱桃，李子，杏，油桃和蜜桃。

如果推荐葫芦科果菜的组 MRLs，国际短期膳食摄入量计算可能会用黄瓜、小黄瓜、甜瓜（西瓜除外）、西葫芦、西瓜以及冬瓜。

如果推荐芸苔科蔬菜的组 MRLs，国际短期膳食摄入量计算可能会用花椰菜、球芽甘蓝、结球甘蓝、西兰花和球茎甘蓝。

实例——噻嗪酮，葫芦科果菜，IESTI（JMPR，2009）

无论果皮是否可食，同样的最高残留值适合于整个水果。

噻嗪酮

黄瓜、甜瓜以及西葫芦（n 指的是试验次数）的残留数据可以使用。

黄瓜，n＝10，STMR＝0.03mg/kg，HR＝0.30mg/kg

甜瓜，n＝10，STMR（整个水果）＝0.195mg/kg，HR（整个水果）＝0.41mg/kg

西葫芦，n＝10，STMR＝0.04mg/kg，HR＝0.11mg/kg

甜瓜上最高的残留值可代表葫芦科果菜的组残留。

推荐葫芦科果菜的最大残留限量为 0.7mg/kg。

推荐葫芦科果菜的 HR 值为 0.41mg/kg。

国际短期膳食摄入量（IESTI）计算使用的 HR 值适用于黄瓜、小黄瓜、甜瓜（不包括西瓜）、西葫芦、西瓜以及冬瓜。

注意事项：

——组 MRLs、STMRs 和 HRs 数值基于一种农产品的数据，而且这种农产品能产生最高的残留量。

——即使有足够的数据支持单个 HR，组 HR（0.41kg/kg）也可应用在黄瓜和西葫芦上。

——计算黄瓜、小黄瓜、甜瓜（不包括西瓜）、西葫芦、西瓜和冬瓜上的国际短期膳食摄入量，这些都属于葫芦科果菜，在国际短期膳食摄入量表格中有合适的膳食消费数据。

实例——茚虫威，葫芦科果菜，IESTI（JMPR，2009）

这个实例中，虽然有组 MRLs，但最高残留值被分别用于皮可食的葫芦科果菜。

茚虫威

来自黄瓜、甜瓜、西葫芦上的残留数据（n 表示试验的数目）：

黄瓜，USA，n＝10，	HR＝0.07mg/kg
网纹瓜，USA，n＝11，	HR（全果）＝0.39mg/kg
西葫芦，USA，n＝12，	HR＝0.12mg/kg
黄瓜，EU，n＝13	HR＝0.10mg/kg
甜瓜，EU，n＝18	HR（全果）＝0.09mg/kg
甜瓜，EU，n＝18	HR（果肉）＝＜0.02mg/kg

残留量最高的哈密瓜，推荐代表葫芦科果菜，推荐最高残留值为 39mg/kg。

推荐葫芦科果菜组的最大残留限量为 0.5mg/kg。

根据瓜肉上的数据推荐皮可食葫芦科果菜组的最高残留值为 0.39mg/kg。

推荐皮不可食葫芦科类果菜组的最高残留值为 0.02mg/kg。

对于黄瓜、甜瓜和西葫芦，用最高残留值 0.39mg/kg 计算 IESTI。

对于甜瓜[①]（西瓜除外）、西瓜和笋瓜，用最高残留值 0.02mg/kg 计算 IESTI。

注意事项

——组 MRLs 的推荐基于产生最高残留的哈密瓜。

——哈密瓜（整个水果）最高残留值 0.39mg/kg 可应用于皮可食的葫芦科果菜：黄瓜、小黄瓜、南瓜。

——基于瓜肉上的残留数据，推荐的最高残留值为 0.02mg/kg，可应用于皮可食的葫芦科类果菜。

——以前膳食摄入计算中把葫芦科归为 1 组，现在细化为 2 组。

实例——氟啶酰菌胺，叶菜类蔬菜，IESTI（JMPR，2009）

基于莴苣和菠菜（n 表示试验数目）的残留数据：

---

① 2009 年 JMPR 报告附录 4 中有错误。应将 0.2mg/kg 修定为 0.02mg/kg。

氟啶酰菌胺

生菜，EU，n＝8　　　　　　　　　HR＝4.9mg/kg

结球生菜，USA，n＝7，　　　　　　HR＝7.2mg/kg

叶生菜，USA，n＝7，　　　　　　　HR＝12mg/kg

菠菜，USA，n＝7，　　　　　　　　HR＝17mg/kg

用残留量最高的菠菜代表叶菜类蔬菜，推荐最高残留值为 17mg/kg。

推荐叶菜类蔬菜的组最大残留限量为 30mg/kg。

IESTI 计算必须适用于单个食品。IESTI 计算中，最高残留值为 17mg/kg 适用于以下农产品：甜菜、菊苣叶、大白菜、沙拉玉米、莴苣、菊苣、花园水芹、结球生菜、芥蓝、叶用生菜、芥菜、马齿苋、菠菜、萝卜叶和西洋菜，但是前提是 IESTI 表格中有这些农产品的膳食数据。

注意事项

——用残留量最高的菠菜代表叶菜类蔬菜计算每个叶菜的 IESTI，前提是表格中有这些农产品的膳食数据。

IESTI 计算中，低的 ARfD 可能需要低的检出限

对于 ARfD 低的化合物的残留分析方法必须特别注意，计算的结果会显示每个农产品的检出限。

实例——呋喃丹，香蕉，IESTI（JMPR，2009）

当香蕉种植中使用呋喃丹时，在香蕉上检测不到呋喃丹残留。使用不同残留分析方法，JMPR 基于最低检出限推荐香蕉上的最高残留值是 0.02mg/kg。

对于一般人群和小孩，计算香蕉上的呋喃丹的 IESTI 分别是 ARfD [0.001mg/kg（体重）] 的 80% 和 150%。

如果通过具有较低检出限的分析方法得出的数据，数据更加可取。

呋喃丹

注意事项

——在试验设计阶段，需要预测最低检出限，用来确定残留水平能否检出的分界线。

IESTI 和替代 GAP

当 JMPR 用规范残留试验的数据评估最大残留限量时，应首先评价临界 GAP 条件下产生的最高残留，因为该条件下推荐的 MRL 可涵盖其他 GAP 条件下产生的残留数据。

如果短期膳食摄入量超过 ARfD，该情况下的最大残留水平不能用于推荐最大残留限量。然而，如果其他使用方法产生了合理的残留，也应制定最大残留限量。

如果一个可替代的临界 GAP 是有效的，应检测其产生的残留量和用于推荐最大残留限量的可能。

实例——吡唑醚菌酯在莴苣上的残留，替代 GAP

吡唑醚菌酯在结球莴苣上使用

——USA GAP：4 个颗粒剂，有效成分使用剂量是 0.12~0.23kg/hm²，茎叶处理，安全间隔期 0d。6 个美国试验中，最高残留值为 19.7mg/kg。

吡唑醚菌酯在莴苣上使用

——欧洲 GAP：2 个颗粒剂，有效成分使用剂量是 0.1kg/hm²，茎叶处理，安全间隔期为 14d。

——8 个欧洲温室试验中，最高残留值为 0.81mg/kg。

对于一般人群和小孩，用结球莴苣上的最高残留值 19.7mg/kg 计算 IESTI，分别为 ARfD [0.001mg/kg（体重）] 的 390% 和 810%。

对于一般人群和小孩，用结球莴苣上的最高残留值 0.81mg/kg 计算 IESTI，分别为 ARfD [0.001mg/kg（体重）] 的 20% 和 30%。

上述数据来源于以下 IESTI 计算表：

编码	农产品	HR, mg/kg	国家	体重, kg	最大膳食消费量, g/人	单位重量, g	国家	可食部分 (%)	可食部分单位重量	变异系数	案例	IESTI, μg/ (kg·d) (体重)	% ARfD
一般人群													
VL 0482	结球生菜	19.7	USA	65.0	213	539	USA	95%	512	3	2b	193.26	390%

（续）

编码	农产品	HR, mg/kg	国家	体重, kg	最大膳食消费量, g/人	单位重量 g	国家	可食部分 (%)	可食部分单位重量	变异系数	案例	IESTI, μg/ (kg·d) (体重)	% ARfD
VL 0482	结球生菜	19.7	USA	65.0	213	450	BEL	80%	360	3	2b	193.26	390%
VL 0482	结球生菜	0.81	USA	65.0	213	539	USA	95%	512	3	2b	7.95	20%
VL 0482	结球生菜	0.81	USA	65.0	213	450	BEL	80%	360	3	2b	7.95	20%
儿童													
VL 0482	结球生菜	19.7	Thai	17.1	117	539	USA	95%	512	3	2b	403.65	810%
VL 0482	结球生菜	19.7	Thai	17.1	117	450	BEL	80%	360	3	2b	403.65	810%
VL 0482	结球生菜	0.81	Thai	17.1	117	539	USA	95%	512	3	2b	16.60	30%
VL 0482	结球生菜	0.81	Thai	17.1	117	450	BEL	80%	360	3	2b	16.60	30%

根据最高残留值 0.81mg/kg 的试验，对于吡唑醚菌酯在结球莴苣上使用，推荐 MRL 为 2mg/kg。

注意事项

——这只是预期替代 GAP 的实例。可有两种完全不同的使用模式。当使用模式产生的最高残留不满足 IESTI 计算时，应评估替代 GAP。

——根据替代 GAP 推荐 MRL。

膳食风险评估

报告书提供了 IEDI 和 IESTI 计算结果的摘要信息。

风险性评估中，应注意任何特殊情况。

实例——甲拌磷，短期膳食摄入（JMPR，2009）

注意虽然有两种不同的马铃薯烹饪方式，但是两者计算的 IESTI 都基本相同。

计算马铃薯中甲拌磷的 IESTI，两者都是使用马铃薯上的最高残留量值，及微波果皮和炸马铃薯片的最新膳食数据。对于一般人群（基于微波果皮和炸马铃薯片膳食数据），IESTI 代表了 70% 的 ARfD [0.003mg/kg（体重）]，对于小孩，IESTI 代表了 170% 和 180% 的 ARfD。

实例——杀螟松，长期膳食摄入（JMPR，2004）

计算的 IEDI 值超过 ADI。需要指出的是许多谷物加工数据有可能解决这个问题。

JMPR 指出计算长期膳食摄入的计算是保守的，因为不考虑谷物加工过程中（除小麦、大麦、水稻）残留的降解。JMPR 将小麦的加工数据外推到黑麦上。大麦、玉米、粟、高粱（包括啤酒）的加工信息可能有助于细化膳食摄入计算。

实例——丙森锌，长期和短期膳食摄入（JMPR，2004）

丙琉氧嘧啶（PTU）是丙森锌已知的有毒代谢物，它可能与丙森锌一起残留于农产品中。下面简单解释在风险评估中如何处理这种混合物。JMPR 考虑如何更好地评估丙森锌和丙琉氧嘧啶的混合残留，并且根据不同的毒性确定适当的保守方式计算残留总量。长期和短期膳食摄入的相关因素来源于丙森锌和丙琉氧嘧啶 ADI 和 ARfD 的比值，其 ADI 比值和 ARfD 比值分别为2.3 和 3.3。

实例——茚虫威，短期膳食摄入（JMPR，2005）

若缺少莴苣叶的膳食信息，就不能进行风险评估。JMPR 计算茚虫威的IESTI，对于儿童，IESTI 占 0%～130% 的 ARfD [0.1mg/kg（体重）]；对于一般人群，IESTI 占 0%～50% ARfD。应该注意，在 GEMS/Food 的数据库中，单个个体的重量数据不适用于莴苣叶。如果用单个个体的重量评估可能会提高短膳食摄入评估的风险。

实例——硫酰氟，长期膳食摄入（JMPR，2005）

氟化物是硫酰氟的代谢物，当硫酰氟作为谷物熏蒸剂使用时以氟化物的形式残存在谷物中。残留在食品中的氟化物与食品中其他来源的氟化物一起进行风险评估。

JMPR 决定将全面评估熏蒸剂使用硫酰氟和其他来源的氟化物由GEMS/Food 中的 5 个区域计算 7～15mg/（人·d）。对于来自熏蒸剂使用

的氟化物的膳食风险评估还应考虑其他来源的氟化物的整体暴露，建议
FAO和WHO将来调查研究如何在国际层面上解决这个问题。

本章缩写和缩略语

ADI	每日允许摄入量
ARfD	急性参考剂量
GAP	良好农业操作规范
GEMS/Food	全球食品污染物监测项目
HR	最高残留值
HR-P	加工试验的最高残留值
IEDI	国际估计每日摄入值
IESTI	国际短期计算摄入值
JMPR	农药残留专家联席会议
LOQ	定量限
MRL	最大残留限量
PTU	丙琉氧嘧啶
RAC	初级农产品
STMR	残留中值
STMR-P	加工试验的残留中值

第二部分 练 习

练习 2.1 鉴定和理化性质

（参见第 2 章）

鉴定

1. 鉴定和理化性质练习

2. 目的

本练习的目的是解释检查物理和化学特性信息，以便 JMPR 评估。

3. 试验物质的特性

目的：清楚鉴定一试验物质。

4. 步骤

第一步，按网址http：//www. alanwood. net/pesticides/，核实农药通用名称纲要中的该农药的通用名称、系统名称、CAS 登记号、分子式和结构式。

第二步，在 CIPAC 网页（http：//www. cipac. org）上核实 CIPAC 名称

第三步，在 FAO 网页（http：//www. fao. org/agriculture/crops/core-themes/theme/pests/pm/jmps/ps/ps-new/en/；http：//www. who. int/whopes/quality/newspecif/en/），核实该化合物是否有标准。

第四步，如果试验物质或化合物是异构体混合物，核实明确的成分。

5. 通常提交的资料包括：

- ISO 通用名
- 化学名

- ○ IUPAC 名称
  - ○ 化学文摘登记号
- 化学文摘登记号
- CIPAC 号
- 实验式
- 结构式
- 分子式
- 相对分子质量

6. 练习

准备特性信息

1）顺式氯氰菊酯

2）嘧菌酯

3）百菌清

试验物质理化特性

7. 试验物质物理和化学特性

目的：根据测试数据评价物理和化学特性。

8. 水解速率

9. 氰戊菊酯水解速率（JMPR，2000）

水解速率是在 pH 为 5，7 和 9 的无菌缓冲液中，在黑暗条件下，测定浓度大约为 $50\mu g/L$ $[^{14}C]$ 标记的氰戊菊酯的水解速率。在 pH 为 9 时评价的半衰期为 80d。

pH	氰戊菊酯，以标记的^{14}C 的百分率表示，%						
	孵化期						
	0d	2d	4d	7d	14d	21d	28d
5	86	83	82	86	89	77	93
7	83	83	85	88	101	87	79
9	96	90	90	91	90	79	72

10. 理论

一级反应，$$C = C_0 \times e^{-kt} \tag{1}$$

C：在时间 t 时的浓度，

C_0：在时间 0 时的浓度，

k：速率常数，

t：时间。

$$\ln(C) = \ln(C_0) - kt \tag{2}$$

$\ln$（C）与时间的关系应产生斜率为 $-k$ 的直线。半衰期（$thalf$）为，$C = 0.5 \times C_0$

$$t_{half} = \frac{\ln(0.5)}{-k} \tag{3}$$

$\ln$（C）与时间（d）的关系应产生斜率为 $-k$ 的直线，斜率能够通过公式（3）转换出一个半衰期（d）。

11. 练习

用一个 Excel 表格：

- 将浓度转换成对数值（$\ln$（C））。
- 绘出 $\ln$（C）和时间（d）关系图（用 xy 散点图）。
- 插入趋势线（选择线性，选项：显示公式，显示 R 平方）。
- 记录斜率 $-k$，斜率是速率单位为 d^{-1}。
- 用公式（3）计算半衰期。
- 用不确定度解释结果。

12. 问题

在 pH5、7 和 9 的缓冲液中，25℃，黑暗条件下，氰戊菊酯的半衰期是多少？

13. 蒸气压

14. 试验物质蒸气压

温度，℃	蒸气压，Pa
80.5	0.000 46
85.6	0.0007 5
90.7	0.0007 5
95.8	0.001 5
100.8	0.005 0
105.7	0.009 0
115.9	0.009 1
120.8	0.027 8
130.9	0.073 0
135.9	0.157 3
150.9	0.448 6
171.1	0.920 5

15. 在 25℃ 的较高温度时推断测定蒸气压

理论依据

对一种物质而言，气化比潜热不是温度的函数

$$\ln(VP) = \frac{a}{T} + b$$

VP：蒸气压，

T：绝对温度（$= t℃ + 273$），

a，b：常数。

16. 练习

- 用一个 Excel 表格：
- 将蒸气压转换成 $\ln(VP)$ 值
- 将温度转换成 $1/T$ 值。
- 绘出 $\ln(VP)$ 和 $1/T$ 关系图（用 xy 散点图）。
- 插入趋势线（选择线性，选项：显示公式，显示 R 平方）。

17. 练习（2）

记录公式

$$\ln(VP) = \frac{a}{T} + b$$

计算 25℃ 时的蒸气压（$T = 298$）。

18. 问题？

- 在温度为 25℃时试验物质的蒸气压为多少？

19. 问题？

本练习缩写和缩略语

CAS	美国化学文摘服务社
CIPAC	国际农药分析协作委员会
FAO	联合国粮食及农业组织
ISO	国际标准化组织
IUPAC	国际纯粹与应用化学联合会
T	绝对温度

练习 3.1 F64 在山羊中的代谢概要[①]

前言

F64 是具有保护、治疗、根除活性的内吸性农药，主要用于谷物（大麦、燕麦、小麦、黑麦、黑小麦）、豆科作物（豆类和豌豆）、油菜籽和落花生（花生）。通常可按 125~200g/hm² （有效成分）进行种子包衣和叶面喷洒。

对 F64 在山羊、小麦、花生和甜菜上用 ［苯基- UL -^{14}C］ - F64 作为苯基标记和 ［3，5 三唑-^{14}C］ -标记 F64 作为三唑标记，并且对其主要代谢物 ［苯基- UL -^{14}C］ -和 ［3，5 三唑-^{14}C］ -标记的 F64M1 在山羊上进行了代谢机理研究。

由于本报告的保密性，测试物质的分子结构/标记位置已给出，但在该文件中不显示。在这些练习中仅使用活性成分及其代谢物的代码。

缩写及符号列于本练习最末并适用于练习 3.1~3.4。

目标：

（a）验证以下研究条件：

- 研究物质、测试环境、测试物质的施药条件、采样和分析等。
- 代谢物的定性和表征。
- 在研究总结中提供信息的完整性。

（b）确定将作为其残留定义的主要残留物质。

（c）比较母体物质 （F64） 和其重要代谢物 （F64M1） 的代谢研究结果。

F64 在山羊体内代谢研究总结

杀菌剂 F64 的动力学行为和代谢机理在体内进行了研究。在被测化合物苯环上均匀标记^{14}C，然后通过黄芪胶悬浮液给哺乳期的山羊口服。经口

---

① 本节所提物质来自保密报告并获厂商许可。

剂量为连续 3d 每 24h 摄入 10mg/kg（体重）。检测不同间隔期采集的排泄物、血浆和羊乳，以及宰杀后的可食用组织肾、肝、肌肉和脂肪中的放射性化合物。羊乳和可食用组织通过提取、液相分离技术和质谱法用于检测母体化合物及代谢物。

到宰杀时（第 1 次给药后的 53h）排泄物中检测出总给药量的 66.6% 放射性化合物，尿液检出量占 42.4% 尿液，粪便占 24.2%。在羊乳中检出极小量（总剂量的 0.02%）。

尿液中排出率相对偏高：约占总给药量的 15.9% 和 17.4% 分别在第 1 次和第 2 次给药后的 24h 内排出。

从双室配置模型中，假设全部吸收得出的血浆曲线分析计算总排出量达到 $CL=11.3mL/$（$min \cdot kg$）（体重）。

到宰杀时，也就是第 1 次给药后的 53h，在可食组织和器官中与被测物相关的残留量约为总剂量的 0.96%。根据这些数值，回收率约为 67.7%。

喂食 0.5% 黄芪胶悬浮液后相关放射性化合物的吸收过程由一个非常快的发作（滞后时间大约为 7min）到一个较短的大约 14min 的吸收半衰期。血浆中放射性浓度在第 1 次喂食后 1h 显示了显著最高值 $1.7\mu g/mL$，只有 17% 的平均分布浓度。放射性化合物由血液单相性地从血浆排出，半衰期为 5.3h。根据血浆浓度和时间绘图，平均滞留时间（MRT）（浓度对时间的加权）为低值 8.2h。在观察期的最后阶段，血浆中的浓度降低了 17 倍到 $0.01\mu g/mL$。

到宰杀时（第 1 次给药后的 53h），在肾中检测到相对最高当量浓度 $[6.762\mu g/g$（湿重组织）$]$，然后是肝（$6.092\mu g/g$）。在宰杀时，以下组织中的浓度逐渐递减分别为：大网膜脂肪组织（$0.171\mu g/g$），肾周脂肪（$0.162\mu g/g$），皮下组织（$0.149\mu g/g$），侧肌（$0.106\mu g/g$），腰肌（$0.100\mu g/g$），圆肌（$0.084\mu g/g$）和羊乳（$0.061\mu g/mL$）。

为阐明代谢机理，用色谱技术（液相色谱和液相薄层色谱）提取和净化羊乳和可食用组织中的母体化合物和代谢物。代谢物的定性是基于标准品共同色谱法和光谱分析（HPLC/MS/MS 和部分 HRMS 和 NMR）。所有代谢物的定量分析是通过提取物的液相色谱 [14]C 信号积分完成的。

综上所述，在哺乳期山羊的羊乳和可食用部分检出以下活性成分及代谢物的量用占总放射性化合物残留的百分率（%TRR）和残留浓度 [当量浓度（$\mu g/g$）] 表达：

	羊乳		肝		肌肉		肾		脂肪	
TRR ［pglg］（燃烧分析）	0.037		6.092		0.088		6.762		0.169	
化合物（F64）	%TRR	当量浓度,μg/g	%TRR	当量浓度,μg/g	%TRR	当量浓度,μg/g	%TRR	当量浓度,μg/g	%TRR	当量浓度,μg/g
极性代谢物组[1]										
已定性的极性代谢物	10.12[2]	0.004[2]	6.44[3]	0.392[3]						
极性化合物	31.30	0.012	10.78	0.657	12.01	0.011	7.13	0.482	4.25	0.007
其他已定性化合物										
4-羟基-葡萄糖苷			2.39	0.146	2.05	0.002	4.01	0.271	2.46	0.004
羟基-葡萄糖苷			5.05	0.307	5.42	0.005	7.44	0.503	3.17	0.005
0-或 S-葡萄糖苷 3-羟基-脱硫	11.96	0.004	10.02	0.610	14.80	0.013	34.32	2.321	10.09	0.017
4-羟基-F64M1			1.52	0.092						
N-葡萄糖苷	1.27	0.000	2.80	0.170	1.14	0.001	2.64	0.179	0.80	0.001
4-羟基	2.10	0.001	11.21	0.683	4.94	0.004	3.10	0.210	3.61	0.006
F64M1	2.83	0.001	1.24	0.076	2.95	0.003	1.29	0.087	18.98	0.032
母体（F64）	0.89	0.000	12.94	0.788	13.37	0.012	17.97	1.215	13.31	0.022
其他定性代谢物	19.05	0.007	47.15	2.87	44.69	0.040	70.78	4.786	52.41	0.089
其他特征代谢物	7.64	0.003	2.99	0.182					4.23	0.007
定性物质总和	29.18	0.011	53.59	3.265	44.69	0.040	70.78	4.786	52.41	0.089
特征物质总和	38.94	0.015	13.77	0.839	12.01	0.011	7.13	0.482	8.48	0.014
固体	17.59	0.007	16.72	1.018	16.46	0.015	2.45	0.166	22.52	0.038
未检测	14.29	0.005	15.92	0.970	26.85	0.024	19.65	1.329 _	16.58	0.028
平衡　1 100.00	100.00	0.037	100.00	6.092	100.00	0.088	100.00	6.762	100.00	0.169

[1] 极性代谢物组包括不同的极性葡萄糖苷、共轭物和其他代谢物，已定性代谢物见[2] 和[3]。

[2] 6 种已定性代谢物总和：
二羟基-二烯 F64M1
4-羟基-F64M1-葡萄糖苷
二羟基-脱硫 F64M1-葡萄糖苷
羟基甲氧基-F64M1-葡萄糖苷
F64-二羟基-二烯-葡萄糖苷

[3] 2 种已定性代谢物总和：
F64M1-二羟基-二烯-葡萄糖苷
F64M1-葡萄糖苷

定性及确证在羊乳及所有可食用组织中含量不同的更强极性代谢物是通过比较未知代谢物与已知的尿液代谢物在 HPLC 上的保留时间完成的。用作参照物的代谢物是从以 F64M1 作为母体化合物的研究和其他相应山羊研究中的山羊尿液中分离出来的（见 3.2）。比较显示，羊乳和可食用组织中的极性代谢物可归属于不同葡萄糖苷酸共轭物。并且 F64 和 F64M1 的二羟基-二烯物均被检出。为了确定不同的归属问题，羊乳（作为例子）用煮沸的酸进行处理以断裂葡萄糖苷和其他共轭物，并且修复在二烯中断裂的芳香结构。

对于葡萄糖苷，几乎全部转化为了相应的苷元，且已由其保留时间定性。因此苷元的鉴定作为用于葡萄糖苷定性的附加信息。

经过酸处理后，未见羟基-F64-和羟基 F64M1 同分异构体浓度的增加，但因为只有低浓度的二烯存在，这个结果在意料之中。

所有已定性和确证的代谢物总和以下列放射性残留物百分比存在：羊乳中 68%、肝中 67%、肌肉中 57%、肾中 78% 和脂肪中 61%。由于在样品前处理过程中使用不同净化步骤的必要性，有小部分放射性残留物损失。但是，羊乳、肌肉和脂肪中放射性残留水平很低，这就导致了高比例的损失。第 1 步提取步骤的效率为：羊乳中大约 77%、肝中大约 90%、肌肉中大约 90%、肾中大约 112% 和脂肪中大约 81%。

哺乳期山羊体内的代谢途径通过以下反应进行确证：

- 不变的母体化合物和葡萄糖苷酸结合生成 S-葡萄糖苷（最可能）或者 O-葡萄糖苷。
- 母体化合物三唑硫铜氮分子葡萄糖醛酸反应生成 F64-N-葡萄糖苷。
- 母体化合物的羟基化反应生成 4-羟基 F64 和羟基同分异构体，然后与葡萄糖苷酸共轭。但使用光谱分析难以准确确认其共轭位置。
- 去硫化以生成脱硫的代谢物 F64M1。
- 氯苯基部分的进一步羟基化反应生成 3-F64M1 和 4-羟基-F64M1，然后与葡萄糖苷共轭。
- 有证据显示，二羟基脱硫同分异构体的存在是与葡萄糖苷酸共轭前的介质。
- 母体化合物或者代谢物 F64M1 的氧化引起去芳构化。因此，检测到了一些二烯产物。在某些程度上，这些化合物会再与葡萄糖苷酸共轭。

基于这些结果，作者认为已经充分了解在哺乳期山羊中 F64 的代谢机理。

本练习缩写和缩略语

ai　有效成分

as　有效物质

Bq 贝可

bw 体重

℃ 摄氏度

CH_3CN 乙腈

CH_3OH 甲醇

Ci 居里

cm 厘米

C. V. 变异系数

d 天

D 非对映异构体

EtOH 乙醇

g 克

dpm 每分钟衰变

GLP 良好实验室操作规范

h 小时

HPLC 高效液相色谱

HPTLC 高效薄层色谱

HRMS 高分辨质谱

I （isorner）同分异构体

i. d. 内径

kBq 千贝可

kg 千克

L 升

LOD 检出限

LOQ 定量限

LSC 液体闪烁计数

m 米

M 摩尔

MBq 兆贝可

mCi 毫居里

fjCi 微居里

μg 微克

mg 毫克

min　分钟

mL　毫升

mm　毫米

MS　质谱

nm　纳米

NMR　核磁共振

n. d.　未检出（<LOD)

n. q.　未定量（<LOQ)

no.　数字

pH　pH 值

练习 3.2　F64 在山羊体内代谢机理总结报告的准备工作[①]

自学目标

1. 阅读整个研究报告的节选，准备报告总结并考虑必要信息的清单（见家畜和作物代谢机理讲义）。

2. 与练习 3.1 中给出的总结进行比较。

节选自研究报告：

缩写及符号列于练习 3.1。

前言

被测化合物 F64 是新型光谱内吸型杀菌剂。F64 针对多种作物，特别是谷物上的多种真菌疾病有很好的功效。

由于防治作物类型的不同，F64 及其代谢物可能存在家畜饲料中，可能由肠道吸收进入体循环，也可能污染这些家畜的可食用组织。

被测物质统一在苯环上进行了 ^{14}C 标记，用于哺乳期山羊作为反刍动物模型进行吸收、分布、排泄和代谢机理的研究。

试验目的是为了获得总放射性化合物的吸收、分布和排泄信息以及在连续 3d 间隔 24h 喂食 3 次 10mg/kg（体重）剂量后定性定量 F64 在羊乳和可食用组织和器官中的代谢物。本剂量方案是根据 EPA Residue Chemistry Test Guidelines OPPTS 860.1300，the PMRA Ref. DACO6.2 和相应 Commission Directive 96/68/EC 修订后的 Council Directive 91/414/EEC 制定的。

试验试剂及方法

未标记试验化合物

未标记的母体化合物用于标记化合物的稀释和作为参照物。

---

① 本节所提物质来自保密报告并获厂商许可。

商品名：

化学名（IUPAC）：

化学名（CAS）：

CAS 注册号：

分子式：

CAS 号：

分子量：

批次号：

认证纯度：99.9%。

外观：

固体化合物的储藏：冰箱内 0～10℃。

安全预防措施：

过期时间：

最后检测纯度：

认证时间：

放射性标记化合物

标记：［苯基- UL -^{14}C］- F64

结构式和标记位置已给出但未在此给出。

批次号：Lot no. 1210611

纯度控制报告：THS 4754

比放射性：3.81 MBq/mg＝228600000dpm/mg＝103μCi/mg＝35.45Ci/mol。

放射性化合物纯度：＞99%，使用放射性 HPLC 测定 LiChrospher 60 RP - Select B®；粒径：5μm，柱尺寸：125mm×4mm；流速：1.5mL/min；梯度洗脱：H_3PO_4 水溶液（0.2% 质量）5min，30min 内逐渐变成 100% 乙腈。

化合物纯度：＞98%HPLC UVD 210nm 检测；液相条件同上。

储藏：－18℃冷冻储藏。

认证日期：1998 年 4 月 22 日。

大鼠代谢试验结果显示，由于 C1 部分会降解为$^{14}CO_2$ 呼出，分子上的标记位置是稳定的。喂食 48h 后，从呼出的空气中检测出 0.06% 的喂食剂量［雄性大鼠：2mg［苯基- UL -^{14}C］F64/kg（体重）］。

化学品与标准品

所有的溶剂和试剂均从商品供应商处获得并在使用前未进行进一步纯化。水来自 Milli‑Q 水净化系统（Millipore Corporation，Bedford，USA）。XAD 7（40g 或 80g）固相萃取柱来自 Sigma‑Aldrich（Deisenhofen，Germany）。缓冲液（pH 3）来自 Riedel‑de Haén（Seelze，Germany）。所有的标准品均经过检测其真实性（Dr. Bornatsch 实验室，XX，YY，Germany）

测试系统

动物

种/属：哺乳期山羊（*Capra hircus*），" Bunte Deutsche Edelziege"。

饲养员/来源：Ziegenzuchtverband Baden‑Württemberg e. V.，Heinrich Baumann‑Str. 1‑3，D‑70190 Stuttgart/FRG。

编号：1；动物号 547。

年龄：大约 30 个月。

体重：第一次喂药时体重：39.0kg；宰杀时体重：36.8kg。

身份识别：单独的笼卡；皮肤标记。

驯化：6d 置于实验室条件。

基本原理：登记管理部门认可的模型物种的农药代谢机理和反刍动物的残留研究。

动物居住环境

环境：空调房（房间 211 和 212）。

温度：（20±1）℃。

相对湿度：（57±6）%。

光线：18h 照明。

空气流通：每小时 10～15 次。

笼子：在适应环境的过程中，将动物放置在一个在金属的底部铺上稻草和干草的凸起畜栏中。在实验前一天和整个研究过程中，被试动物（山羊、绵羊、猪）被放置在由 E. Becker & Co. GmbH " EBECO"，Castrop‑Rauxel/FRG 提供的电抛光不锈钢代谢笼中，可以分离和定量收集尿液和粪便。笼子配置了一个可变约束装置。

饮食：在整个过程中，给山羊喂食干草和反刍动物饲料（饲料 18 号，绵羊的附加饲料，由 Höveler Kraftfutterwerke，D-40764 Langenfeld-Immigrath/ FRG 提供）。该饲料未得到认证，如根据现行标准，并未检测其中的污染物。

食用量：每天大约 2 000g 反刍动物饲料和苹果，另外也提供干草。

水：自来水；水的质量指标参考当地饮用水标准。

研究设计

本哺乳期山羊研究的目的是阐明在重复（3 次）喂食［苯基-UL-^{14}CJ］F64 后的吸收、分布、排泄和代谢机理。为了便于代谢物的定性和定量，被测动物（测试号 1，试验动物号 547）在第 1 次喂食 53h 后（最后一次喂食 5h 后）被宰杀，例如在可食用组织和器官中残留水平相对较高的时间。第 1 次喂食后血浆中总放射性残留浓度-时间过程用于获得总化合物相关残留的信息。排泄物和羊乳的空白样品是在动物给药前获取的。

组织和器官的空白样品是从用于其他代谢研究的哺乳期山羊身上获得的（研究 M 41819041，研究编号 0，动物编号 841）。它们作为检测放射性残留定量限的背景样品，也用于本研究代谢机理部分建立适当前处理步骤的生物样品。

用药量

标记物质通过经口气管插管将母体化合物在 0.5% 黄芪胶水悬浮液喂食给山羊（动物编号 547），每天喂食一次 10mg/kg（体重）目标剂量。对山羊连续 3d 每次间隔 24h 喂食 3 次。基于实验确定每日饲料的消耗量为测试体重的 4.1%，该剂量水平相当于饲料中的浓度加大到 246mg/kg。

准备给药用化合物

标记化合物运到时为固态。为了准备标准溶液，所有量都溶解到 25mL 乙腈中。此溶液由放射性测量法校准。总放射性 15 951.91μCi（3.54×10^7 dpm 或 590.22 MBq）对应 154.92mg 该物质。放射性浓度 638.08μCi/mL（1.42×10^9 dpm/mL 或 23.61MBq/mL）对应 ca.6.2mg/mL。比放射性为 102.97 pCi/mg（2.286×10^8 dpm/mg 或 3.81 MBq/mg）。

48mg 化合物对应 7.75mL（4 944μCi 或 1.10×10^{10} dpm 或 182.93 MBq）乙腈标准溶液转移到 3 个锥形烧瓶中并稀释 9 份（432mg）未标记化合物以得到 480mg 放射稀释后比放射性为 10.3μCi/mg（2.29×10dpm/mg 或 0.381MBq/mg；对应于 3.55μCi/mol）为了配置 3 份喂药悬浮液，在室温下用氮气流去除溶剂。化合物悬浮在 48mL 0.5％黄芪胶水悬浮液中超声波水浴 15min 并在磁力搅拌器上搅拌直至给药。化合物在悬浮液中的目标浓度为 10mg/mL 和 103μCi/mL 或 2.29×10^{8}dpm/mL。三个悬浮液均是在每次给药前现配。每个悬浮液的放射性由液体闪烁计数器校准。根据动物的不同体重给药。给药量为 1.0mL/kg（体重）。

^{14}C 标记测试化合物在黄芪胶悬浮液中的稳定性

根据放射 HPLC 分析，室温下再给药至少 4h 后^{14}C-标记的母体化合物在黄芪胶悬浮液中稳定。色谱图分析显示放射性物质纯度为 99.4％。

给药步骤

经口给药是通过一个 50mL 可弃式灌注注射器连接 Teflon® 灌注管（外径：0.3cm，内径：0.2cm，长度：85cm，由 Labokron，Sinsheim/FRG 提供）气管插管完成的。

39mL 悬浮液通过灌注管气管插管对山羊给药后，直接将 50mL 0.5％黄芪胶水悬浮液通过同一个 Teflon® 管给药以将悬浮液中的剩余部分冲洗到瘤胃。

最后，给药管从瘤胃移出并用 50mL 乙腈冲洗至锥形烧瓶以确定未被给药的量。山羊接受了以下放射性量或者化合物：

放射性〔dpm〕					每日剂量，mg/kg
第 1 次给药	第 2 次给药	第 3 次给药	总量	均值	均值
9081376200	9116874000	8878779000	27077029200	9025676400	

根据体重为 39kg，平均实际给药量为 10.1mg/kg。未被给药的放射性总量为 26 190 600dpm 对应于 0.1mg。

实际给药量的放射性作为生物样品中总放射性百分比计算的参考。该剂量为未见任何毒理现象的容许剂量。

宰杀

山羊称重且在第 1 次用药 53h 后宰杀。动物通过静脉注射大约 2mg/kg

Rompun®和 5mg/kg Ketavet®麻醉，然后通过静脉注射每只动物 10mL 的 sacrificing agent "T 61"（Hoechst AG，Frankfurt—Hoechst/FRG）并插管颈静脉放血。

采样步骤

血液

在第 1 次给药的 0.25、0.5、1、2、3、4、6、8、24h 后从山羊耳静脉获取血液微量样品。血液收集在肝素化毛细管中。为了得到血浆，毛细管用分血器在 12.000g* 下离心 10min。血浆样品（均重：45mg）称重且准备用于液体闪烁计数。

羊乳

在早上每次给药前、给药后 8h 和宰杀前给山羊挤奶（时间安排：第 1 次给药后的 8、24、32、48 和 53h）。记录羊乳重量。每个样品取出一等分用于液体闪烁计数，并且进行平行测试。剩余的羊乳直接用于提取或者在 −18℃储藏用于代谢物分析。

尿液

尿液部分分别在第 1 次和第 2 次给药后间隔 24h 和第 3 次给药后的 5h（宰杀时）在干冰冷却下收集足够量。更换收集容器，并且在每次收集尿液结束时用去离子水清洗连接管并收集到容器中。所有样品取出一等分。在记录下尿液的总体积后，样品用于液体闪烁计数并且进行平行测试。剩余的尿液在 −18℃储藏用于代谢物选择性分析。

粪便

粪便部分分别在第 1 次和第 2 次给药后间隔 24h，如在下一次给药前和第 3 次给药后的 5h（宰杀时）在室温下收集足够量。在每次给药前清洗收

---

　* 粒体在离心时，所受的相对离心力作 g 表示，也就是粒体在地球重力场下重量的信数。g 与离心机转速的关系如下：

　　g（相对离心力）$=1.119\times10^{-5}n^2r$

　　n：离心机的转速

　　r：粒体离中心的距离。——编者注

集网。样品清洗液未进行放射性检测。粪便样品经过冷过干燥和均质处理。在记录总干重后，每个样品取出一等分并燃烧 3 次。用液体闪烁计数检测吸收的 $^{14}CO_2$。剩余的粪便在室温储藏用于代谢物选择性分析。

器官/组织

对以下组织和器官进行详细分析：

- 无胆囊胆汁的肝、肾。
- 三种不同的肌肉（圆肌、侧肌、腰肌）。
- 三种不同的脂肪（肾周脂肪、网膜脂肪、皮下脂肪）。

在记录下重量后，组织或者器官都转移到加冰容器中。

肝、肾和肌肉样品在半冷冻状态通过绞肉机 4～5 次。脂肪样品也打碎。在处理新样品前应仔细清理绞肉机设备。每个样品得到的组织浆液都会经过称重、冷冻干燥、再次称重，然后再用于准备液体闪烁计数检测吸收的 $^{14}CO_2$ 的燃烧组织。对于粪便样品，每个样品的三个子样品用于燃烧和放射性测试。同样，湿重器官或组织用于代谢物分析。

这些样品都在 $-18℃$ 保存。

非放射性生物样品

排泄物和羊乳的空白样品是从本实验给药前的驯化期的动物（动物编号 547）身上收集的。器官和组织空白样品是从另一个代谢研究实验的未处理的哺乳期山羊（研究编号 M 41819041、测试编号 0、动物编号 841）处获得。这些样品作为检测放射性定量限的背景样品，也用于本研究代谢机理部分建立适当前处理步骤的生物样品。

液体和固体样品放射性检测

液体样品用闪烁计数检测

样品类型	样品体积，mL	闪烁器类型	闪烁器体积，mL
尿液	0.1	Quicksafe A[1]	2
羊乳	0.1	Quicksafe A[1]	7
血浆微样品	ca.0.04	Quicksafe A[1]	7
标准溶液	0.1	Quickszint 401	2
给药悬浮液	1.0	Quickszint 401	2
插管淋洗液	1.0	Quicksafe A[1]	2

[1]　Quicksafe A＋5％水。

液体闪烁计数器：

Beckman LS 6500，淬火校正用"H-number"。

Philips PW 4700，淬火校正用"ESCR‐number"。

LKB Rack Beta 1219 Spectral，淬火校正用"SQP（E）‐number"。

H‐number：外部标准谱图拐点用于淬火校正。

ESCR：外部标准通道比率。

SQP（E）：外部标准谱图终点用于淬火校正。

固体样品液体闪烁器检测

组织和器官冷冻干燥且均质后的样品称重并在有氧条件下在以下仪器中燃烧：

Oxidizer 307（Packard Instruments）用来燃烧 10～500mg 重的固体样品。CO_2 粘合剂：Carbosorb（8mL）。计数器：Permafluor E＋（10 mL）由 Packard Instruments 推荐。

测试材料：器官或组织和粪便。

液体闪烁计数器：

Philips PW 4700，淬火校正用"ESCR‐number"。

ESCR：外部标准通道比率。

计算

从闪烁计数得到的结果经过四舍五入得到整数结果，整数结果平均后，将平均值整数化得到 dpm 整数值。这些值用于进一步计算。

表格和附录中的计算大多在 Microsoft Excel® 上进行。计算时没有限制数据的位数。此报告表格和附录中的数值均经过四舍五入（二到三位数）。用四舍五入数值计算得到的结果会与 Excel 里计算的结果稍有不同。基本的计算基于 LSC 用每分钟衰变（dmp 值）表达的结果。在表格和附录中显示的每等分样品的放射性量一般是 3 次检测（液体样品）的数学平均值或者 2～3 次燃烧值（固体样品）。所有样品前处理和分离步骤的回收率都校正为 100％。试验中每项操作的实际回收率在相应的图中给出。

与母体化合物相关的当量浓度按下式计算：

$$C\left[\mu g\ equiv./g\ wet\ materiasl\right]=\frac{\dfrac{dpm}{g\ (drymaterial)}xD_f}{spec.radioact.\ \left[dpm/\mu g\right]}$$

dpm/g 干物质：背景校正后（如对空白样品的放射性校正）。

D_f：冷冻干燥系数；液体样品此系数为 1。

spec. radioact.：被测物在用认证的非标记物质稀释后的比放射率。

定量限

除了有物质相关放射性的样品，羊乳、组织或者器官和排泄物的空白样品也按上述方法准备。阈值根据放射性样品的计数率比相应空白样品的计数率的净降值。

基于空白样品的背景放射性和被测物放射稀释后的比放射率计算以下定量限。

器官/组织/生物样品	定量限，μg/g 或 mg/mL，湿物质
肝	0.002
肾	0.001
圆肌	0.002
侧肌	0.001
腰肌	0.003
肾周脂肪	0.009
皮下脂肪	0.006
网膜脂肪	0.005
羊乳	0.001
尿液	0.001
粪便	0.010μg/g，干物质

高效薄层色谱

对于 HPTLC，10cm×20cm 预涂层 HPTLC 玻璃板来自 Merck（Darmstadt，Germany）。吸附材料为 silica 60F$_{254}$。薄层板已经过氢氧化铵预处理并用自动多重显影仪（Camag，Muttenz，Switzerland）按 AMD2 方法显影大约 7cm。

AMD2：甲醇（溶剂 1）/二氯甲烷（溶剂 3）

运行编号	预处理	溶剂 1［Vol%］	溶剂 3［Vol%a］	运行距离，mm
1	是	100	0	15
2	是	100	0	15

（续）

运行编号	预处理	溶剂 1 [Vol%]	溶剂 3 [Vol%a]	运行距离，mm
3	是	100	0	15
4	是	100	0	15
5	是	100	0	15
6	是	80	20	18
7	是	70	30	21
8	是	60	40	24
9	是	50	50	27
10	是	40	60	30
11	是	30	70	33
12	是	20	80	36
13	是	20	80	41
14	是	20	80	46
15	是	20	80	51
16	是	20	80	56
17	是	20	80	61
18	是	10	90	66
19	是	0	100	69
20	是	0	100	72
21	是	0	100	75
22	是	0	100	78
23	是	0	100	81

样品用 Linomat IV‑自动分析仪器（Camag，Muttenz，Switzerland）检测。薄层斑点或薄层道在由指示器 F254 发射荧光淬火紫外灯 254nm 下可见。放射区域用放射发光绘图法检测。图片信息用 BAS Reader Software（Fuji，Japan）传输到电脑上，并用 TINA 软件（Raytest，Straubenhardt，Germany）对数据进行评估。

HPLC/MS 检测

MS 实验的色谱条件如下。放射性检测器（Ramona 90，Raytest，Straubenhardt，Germany）有分流器链接到 HPLC（Hewlett Packard，Waldbronn，Germany）和 MS 上。

样 品	色谱柱与流速	溶 剂	梯度洗脱
KOE0520A, KOE0520B, K0E0832B, K0E0833A, K0E08336, K0E0833E, K0E0833F	色谱柱：LiChrospher 60 反相选择 B (VDS Optilab)， 尺寸： 250mm×2mm 粒径：5pm 流速：0.2mL/min 分流比：25∶175 [MS：(UV+14C)]	A：0.1％甲酸水溶液 B：0.1％甲酸乙腈溶液	0～1min 5％ B， 在 25min 95％ B， 在 35 min 95％ B
H0220898, H0240898, KOE0516A, K0E0516C, K0E05161, KOE0516J, KOE0811, KOE0812, KOE0813, KOE0817, K0E0819, KOE0820A, KOE0828, KOE0829, KOE0830A	色谱柱：LiChrospher 60 反相选择 8 (VDS Optilab)， 尺寸： 250mm×2mm 粒径：5pm 流速：0.2mL/min 分流比：40∶160 [MS：(UV+14C)]	A：1％甲酸水溶液 C：乙腈	0～1min 5％ C， 在 25min 95％ C， 在 35 min 95％ C

NMR 光谱

由 BRUKER DPX 300 仪检测 300MHz NMR 光谱，BRUKER DMX 600 仪检测 600MHz NMR 光谱。样品信息和溶剂（供应商：Merck，Wilmad or Sigma Aldrich）在光谱图页眉给出。

代谢物的分离与纯化

用于代谢机理研究的生物材料

第 1 次、第 2 次和第 3 次给药后得到的羊乳部分均称重且用于放射分析。每个样品的子样品（约 50％）回收并混合用于代谢物分析（附录 1）。

肝、肾、三种脂肪和三种肌肉样品在第 1 次燃烧试验后每份组织混合（附录 2）。因此肾周脂肪、皮下脂肪和网膜脂肪样品以及圆肌、侧肌和腰肌样品为一份混合样品，所有样品完全均值，并在 -18℃ 保存直至代谢机理研究。

尿液样品采集了足够量。一等分用于液体闪烁计数和一次平行测试。剩余的尿液均在 -18℃ 储藏，用于代谢物的选择性分析。第 1 次给药 53h 后的尿液样品用于代谢物质谱分离和纯化。

提取和样品前处理

羊乳

6 份 200mL 混合羊乳样品用甲醇超声波提取 3 次。混合提取液并浓缩。浓缩提取液用 50mL 缓冲溶液稀释（pH 3）并用 XAD 7 柱（40g）净化。收集洗脱液。用大约 200mL 水淋洗后将液体完全排干。放射性吸附化合物被甲醇洗脱。甲醇洗脱液旋干并溶解在少量甲醇/水溶液中。该样品用于 HPLC 分析。提取和净化步骤的流程图列于方案 1 中。

混合羊乳样品的提取步骤包括放射活性平衡（实验 KOE0505）详细地列于附录 3 中。

肝（第 1 次和第 3 次提取）、肾（第 1 次和第 2 次提取）和肌肉混合物

肝（第 1 次和第 3 次提取）、肾（第 1 次和第 2 次提取）和肌肉混合物用以下描述的肝脏样品提取方法提取。

大约 78g 肝脏样品用于第 1 次提取。肝样品用乙腈/水（8：2，v/v）混合液提取 3 次，乙腈/水（5：5，v/v）混合液提取 2 次。每升水加入 1g 半胱氨酸盐酸盐。混合前 3 次提取液并旋转蒸发至大约 50mL。后两次乙腈/水提取液由于放射性水平太低而废弃了。第 1 次提取步骤的提取液用 50mL 乙腈稀释并与正己烷（2×100mL）分液。正己烷层旋转蒸发直到干后用 3mL 甲醇溶解用于 HPLC 分析。乙腈层浓缩至 50mL 并用 50mL 缓冲溶液稀释（pH 3）用于 XAD 7 柱（40g）净化。样品经过活化后的 SPE 柱［甲醇、水、缓冲液（pH 3）］并收集洗脱液。SPE 柱用 50mL 缓冲液和 100mL 水淋洗，收集剩余洗脱液。混合甲醇洗脱液并旋转蒸发至干后用少量甲醇溶解。该样品用于标准品的共层析和 HPLC 分析。

肝脏样品的提取和净化步骤流程图作为例子列在方案 2 中。除了第 2 份肝脏试样和脂肪混合物，其余所有用于代谢分析的组织都用这个方案处理。溶剂和 XAD 柱体积根据每份样品的量决定。

样品前处理包括肝脏样品的第 1 次和第 3 次提取的放射活性平衡（实验 KOE0507 和 K0E0521）在附录 4 和附录 6 中详细介绍。第 2 份肝脏样品用于分离代谢物的提取（实验 K0E0518）；提取步骤见 3.8.2.3。样品前处理

包括肌肉样品混合物（实验 KOE0509）和肾样品（实验 K0E0520）的放射活性平衡在附录 5、附录 8 和附录 9 中详细介绍。对于不同样品，用于提取和溶解的溶剂体积根据样品重量调整。

脂肪混合物和第 2 等分肝脏

均质的肾周脂肪、皮下脂肪和网膜脂肪作为混合样品用于提取和分析。混合脂肪样品的提取步骤作为例子表述如下，第 2 等分肝脏样品也用此提取步骤。

混合样品用乙腈/水（8∶2，v/v）混合液提取 3 次，乙腈/水（5∶5，v/v）混合液提取 2 次。每升水加入 1g 半胱氨酸盐酸盐。所有提取液混合后旋转蒸发至大约 50mL。水相剩余物用大约 200mL 水稀释并与正己烷（2×200mL）分层。在 LS 测试后弃去正己烷层。甲醇层浓缩至约 100mL 后加入 100mL 缓冲溶液稀释（pH 3）用于 XAD 7 柱（40g）净化。样品经过活化后的 SPE 柱［甲醇、水、缓冲液（pH 3）］并收集洗脱液。SPE 柱用 100mL 缓冲液淋洗，收集剩余洗脱液。再用 100mL 水淋洗，收集剩余洗脱液。剩余的放射活性残留由甲醇（2×100mL）洗脱。混合甲醇洗脱液并旋转蒸发至干后用少量甲醇/水溶解。该样品用于 HPLC 分析。

样品前处理包括脂肪混合物放射活性平衡（实验 KOE05012）在附录 10 中详细介绍。第 2 份肝脏样品用于分离代谢物的提取（实验 K0E0518）在附录 5 中详细介绍。第 2 份肝脏样品用于与从以 F64M1 为母体化合物的第 1 个山羊实验中分离的标准品的共层析。

代谢物的定量、分离和纯化

在本研究中，代谢物分别从尿液和第 2 份肾提取液中分离得到。用 JAU4 和 JAU6 通过 HPLC 分离和纯化。纯化的代谢物用于 HPLC/MS 分析，如果分离化合物足够的话，进行 NMR 分析用提取液、未标记和标记的标准溶液和相应标准品的基质标样 HPLC 和 HPLC 共层析来定性。在该山羊研究或相应的代谢研究中，大多数标准品用光谱法进行分离和定性。

PR‐HPLC JAU6 专门用于代谢分析。各标准品由 PR‐HPLC 方法 FAU6、SXX1 和 SXX3 完成共层析。方法 SXX1 和 SXX3 是改进的方法 FAU6。方法 SXX1 主要用于以 F64M1 为母体化合物的代谢研究（研究 M91819091）［4］。因此，未知化合物与 F64M1 代谢物保留时间的比较主要用该方法完成。方法 SXX3 只用于比较几种肝代谢物和小麦代谢物 F64—磺酸保留时间的比较。

独立 HPTLC 方法 AMD2 用于确证目的。

羊乳

羊乳的代谢分析在山羊宰杀后 3 个月内用第 1 个样品前处理方法（K0E0505）试验得到的提取液用方法 F64.6 检测。羊乳提取液中代谢物的定性是通过与肝脏样品提取液的色谱图比较完成的。而且，该资料用于在 F64M1 山羊代谢研究过程中与分离得到的极性更高的代谢物景象比较。HPTLC 分析用于确证目的。而且该提取液用沸酸处理以断裂葡萄糖苷酸共轭物。生成的苷元的定性通过与相应标准品保留时间的比较完成。

肝脏

肝脏中第 1 份代谢分析是在山羊宰杀后 3 个月内用第 1 个样品前处理方法（实验 K0E0507）用 HPLC 方法 JAU6 完成的。代谢物是通过标准品 HPLC 和 HPTLC 共层析定性。HPTLC 用于确证目的。第 1 次提取物的色谱资料整合后用于放射性的定量分析。

进一步提取（实验 KOE051）用 HPLC 方法 F64.6 和 SXX1 获得提供共层析足够的含 F64M1 代谢物提取液。第 3 次样品前处理获得的提取液用于用 HPLC 方法 SXX1 和 SXX3F64 磺酸的共层析。

肌肉

肌肉的代谢分析是用方法 JAU6 在山羊宰杀后 3 个月内用第 1 个样品前处理方法（实验 K0E0508）完成的。肌肉提取液中代谢物的定性是通过与肝脏样品提取液的色谱图比较完成的。而且，HPTLC 用于确证目的。基于这些结果，肌肉分析色谱图被整合（图 7）。

肾

肾的代谢分析是用方法 JAU6 在山羊宰杀后 3 个月内用第 1 个样品前处理方法（实验 K0E0508）完成的。肾提取液中代谢物的定性是通过与肝脏样品提取液的色谱图比较完成的。极性更高的葡萄糖苷酸共轭物通过随后的微制备 HPLC 净化步骤分离得到（方法 JAU6 和 JAU4）。纯化的代谢物用 HPLC/MS 或部分用 NMR 定性且作为共层析的标准品。

HPTLC 方法 AMD2 用于确证用 HPLC 定性的主要代谢物。基于这些结果，第 1 次样品准备的肾分析色谱图被整合（图 7）。

脂肪混合物

混合脂肪的代谢分析是用方法 JAU6 在山羊宰杀后 3 个月内用第 1 个样

品前处理方法（实验 KOE0512）完成的。脂肪提取液中代谢物的定性是通过与肝脏样品提取液的色谱图比较完成的。而且，HPTLC 用于确证目的。

结果与讨论

放射性的吸收和排泄

放射性回收率和哺乳期山羊在连续 3 天每日每千克体重喂食 10mg［苯基- UL -^{14}C］F64 的代谢途径均在表 1 中给出（表 1 未给出）。

排泄物中检测出总给药量 66.6％的放射性，尿液检出量占 42.4％，粪便占 24.2％，在羊乳中检出极小量（总剂量的 0.02％）。

尿液排泄量相对较高：约 15.9％和 17.4％的总给药量在第 1 次和第 2 次给药的 24h 内排出。

由两个间隔配置模式假设总吸收量得出的血浆曲线分析总排出量为 CL ＝11.3mL/（min・kg）（体重）。

在宰杀时，也就是第 1 次给药的 53h 后，计算或评估得到在可食用组织和器官中相关化合物残留量约为总给药量的 0.96％。

综上所述，回收率为 67.6％。

由于最后一次给药后相对较短的存活时间，损失的药量（约为总给药量的 1/3）没有在排泄物中检测到。考虑到肌肉和脂肪中检出很少量的放射性，损失量的主要部分可能存在于宰杀时的肠道内。

考虑到无法获取准确的被肠道吸收的百分比数据，但由于在排出的尿液中检出较高量和在肝脏和肾脏中检出很高浓度，可以合理假设在宰杀前，每次给药剂量基本完全吸收。

吸收过程由一个非常快的发作（滞后时间大约为 7min）以及一个较短的大约 14min 的吸收半衰期。

血浆中放射性的浓度-时间过程

为了确定血浆峰值和动力学行为，血浆中的放射性浓度是依赖于第 1 次给药后的代谢时间。

血浆中的放射性浓度在第 1 次给药 1h 后显现明显最大峰值1.70μg/mL，对应于只有 10μg/mL 等分布浓度的 17％。

根据电脑辅助双室配置模型曲线分析，放射性由血液单相性的排出，半衰期为 5.3h。对于 24h 观测期，此半衰期非常短。同时，血浆中的浓度降低了 17 倍到 $0.01\mu g/mL$。

根据血浆中浓度-时间过程分析，平均滞留时间（MRT）（浓度对时间的加权）为低值 8.2h。

生物动力学特征计算是通过使用"TOPFIT"软件［2］电脑辅助完成的。

羊乳中的放射性水平

检测羊乳中的放射性水平并记录在表 3 中（表 3 未给出）。

第 1 次和第 2 次给药后羊乳中的当量浓度分别为 $0.042\mu g/mL$ 和 $0.071\mu g/mL$，而且第 2 个值是在整个试验过程中检测到的相对最高值。在第 1 次和第 2 次给药后的 8～24h 内，当量浓度分别降低至 $0.020\mu g/mL$ 和 $0.026\mu g/mL$。该发现表明，在重复给药后，相关化合物残留无明显的生物富集风险。羊乳中的当量浓度比血浆中放射性水平分别低 17 倍（第 1 次给药 8h 后）和 5 倍（第 1 次给药 24h 后）。

在药量方面，在整个试验过程中，在羊乳中发现仅有 0.02％总给药量的极端低值。

解剖组织和器官中的残留放射性

可食用器官和组织中的放射性水平和其相应重量均列在表 4 和图 4 中。

在宰杀时（第 1 次给药 53h 后），在肾脏中检测出相对最高当量浓度脏（$6.762\mu g/g$，湿组织），随后是肝脏（$6.092\mu g/g$）。该结果反映出，这些器官对化合物排泄或代谢的重要性。对应于总剂量的 0.07％（肾）和 0.44％（肝）。

紧随肾和肝浓度递减的是网膜脂肪（$0.172\mu g/g$）、肾周脂肪（$0.162\mu g/g$）、皮下脂肪（$0.149pg/g$）、侧肌（$0.106\mu g/g$）、腰肌（$0.100\mu g/g$）和圆肌（$0.084\mu g/g$）。

在药量方面，总体脂肪的放射性浓度对应于假定为 12％体重的总给药量的 0.18％。

假设肌肉重量为体重的 30％，肌肉中总相关化合物残留为总给药放射性的 0.27％。

代谢物的结构分析和定性

结构分析通过 HPLC‐MS/MS 完成，有时附加 NMR 光谱。所有代谢物均得到定性，但是部分葡萄糖苷酸共轭物的共轭位置尚不明确。尽管[1]H-NMR 可以对 F64-N-定性，但无法区分 F64-S-和 F64-O-葡萄糖苷。但是考虑到在追加处理时，标准品 F64M1 葡萄糖苷和分离到的代谢物 F64-葡萄糖苷的行为，可以推断分离到的物质更可能是 F64-S-葡萄糖苷。

有时，不明确单或二羟基化合物的羟基化位置和葡萄糖苷共轭物的共轭位置的分配是可能的。考虑到分子中不同羟基基团各种不同的共轭可能性，也可能出现多共轭现象。

练习 3.3　山羊体内代谢产物 F64M1 的确证[①]

目标

（a）确证研究的条件

- 待测物，试验系统、剂量、采样、分析等。
- 代谢物的表征和鉴定。
- 研究结果汇总。

（b）鉴定主要残留成分（基于残留定义）

（c）比较活性物质 F64 的降解行为和植物代谢中的主要代谢产物 F64M1。

缩略语和符号列于练习 3.1。

说明

F64M1 是广谱新杀菌剂 F64M 在谷物饲料、干饲料和秸秆中的主要代谢产物。

因此，测试化合物可以由饲料的摄入进入畜牧动物并通过肠道吸收进入体循环。测试化合物及其代谢产物等污染物可能残存在这些动物可食组织部分。

本报告以哺乳期山羊作为反刍动物的模型，研究测试化合物在体内的吸收、分布、排泄以及代谢行为，所用测试化合物是苯环上标记 ^{14}C 的化合物。

试验目的：以总放射性评价 F64M 的吸收、分布和排泄行为，最大程度上定性、定量分析牛奶、可食组织和器官中的代谢物 F64M1。经口试验剂量为 10mg/kg（体重），每 24h 一次，连续 3d，该给药方案参照 EPA Residue Chemistry Test Guidelines OPPTS 860.1300，the PMRA Ref. DA-

---

[①]　本书所提物质来自于保密报告并获厂商许可。

CO6.2 和 Council Directive 91/414/EEC（修订 96/68/EC）。

结果汇总

将^{14}C 标记的 F64M 以黄芪胶悬浮液的形式给药哺乳期山羊，剂量为 10mg/kg（体重），每隔 24h 一次，连续 3d，相当于饲料中的含量是 195mg/kg。在不同的采样间隔期测定排泄物、血浆和羊乳中的放射性，以及可食组织，如肾、肝、肌肉和脂肪中的待分析物质含量。羊乳和可食组织中的母体化合物 F64M1 及其代谢物经提取和色谱分离后，作光谱法测定。

第一次给药后 53h，排泄物中的放射性物质含量占总给药量的 73.9%，其中尿液排出含量占 53.1%，20.7% 经粪便排出，极少量的待测物（0.05%）存在于羊乳中。

经尿液的排出率最高：第 1 次和第 2 次给药后，大约 21% 和 23% 的目标物在 24h 内经尿液排出。

假设完全吸收，由二室模型得到的血浆曲线可得总血浆清除率达到 CL=9.8mL/（min·kg）（体重）。

第 1 次给药 53h 后，山羊可食性组织和器官中的相关化合物残留量占总给药量的 1.9%。

含药 1.5% 的黄芪胶悬浮液的吸收过程表明，F64M1 在体内被迅速吸收，延迟时间（t_{lag}）约 6 min，吸收半衰期（half-life）31min。第 1 次给药后 2h，血浆中放射性物质浓度达到最大 2.0μg/mL，消除半衰期为 8.3h。由血浆中的浓度-时间曲线的斜率可知，其平均残留时间（mean residence time，MRT）较短，为 10h。在实验结束时，血浆中浓度降到了原来的 1/14，0.14μg/mL。

宰杀（第 1 次给药 53h 后）时，肾脏和肝脏中的相对浓度最高，分别为 18.975μg/g 和 18.421μg/g。羊乳、不同类型肌肉和脂肪中含量非常低，在 0.2～0.3μg/g 范围：羊乳 0.286μg/mL、圆肌 0.276μg/g、网膜脂肪 0.239μg/g、皮下脂肪 0.233μg/g、侧肌和腰肌 0.232μg/g、肾周脂肪 0.215μg/g。

阐明 F64M1 在山羊体内的代谢过程包括以下步骤：首先，第 1 次给药后 24h，收集尿液，分离、纯化并鉴定所有可检测到的代谢物。利用 PLC/MS/MS 和 NMR 鉴定化合物结构，这些化合物用作后续试验中的标准物质。

由于待测物在尿液中的代谢类型非常复杂，因此次要代谢和次要代谢物的表征采用另外一种方式检测：尿液样品经煮沸的盐酸水解处理。水解的目的是破坏分子间的结合，将非芳香族化合物转变成已知结构的芳香族化合物。实际上，包括一些次要组分在内，检测到 5 个相关的化合物（di-hydroxy‐F64M1 的两个对映体，hydroxy‐F64M1 的两个对映体和母体化合物 F64M1）。dihydroxy‐F64M1 和 hydroxy‐F64M1 的两个对映体经分离、光谱定性后，也作为标准物质使用。而且，尿样经分离后收集的每部分都使用 β‐葡萄糖醛酸苷酶和芳香基硫酸酯酶（β‐glucuronidase and arylsul-fatase）酶解处理，并将未处理的样品和酶解后的样品进 HPLC 检测并比较。由裂解产物的检测结果可知，样品中一定存在葡萄糖苷酸或硫结合物。

然后，从不同基质中（羊乳、肝、肾、肌肉和脂肪）提取、纯化母体化合物和代谢产物，进行 HPLC 和 HPTLC 分析。主要部分的代谢物采用同谱层析定性，以已鉴定出的代谢物或其他研究中分离出的尿样代谢物作为标准物质。通过比较待测物和标准物质在两种不同选择性的色谱方法中的保留行为定性。

待测物在山羊各基质中的代谢类型和尿样类似，因此，所有的提取物都经煮沸的盐酸水解，在选定的条件下，葡萄糖苷和其他结合物裂解，具有二烯结构的物质转变成已知结构的芳香族化合物。同尿液中的代谢一样，产生一个简单的代谢途径。酸性水解前，有 5 个相关化合物需要进一步进行结构确证。从水解后的信息中，可以得到许多次要代谢物（部分列入代谢物组）的基本结构。

以 HPLC 中 ^{14}C 信号的面积对代谢物定量。

F64M1 及其代谢物的量之和作为残留浓度［当量浓度（μg/g）］‐以总放射残留的百分比计（％，TRR）。在山羊乳和可食组织中所检测到的浓度列于表 1。

所有可定性分析的代谢物占总放射残留的比例如下：羊乳中 89％，肝中 71％，肾中 86％，肌肉中 77％，脂肪中 84％。第 1 步骤中的提取效率分别是（羊乳样品用乙腈和水的混合物提取 3～4 次，甲醇提取 3 次）：羊乳约 94％，肝脏约 81％，肾脏约 97％，肌肉约 82％，脂肪约 87％。

F64M1 在哺乳期山羊中的代谢途径通过以下主要反应表征：

- 将母体化合物和葡萄糖醛酸进行交联生成代谢物 F64M1‐葡萄糖醛酸苷。

- 水解母体化合物生成主要的代谢物 3 - OH - F64M1 和 4 - OH -
  F64M1，取部分水解产物与葡萄糖醛酸交联。
- 进一步水解氯苯酚部分生成 4，5 - 二羟基 - F64M1 和另一个二羟基
  异构体，然后与葡萄糖醛酸进行交联反应。根据 NMR 谱结果，葡
  萄糖醛酸的交联反应可发生在任何一个酚羟基处，不能确定具体在
  哪个位置。
- 氧化 F64M1 的氯苯基部分实现去芳构化，生成 F64M1 - 二羟基 - 双
  烯。某种程度来讲，氧化反应后还可能与葡萄糖醛酸发生交联反应。
- 在与葡萄糖醛酸交联前，也会生成羟基 - 甲氧基 F64M1 中间体。除
  羊乳样品外，在其他样品中还检测到了 F64M1 的 S 结合物、hy-
  droxy - desthio - F64M1、dihydroxy - desthio - F64M1 和 hydroxy -
  methoxy - F64M1。

以上结果清晰的阐明了 F64M1 在哺乳动物山羊体内的代谢行为。

表 1 山羊组织中的目标物浓度

化合物 （F64M1 -）	奶		肝脏		肾脏		肌肉		脂肪	
总放射残留量 TRR， μg/g，燃烧分析		0.286		18.421		18.975		0.266		0.231
	% TRR	当量浓 度， μg/kg	% TRR	当量浓 度， μg/kg	% TRR	当量浓 度， μg/kg	% TRR	当量浓 度， μg/kg	% TRR	当量浓 度， μg/kg
F64M2 （葡萄苷酸）	2.35	0.007	1.98	0.366	7.28	1.382	8.17	0.022	7.83	0.018
F64M3 - （葡萄苷酸）	3.01	0.009	3.81	0.703	13.75	2.610	12.77	0.034	15.02	0.035
F64M2	2.44	0.007	1.16[5]	0.213	1.62	0.307	3.64	0.010	4.31	0.010
F64M3	3.04	0.009					7.11	0.019		
- 二羟 - F64M1 — 葡糖苷酸[3]							5.88	0.016		
二羟和羟基 F64M1 葡糖苷酸[3] 混合物	2.63	0.008	2.74	0.504	4.92	0.933			5.30	0.012
- 4 - 羟基 - F64M1 葡糖苷酸	5.11[5]	0.015	2.77[5]	0.511	7.32[5]	1.388	5.84	0.016	4.68	0.011
- 羟基 - 甲氧基 - F64M1 - 葡糖苷酸							5.20	0.014		
F64M1 - 葡糖苷酸	6.22	0.018			24.07	4.567	3.57	0.009	4.17[6]	0.010
二羟 - F64M1（11）[3]	1.56	0.004	2.15[2]	0.396			1.72	0.005	5.36[2]	0.012
4，5 - 二羟 - F64M1	1.38	0.004	4.76[4]	0.878			2.80	0.007		
3 - 羟基 - F64M1			0.96	0.178	1.22	0.231	4.80	0.013		

（续）

	奶		肝脏		肾脏		肌肉		脂肪	
4-羟基-F64M1			8.37	1.542	4.06	0.770	3.03	0.008	14.55	0.034
葡糖苷酸硫酸盐轭合物[4]	44.03	0.126								
F64M1			31.18	5.744	7.66	1.454	1.76	0.005	13.88	0.032
鉴定值总数	58.06	0.166	53.23	9.805	58.04	11.013	49.37	0.131	60.81	0.141
鉴定值临时总数	*13.71*	*0.039*	*6.66*	*1.227*	*13.85*	*2.628*	*16.91*	*0.045*	*14.29*	*0.033*
特征值总数	16.74	0.048	10.99	2.024	14.50	2.750	10.73	0.029	9.04	0.021
总计	88.51	0.253	70.88	13.057	86.38	16.392	77.01	0.205	84.14	0.195
燃烧后固体重量	5.88	0.017	18.45	3.398	2.80	0.531	11.16	0.030	11.45	0.026
没有分析的	5.61	0.016	10.67	1.965	10.82	2.053	11.83	0.031	4.41	0.010
平衡值	100.00	0.286	100.00	18.421	1 100.00	18.975 110 0	100.00 1	0.266	1100.00	0.231

[1] 非对映异构体。

[2] 异构体。

[3] 根据核磁共振（NMR）谱图，可能有 3，4-；5，6-和 3，6-位置的羟基。

[4] 二羟-F64M1，羟基-甲基-F64M1 和羟基-F64M1 的硫酸盐轭合物。

[5] 可能共流析出 F64M1-4，5-二羟-二烯葡糖苷酸；

　　可能共流析出脱硫-甲基-F64M1；

　　可能共流析出脱硫-α-羟基-F64M1；

　　可能共流析出 F64M1 二羟-脱硫葡萄苷酸和羟基-F64M1-葡萄苷酸。

[6] 可能共流析出 F64M1-葡萄苷酸；

　　代谢物残留临时鉴别的用斜体表示。

练习 3.4 F64 在春小麦中的代谢[①]

春小麦上的施用剂量为 100~200g/hm² （有效成分），使用 1~2 次，冬小麦上施用剂量为 100~200g/hm² （有效成分），使用 2~3 次。剂型 EC 250 或 EC 450。

F64 的代谢规律应用标记苯环的 ［phenyl - UL -¹⁴C］- F64 和标记三唑部分的 ［3，5 - triazole -¹⁴C］- F64 进行研究。

此研究的目的是得到 ［phenyl - UL¹⁴C］- F64 （剂型 EC 250） 的降解归趋以及在分蘖期和开花期两次施药后的终残数据。总施药剂量采用最大年施用量 400g/hm² （有效成分）。

缩略语和符号见练习 3.1。

研究内容：

（a）确证研究条件包括：

- 目标物、实验体系、测试物给药条件、采样、分析等。
- 鉴定和表征代谢物。
- 研究结果汇总。

（b）鉴定主要的残留成分（基于残留定义）。

3.4.1 F64 在春小麦中的代谢摘要

本实验研究了杀菌剂 F64 喷施春小麦后的代谢行为。所用药剂为 ［phenyl - UL -¹⁴C］ F64 250EC，喷药时期为分蘖期（BBCH code 32 - 37）和盛花期（BBCH code 65），剂量为 200g/hm² （有效成分），依推荐的最大年施药量 200g/hm² （有效成分）设计。

在青饲料、干饲料、秸秆和麦粒中的总放射残留量（TRR）分别是 10.45mg/kg、8.90mg/kg、26.74mg/kg 和 0.08mg/kg。可定性的代谢物在初级农产品中占 TRR 的比例分别是：青饲料中 73.1%，干饲料中 64.7%，秸秆中 66.2%，麦粒中 33.7%。

[①] 本节所提物质来自保密报告并获厂商许可。

对于不能定性的代谢物，至少要对其提取和分配行为进行表征。而且试验中涉及了干饲料和秸秆的 dioxan/HC1 水解实验。

而且，经鉴定，水相及全水相 2（CH2Cl2 和正丁醇液液分配后的水相）酶解后产生 OH‐F64M1 异构体的化合物为糖苷配基 aglycons。

未定性残留物占 TRR 的比例：青饲料 3.6%，秸秆 3.1%，干饲料 2.0%（dioxan/HC19：1 水解后测定）。无论是常规提取还是 ASE 提取处理后，麦粒中仍有 31.6%的残留物未能提取到或不能从麦粒中分离。因此，在附加试验中，采用淀粉酶酶解麦粒 1，可测到 14.7%TRR，但是仍有 17.5%未能提取。采用 dioxan/HCI（9：1）水解麦粒进行提取，可实现完全提取。

活性物质 F64 大部分被降解，降解反应包括：

- 氧化去 S，生成主要的代谢产物 F64M1。
- 氯苯亚甲基 C 原子位和氯苯环上的 3，4 和 6 位水解。
- 羟基化代谢物间的结合。

次要的降解反应：

- 异构体转化。
- 三唑分子丢失及苄基丙二醇的结合。

因此，初级农产品中的代谢物包括：主要代谢物 F64M；F64M 的衍生物：α‐OH‐F64M1，至少两个（3‐和 4‐）OH‐F64M1；两个其他的代谢物：磺酸‐F64 和三唑啉酮‐F64。各物质占 TRR 的比例及有效成分当量（mg/kg）列于下表。

母体化合物/代谢物	青饲料		干饲料		秸秆		麦粒	
	%	mg/kg	%	mg/kg	%	mg/kg	%	mg/kg
F64（母体化合物）	3.3	0.35	2.6	0.24.	3.7	0.98	1.0	<0.01
F64M1	35.4	3.70	18.5	1.64	22.3	5.95	15.9	0.014
Ja‐羟基‐F64M1	4.5	0.47	9.4	0.83	5.8	1.56	2.8	<0.01
3‐羟基‐F64M1	2.4	0.25	8.5	0.75	2.9	0.76	<1.0*	<0.01
4‐羟基‐F64M1	1.2	0.13	6.7	0.60	2.7	0.72	<1.0*	<0.01
6‐羟基‐F64M1	1.1	0.12	1.2	0.11	1.2	0.32	n.d.	<0.01
F64‐三唑啉酮	6.9	0.71	5.1	0.46	6.1	1.64	1.3	<0.01
F64 磺酸	7.1	0.75	3.3	0.29	8.4	2.24	n.d.	n.d.
脱硫异构体羟基葡萄糖苷	8.6	0.91	2.6	0.24	7.3	1.96	8.4	<0.01

n.d.：未检出；*痕量；异构体间可能没区别。

3.4.2　F64 在春小麦中的代谢研究

试验设备

试验用春小麦来源于代谢研究和残留分析研究所种植区（building 6682）。

非放射性待测物

非放射性 F64 购于××××，作为参照物质使用并用于稀释放射性目标物。

公司研发名称：F64。

化学名称：

CAS 号：

批号：

经验式：

化学纯度：99.8%。

确认：质谱。

分子量：344.3g/mol。

状态：无色粉末。

公布日期：分别是 1997 - 01 - 07；1997 - 01 - 22。

放射性待测物

放射性母体化合物 [phenyl - UL -^{14}C] - F64 在德国的 XY 同位素实验室合成，结构式及放射性标记位置如下所示（未给出）。

纯度检验：LiChrospher 60 RP - select B，5μm，125mm×4mm，流速：1.5mL/min，5min. 0.2% H_3PO_4 之后 30min 内线性梯度到 100% 乙腈。

放化纯度：>99%，放化- HPLC。

证书日期：1997 - 05 - 05。

活性成分在 Dr. W. Ecker. 的实验室制成制剂，详细信息如下：

施药日期	1 (1997 - 05 - 27)	2 (1997 - 06 - 13)
样品代号 ID - no.	ECW 11160 - A	ECW 11160 - B
制剂类型	EC 250 (liquid)	EC 250 (liquid)
制剂用量	88.07mg	88.07mg
有效成分含量	25.0%	25.0%
放射性活度（a.i.）	2.97 MBq/mg (80.3μCi/mg)	2.97 MBq/mg (80.3μCi/mg)
总放射性	65.39 MBq	65.39 MBq
制剂中有效成分的放化纯度 (ID no.)	>99% (HPLC) (THS 4529)	>99% (HPLC) (THS 4529)

将有效成分和助剂在球磨机上混合制成制剂。必须保证制剂的制作过程与已商品化制剂相同。制剂中有效成分的放化纯度由 HPLC (lab. Dr. Ecker) 检测。制剂（ECW11160A＋B）中的有效成分由 MS 和[1]HNMR 确证。

试验体系

栽培容器和土壤

标准化栽培容器（表面面积 m^2）中装满沙壤土。试验开始前，在容器上贴上试验分组号和放射性标志。

植物

物种：春小麦（*Triticum aestivum*）

品种：Kadett

小麦分5垄播种，种间距 1cm，保证每平方米的面积上播种小麦 480 粒。播种后，上覆 0.5cm 厚的薄土。

具体的生长情况、植物保护措施、施肥以及气候和环境状况见附录4。

方法

施药

[phenyl - UL -^{14}C] F64 在小麦分蘖期（BBCH 代码中的第 32 个生长阶段）和盛花期（BBCH 中的第 65 个生长阶段）施用。施药量 200g/hm^2（有效成分），为补偿喷施过程中的损失，额外增加 10% 的药量。

施药前，制剂〔ECW 11160 - A 或 B；22.0mg（有效成分）；65.39MBq，each〕先用蒸馏水稀释成所需浓度。所用喷雾装置是由电脑控制的带雾锥喷嘴的喷雾器。施药后，取下塑料保护并用甲醇清洗，测定放射性，该数值从总施药量中扣除后，作为实际施用的量。

施药次数	1（1997 - 05 - 27）	2（1997 - 06 - 13）
样品编码	PO4001 CA	PO4005CA
剂型	EC 250（液体）	EC 250（液体）
有效成分用药量	21.6mg	19.9mg
各个放射量（a.i.）	2.97MBq/mg	2.97MBq/mg
总放射量	64.14MBq	58.97MBq
用水	100mL	100mL

从每个步骤所用溶液中取出一些进行 HPLC 测定，以确证所施用药剂的性质和稳定性。

采样、收获、加工和储存

青饲料

为获得植物样品，实际农业操作中，对两次施药的情况，在第 2 次喷药后第 6 天第 1 次采集叶类样品（1997 - 06 - 19）。这时的样品还是青秸秆，属于 BBCH 中的 69 阶段（青秸秆）。小麦植株从地表面齐根切断作为待测样品。收获的植株切成 1cm 的小段，称重。然后将样品经液氮冷冻后磨碎（Ultra-Turrax T 50，Janke und Kunkel）混匀。10～112g 植株样品保存于 -20℃ 条件下。

干饲料

第 2 次喷药后第 26 天（1997 - 07 - 09），即蜡熟初期（BBCH 83）收集干饲料样品，采样和储存过程同青饲料（4.2.1）。

秸秆和麦粒

第 2 次施药后第 48 天收获，将麦穗从麦秆上剪下作为收获期样品，剩下的茎部分从地表面齐根剪下，加工成青饲料（4.2.1）。

将麦粒剥出、称重，液氮冷冻后磨碎（Ultra - Turrax T 50，Janke und Kunkel）。剩下的麦麸混入秸秆，加工成青饲料（4.2.1）。

提取和分馏

提取过程中加入 1mg/mL 的半胱氨酸盐酸盐溶液以防止 F64 的氧化降

解，使用旋转蒸发仪在 35℃ 条件下，对样品进行浓缩。当提取溶剂是 CH2Cl2 时，提取液浓缩前先加入少量乙腈（约 15mL）。进样分析前，先将样品离心以去除沉淀物（如半胱氨酸盐酸盐）。最后的样品溶液保存于 4℃ 或 −20℃，并编号（如 PO4004ES）。

经常规方法提取后的残留物，再经加速溶剂萃取（ASE）。第 1 阶段的提取试验包括在每一次采样日期的 1 个月内，四个初级农产品（ID 代码始于 PO4002..）提取后经薄层层析法分析。这些初级萃取物质中代谢模式比较见图 1。这些萃取物也用于储藏稳定性监测。

青饲料

降解实验：20g 均一的小麦秸秆经 3×100mL（乙腈/水＝80/20）均质提取后（Ultra Turrax homogenisor），真空抽滤过上层有 10g 硅藻土的过滤器（type：black ribbon，Schleicher und Schuell，Germany）。

合并抽滤液并取出 10mL（PO4008EF），待色谱方法分析。

用 ASE 萃取样品 1 以加速溶剂萃取：

将常规方法提取后的青饲料与硅藻土®（Merck，Darmstadt，Germany）混匀后装入 33 mLASE 萃取池，在 50℃ 和 100℃ 条件下各提取两次，所用萃取设备为 ASE 200 萃取仪（Dionex，Idstein，Germany）。

合并乙腈/水提取液（300mL，PO4008EF），真空浓缩（35℃）至只剩水相（61mL）。

在该水相中加入 CH_2Cl_2（3×60mL）进行液液分配，分离出水相（60mL，PO4008HF）后，将 CH_2Cl_2 相浓缩（PO4008IF）。空气吹干过滤相样品 1，用 LSC 对每相三等份进行放射性测量，对 5 等份样品 1 混合并进行放射性测量俘获 $^{14}CO_2$ 的量。

提取步骤流程见图 2（未给出），定量结果见附录 5。

干麦秆

提取步骤见图 3（未给出）。20g 均一干麦秆在乙腈/水＝80/20 的提取液中浸泡，分 3 次进行，所用提取液体积大概 250mL。

提取后的秸秆与硅藻土混合后（2∶1），ASE 再次提取。

合并两种提取方法的提取液，浓缩到只剩水相后，CH_2Cl_2 液液分配，接下来的步骤同青饲料。

干饲料样品 2 在二噁英/HCl 中的酸性水解（PO4006CH）：

5g 干饲料样品 2 经二噁英/2N HCl（v∶v＝9∶1，45mL）回流提取 2h，抽滤后，干饲料样品再经 60mL 水洗涤。浓缩后的样品经 LSC 和 TLC

测定放射性，5 等份的剩下样品 3 经低压升华干燥后燃烧测定闪烁液中俘获$^{14}CO_2$ 放射性。

麦秆

秸秆样品（4.2.3）中的待测物同样采用乙腈/水＝80/20 提取，取样量为 20g，提取液体积大概为 200mL，分 3 次进行。

提取后的秸秆与硅藻土混合后（2∶1），ASE 再次提取，提取条件同干饲料。合并所有提取液，浓缩到只剩水相后，CH_2Cl_2 液液分配，接下来的步骤同青饲料。

秸秆样品 2 在二噁英/HCl 中的酸性水解：

5g 秸秆样品 2 经二噁英/2N HCl（v∶v＝9∶1，45mL）回流提取 2h，抽滤后，秸秆样品再经 60mL 水洗涤。浓缩后的样品（二噁英/2N HCl 样品 IDs：PO4037CS，水相样品：PO4037DS）经 LSC 和 TLC 测定放射性，等份的剩下样品 3 经低压升华干燥后燃烧测定闪烁液中俘获$^{14}CO_2$ 放射性。

为了分离鉴定代谢物，取样 200g 重新提取。样品过夜提取后（4℃），使用 80％乙腈提取液提取 4 次，然后按青饲料后续步骤进行。浓缩后的水相经 CH_2Cl_2 液液分配 3 次（有机相浓缩后记为相Ⅰ：PO4004HS），残余水相再经正丁醇液液分配 3 次（有机相浓缩后记为相Ⅱ：PO4004HS），剩余水相 2 记为 PO4004JS。

麦粒

提取步骤见图 5，定量结果见附录 7。50g 麦粒（PO4001CG），经乙腈和水［80/20（v/v）］混合提取 3 次，每次 150mL，后续步骤同青饲料。

所有上清提取液浓缩后，剩余水相（81mL）经 CH_2Cl_2（3×80mL）液液分配后，浓缩有机相记为 PO4009IG，水相记为 PO4009JG。

麦粒样品 1 自然风干后测定放射性。

ASE 提取：

将常规方法提取后的麦粒 1（PO4009DG）22g 与 11g 硅藻土®（Merck，Darmstadt，Germany）混匀后进行 ASE 萃取，提取条件参照干饲料的提取。

麦粒样品 2 自然风干后，用 LSC 测定燃烧后的放射性。

淀粉酶（α-淀粉酶）酶解：

利用淀粉酶水解反应提取麦粒 1 中的待测物。100mg 淀粉酶（Merck no. 3604）溶于含有 10mgNaN$_3$ 的 55mL 柠檬酸盐/NaOH 的缓冲溶液（pH 6，Fixanal；Riedel de Haen，no. 38745）。将上述溶液加入装有麦粒样品的玻璃容器中,室温下搅拌 9d。在第 2 天、3 天、4 天、7 天和 9 天,取出上层溶液抽滤。由容器中所剩麦粒质量和原质量的差值可得溶液中的麦粒质量。未溶解的固体重新浸入新配制的酶解液中,供后续取样,取样 5 次后,完全燃烧后(PO4012BG)剩余固体质量(solids 3)为 0.81g。

合并所有液相缓冲溶液(PO4012AG)并取出部分和 solids 3 做放射性测定。

麦粒样品 1 在二噁英/HCl 中的酸性水解(PO4009DG):

5g 麦粒样品 1 PO4009DG 经二噁英/2N HCl(v∶v=9∶1,44mL)回流提取 2h(PO4011AG),抽滤后,剩余固体可完全溶解于水中,所以水解处理后没有固体剩余(PO4011BG)。

放射性残留分析

放射性的测定

不同基质中的放射性由液体闪烁计数(LSC)测定。首先测定所得溶液的体积,然后取出一定体积溶液进行 3 次 LSC 平行测定。对于固体样品,先将样品在 "Harvey OX 500" oxidiser 中燃烧,再将释放的 $^{14}CO_2$ 导入碱性闪烁液中进行 LSC 分析。

结果和讨论

总放射残留(TRR)的测定

麦青饲料、干饲料、秸秆 和麦粒中的总放射残留以乙腈/水提取液中的浓度和残留固体 1 中的浓度之和计,以母体化合物的当量值 mg/kg 表示(表 2)。

播种后 65d(第 2 次施药后 6d)采集的青麦秆中的 TRR 为10.45mg/kg(表 3,附录 5)。播种后 79d(第二次施药后 26d)采集的干麦秆中的 TRR 为 8.90mg/kg(表 5,附录 7)。播种后 95d(第 2 次施药后 48d)收获的秸秆和麦粒中 TRR 分别为 26.74mg/kg 和 0.08mg/kg(表 7 和表 9,附录 9 和附录 12)。(表未给出)。

放射性物质的提取、分布和定量

所有的植物样品均先经过室温常规方法提取,乙腈/水(80/20,v/v)

作为提取溶剂，然后再经过加速溶剂萃取（ASE），50 ℃和 100 ℃条件下各两次。所有溶液中均加入了过量的半胱氨酸盐酸盐作为巯基 SH -保护剂。提取后，放射性物质均转入了有机溶剂相中，有利于应用恰当的色谱体系进行代谢物的表征。在所有的基质中，母体化合物的代谢类型相同。

放射物质的分布和 TRRs 列于表 3、5、7 和 9（未给出）。

代谢物鉴定

麦秆中［phenyl - UL -^{14}C］- F64 的代谢产物可利用硅胶柱和微制备 HPLC（sample IDs PO40..S；提取步骤见图 16a＋b）进行分离。通过比较代谢物与标准物质的 TLC -共色谱分析行为以及已知参照物在 HPLC 中的保留时间，可对代谢物进行定性。代谢物的结构解析可利用 LC/MS 和 LC/MS/MS，可能的话也可用 NMR。

由于母体化合物在 4 种初级农产品中的代谢行为相似，因此，通过比较代谢物与标准物质或者秸秆中分离和鉴定出的物质或者放射- TLC/HPLC 中的共流出物的色谱行为，可知，青饲料、干饲料和麦粒中的代谢物相同。

结论

通过在春小麦上的大田喷雾实验［200g/hm^2（有效成分）］，研究了杀菌剂 F64 的降解行为。F64 在青饲料、干饲料、秸秆和麦粒上的总放射残留（TRRs）分别为 10.45、8.90、26.74 和 0.08mg/kg。各基质中绝大部分的 TRR 均可被提取（青饲料：96.5％；干饲料：98.0％；秸秆：96.9％和麦粒：67.5％）。麦粒的酶降解试验可测到另外的 14.7％。

在春小麦中母体化合物［phenyl - UL -^{14}C］F64 代谢强烈，但是降解也很快。有人提出 S 先被氧化成磺酸基，然后消除，得到主要的代谢产物 F64M1。F64M1 的氯苯基的 3 -，4 -，和 6 -位可进一步被水解，生成 OH - F64M1 对应体，并可进一步生成聚合体。同理，水解氯苯的亚甲基基团，可生成 α- OH - F64M1。因此，待分析物水解后与葡萄糖交联，交联体或更高级别交联体在植物体内储存，是 F64 主要的代谢途径。

次要的降解是母体化合物被氧化生成三唑啉酮类 F64。

第 3 类 F64 的降解产物是苄基丙二醇（benzylpropyldiol），由 F64 丢失三唑分子形成，而且可检测到相应的糖苷化合物。可能苄基丙二醇经根吸收到植物体内，然后合成糖苷转移到芽。

放射- TLC 和放射- HPLC 用于代谢物的定性和定量。主要代谢物

F64M1，以及 α-，3-和 4-OH-F64M1 的结构由 LC/MS、LC/MS/MS 和 NMR 确证。LC/MS/MS 还用于 OH-脱硫代谢物的 B-D-糖苷物质的确证。

F64 的磺酸代谢物和三唑啉酮代谢物也用光谱法定性。

基于以上不同基质提取物中的代谢物的性质和量值，提出了 F64 的代谢途径。

练习 5.1　提取效率的校验

代谢研究中含有^{14}C 的样品中的残留要通过标准方法进行再次分析。结果如下：

基质	代谢参考资料	残留量测定，mg/kg	
		代谢分析	标准方法
梨	A98041，198 - 96	0.20	0.15～0.18
玉米粒 3	PSA41PR2，19/97	0.006	<0.01
玉米饲料	PSA41PR2，19/97	0.047	0.02～0.03
黄瓜	A98048，282 - 95	0.10	0.04～0.05
黄瓜	A98048，282 - 95	0.044	0.02～0.04
羊肉	AM03027	1.0	0.56～0.79
羊奶	AM03027	0.37	0.06～0.09

任务

1. 计算提取效率。
2. 评估结果并考虑该方法是否达到标准要求。
3. 研究监测试验所得到的残留数据是怎样被用来进行风险评估的。

练习 5.2 木瓜上监测试验条件的评估：对取样的有效性和样品处理程序进行评估

引言

该监测试验是在美国用一种叫做"acar"的农药活性物质进行的。

美国对热带水果的良好农业操作规范总结在下面表格里。

作物	国家	剂型 [g/L（有效成分）或 g/kg（有效成分）]	使用量				PHI, d
			kg/hm² （有效成分）	水，L/hm²	kg/hm² （有效成分）	编号	
热带水果[1]	美国	48%悬浮剂或50% 可湿性粉剂	0.40～0.56	468	0.09～0.12	1	1d

[1] 番石榴、荔枝、木瓜、星苹果、黑美果榄、芒果、人参果、蛋黄果、马梅、龙眼、蜜果、红毛丹、山荔枝、斐济果、嘉宝果、莲雾、杨桃、百香果、针叶樱桃。

任务

考虑取样样品的基本要求和应用程序的分析确认。

木瓜试验报告摘录[①]

1. 试验站点的信息

每一个田间试验均包括一个空白对照区和一个处理区，处理区大小在 86～125m²（924～1 344ft²）范围内。采用传统方法来种植目标作物，并施用农药和化肥以使小区种植的目标作物达到商品质量标准。试验站点的条件和使用模式的资料分别总结在表1和表2中。附件1给出了关于试验站点的其他附加信息。

---

① 该部分的报告是经过数据拥有者的许可之后用做练习的，该报告的附录没有在此复制。

2. 样品处理和准备

在每个试验中，最后一次施药后 1d 从每个处理小区内采取半熟至成熟的木瓜样品（平行样品在收获间隔期内被采摘）。每个木瓜样品用四分法来缩分，每个样品的重量至少为 1.8kg（4 磅），并且确保是具有代表性的不偏样品，样品在采摘后 6h 之内被冷冻保存。所有样品通过联邦快递或航空快递在冷冻条件下运到分析实验室，进行提取和分析。

样品在运送至分析实验室后要被贴上各自的编号并于 $-30.4\sim-15.8℃$ 冷冻储存，一直到样品处理。样品需要被打碎成小块，并在食品加工机上与干冰混合均匀，然后在冷冻条件下储存直到样品提取分析阶段。

3. 分析方法

运用"同时测定 acar 及其代谢物在木瓜上的残留"中所使用的方法来同时分析木瓜样品中 acar 及其代谢物的残留。为了提高方法的性能，我们对其稍加调整和修改（具体修改内容请参考附录 2 中分析方法的汇总表；或者参见附录 3 和附录 6 的分析方法汇总表。）

简单来讲，该方法主要是用 100mL 提取溶剂从均质的木瓜中提取 acar 及其代谢物的残留，样品经提取溶剂提取两次，并将两次的提取液混匀。然后将提取液过滤到一个 250mL 的真空烧瓶里，接着将滤液转移到一个 250mL 的容量瓶里，最后用乙腈定容到 250mL。取 50mL 样品用正己烷萃取两次。用二氯甲烷和 2% 硫酸钠水溶液对乙腈相进行处理，分层后，取其中的二氯甲烷相旋蒸近干，并用样品稀释溶剂进行稀释。经过至少 2h 的培育期，用具有氧化电量电化学检测的反相高效液相色谱对样品中的 acar 进行分析。样品中加入抗坏血酸来确保 acar 代谢物的残留在氧化模式下被转换成 acar 的残留。

在该研究中，对每个分析物的方法验证的最低水平是 0.01mg/kg。依据方法验证最低水平的样品添加回收率计算出 acar 的检出限和定量限分别为 0.12mg/kg 和 0.37mg/kg，而 acar 的代谢物的检出限和定量限分别为 0.001 2mg/kg 和 0.003 7mg/kg。

处理的样品在提取后 1d 内进行分析。待分析的样品一般包括校准用标准品、未添加的空白、添加回收、溶剂空白和处理的样品。标准品溶液在 $-20\sim-8℃$ 条件下储存。附录 4 包含了 OECD 的良好实验室规范的分析证书中的分析参考标准。

样品要在采样后 8~11d 内进行分析。

acar 及其代谢物在木瓜上的回收率总结如下表：

分析物	添加浓度，mg/kg	重复次数，n	回收率，%	平均值，%	相对标准偏差，%
acar	0.01	3	70.4、70.8、70.2	70.5	0.43
	0.1	3	94.7、95.3、93.2	94.4	1.2
	1	3	102、97.9、103	101	2.8
	0.01~1	9	70.2~103	88.6	16
acar 代谢物	0.01	3	91.5、92.9、81.6	88.7	6.9
	0.1	3	70.1、70.3、74.1	71.5	3.1
	1	3	80.2、78.9、78.1	79.1	1.4
	0.01~1	9	70.1~92.9	79.7	10

表1 试验站点的具体情况

试验编号（城市，州）	试验开始年份	土壤性质				气象资料	
		类型	有机质含量，%	酸碱度	阳离子交换容量(CEC)，meq/100g	每月降水量范围，cm	每月温度变化范围，℃
03-FL19（Homestead, FL）	2003	砾质壤土（多碎石）	3~10	7.4~8.4	NR[1]	0~4.47(5月) 0~5.87(6月)	19.45~32.67 (5月) 1.22~33.00(6月)
03-HI01（Haleiwa, HI）	2003	粉沙质黏土	2.74	5.3	NR	0~1.02 (5月) 0~4.06 (6月)	17.08~36.21 (5月) 17.45~33.06 (6月)
03-HIO2（Keaau, HI）	2003	极其多石的淤泥	7.29	4.8	NR	0.10~2.95(6月) 0.10~2.74(7月)	18.80~31.42 (6月) 18.80~30.68 (7月)

[1] 在所有的试验站点，适时进行灌溉，且温度和降水数据作为一个正常的参数被记录下来。

表2 研究模式

试验编号（城市，州）	试验开始年份	EP[1]	方式/时间安排	施药				混合助剂
				GPA[2]	每次施药量，磅/hm²（有效成分）	RTI[3]，d	总施药量，磅/hm²（有效成分）	
03-FL19（Homestead, FL）	2003	Acarmite® 50WP	叶面直接喷施/结实，收获前22d喷施	149.71	0.51	—		PLYACO
			叶面直接喷施/结实，收获前1d喷施	148.27	0.51	21	1.02	PLYACO
03-HI01（Haleiwa, HI）	2003	Acarmite® 50WP	叶面直接喷施/结实，收获前22d喷施	50.67	0.51	—		Latron B-1956
			叶面直接喷施/结实，收获前1d喷施	50.43	0.51	21	1.02	Latron B-1956
03-HIO2（Keaau, HI）	2003	Acarmite® 50WP	叶面直接喷施/结实，收获前23d喷施	102.87	0.52	—		Latron B-1956
			叶面直接喷施/结实，收获前1d喷施	103.14	0.52	22	1.04	Latron B-1956

[1] EP=最终使用的产品；

[2] GPA=每公顷的施药量；

[3] RTI=施药间隔期；只施用在棉花上。

结果与讨论

三个木瓜试验在代表北美自由贸易协定 13 号生长区的佛罗里达和夏威夷进行。对木瓜而言，试验数量和地理的代表性是充足的。木瓜被种植在砾质壤土、粉砂质黏土极其多石的淤泥中。所有试验都是在正常条件下进行的，没有出现极端或异常的环境状况。

该试验是为了收集有关 acar（Acarmite® 50WP 中的活性成分）的残留数据。施药方式为叶面喷施，施药量为 226.8g/hm² （0.5 磅/hm²）（有效成分），施药两次，施药间隔期是 21～22d，同时记录时间以便于最后一次施药后 1d 采集样品。每个处理小区总计大概施药 453.6g/hm² （1.0 磅/hm²）（有效成分）。

分别于空白样品中添加 acar 及其代谢物进行添加回收试验，并与田间处理的样品同时进行分析。不再做方法验证，因为分析工具提供了一个经济合作与发展组织的良好实验室规范所依从的方法验证研究的报告。该方法发现每个空白样品中的残留均低于方法验证最低水平，如果空白样品中的残留量大于方法验证水平的一半（即大于 0.005mg/kg），那么回收率要进行纠正。添加水平在 0.01～2.0mg/kg 范围内，在方法验证最低水平添加 acar 的空白样品的回收率在 93.06%～118.2% 范围内，平均回收率为 $107\pm10\%$ （n=6）；acar 的所有添加回收的平均回收率为 $10^2\pm11\%$ （n=9）。对于 acar 的代谢物而言，在方法验证最低水平的空白样品添加的回收率在 111.2%～119.2% 范围内，平均回收率为 115%±3% （n=6）；Acar 的代谢物的所有添加回收的平均回收率为 100%±18% （n=11）。

经过统计计算得出 acar 的检出限和定量限分别为 0.12mg/kg 和 0.37mg/kg，acar 代谢物的检出限和定量限分别为 0.001 2mg/kg 和 0.003 7 mg/kg （见附录 5）。在分析方法总结报告（附录 2）的附录 4 里展示的色谱图显示没有干扰。每次运行一个分析组就产生两个 6 点标准曲线，其相关系数总是≥0.993。

如表 C.2 所示，在该研究中，田间样品的最大储藏间隔期是 10d。该试验不要求储藏稳定性。

详细数据见田间数据总结表。

田间数据总结

农药/农作物/田间试验编号：acar/木瓜/08270.03 - FL19

田间试验负责人（FRD）：J. H. Cool

现场工作人员：O. S. Sipson

测试物质记录（每个剂型单独一页或批量编号）

测试物质（容器标签上的名字）/一批或批量编号：Acarmite® 50WP/HC1G15P074

来源：XX 研究实验室

收到日期：2003 - 01 - 07	有效期[1]：2004 - 02 - 14

施药助剂：PLYAC®

储存位置：农药临时仓库；仓库代号：8245 IR - 4 上锁；佛罗里达大学，TREC18905SW 280

储存的温度范围（从收到测试物质到最后一次施药）：大约 4.4～32.2℃（40～90℉）

试验地点信息

试验地点（名称，街道，城镇，州）：第八街区，佛罗里达大学，TREC，18905 SW 280 St，Homestead，Dade County，FL 33031

土壤质地/类型：砾质壤土（多碎石）	含沙量（%）：未报道	淤泥含量（%）：未报道	黏土含量（%）：15 - 20
	有机质含量(%)：3～10		土壤 pH：7.4～8.4

作物品种：红夫人木瓜

试验作物种植日期（播种或移植 X）或者已种作物的年龄：2002 - 04 - 29

行距：12ft	株距：7ft	每小区株数：16
对照区面积：12ft×112ft		处理区面积：12ft×112ft

[1] 由登记者或者具有鉴定资格的实验室来决定。

田间数据总结

农药/作物/田间试验编号：acar/木瓜/08270.03 - FL19

田间试验期间化肥及农药使用情况（产品/日期）	
4 - 0 - 8（8 加仑 32 盎司/2.8A，2003 - 01 - 02；2003 - 01 - 03；062003 - 01 - 06；2003 - 01 - 10；2003 - 01 - 13；2003 - 01 - 16；2003 - 01 - 17；2003 - 01 - 21；2003 - 01 - 27；2003 - 02 - 17；2003 - 02 - 19；2003 - 02 - 24）	4 - 0 - 8（2 加仑/2.8A，2003 - 01 - 06；2003 - 01 - 14；28 2003 - 01 - 28；2003 - 04 - 09；2003 - 04 - 22；2003 - 05 - 22）
4 - 0 - 8（17 加仑/2.8A，2003 - 02 - 11；2003 - 02 - 12；2003 - 02 - 21；2003 - 02 - 28；2003 - 03 - 07；2003 - 03 - 17）	4 - 0 - 8（1 加仑 34 盎司/2.8A，2003 - 04 - 28；2003 - 05 - 01；2003 - 05 - 05；2003 - 05 - 12）
4 - 0 - 8（2 加仑 68 盎司/2.8A，2003 - 05 - 22）	4 - 0 - 8（1 加仑 116 盎司/2.8A，2003 - 05 - 23；2003 - 05 - 27；2003 - 06 - 02，2003 - 06 - 09）
Acarmite（8 盎司/100 加仑，2003 - 01 - 02）	代森锌（22 盎司/100 加仑，2003 - 01 - 06；2003 - 02 - 17）
Abound（8 盎司/100 加仑，2003 - 01 - 21）	Vendex（15 盎司/100 加仑，2003 - 01 - 29）
Bravo（48 盎司/100 加仑，2003 - 02 - 03）	Pounce（9 盎司/100 加仑，2003 - 02 - 14）
DithaneM - 45（2.5 盎司/10 加仑，2003 - 04 - 15）	Pounce（0.75 盎司/10 加仑，2003 - 04 - 15）
Acarmite（0.75 盎司/10 加仑，2003 - 04 - 22；2003 - 05 - 27）	Abound（0.75 盎司/10 加仑，2003 - 04 - 22；2003 - 05 - 27）
Bravo（3 盎司/10 加仑，2003 - 05 - 02）	Vendex（1.5 盎司/10 加仑，2003 - 05 - 02）
Pounce（11 盎司/100 加仑，2003 - 05 - 21）	代森锌 M - 45（35 盎司/100 加仑，2003 - 05 - 21）

田间数据总结

农药/作物/田间试验编号：acar/木瓜/08270.03 - FL19

施药记录（一页记录对应一次药品定量/施用情况）

施药日期：2003 - 05 - 19	施药输出量校准/检查 日期：2003 - 05 - 19	施药间隔天数： NA[1]
施药设备类型：拖拉机牵引喷雾器		加压方式：泵

施用方式：叶部直达

喷嘴/出口数量：7	喷嘴间距（英寸）：NA	滤网孔径：150，♯3 中等
喷嘴宽度/类型/尺寸：T - Jet 11502/扁平扇形/不锈钢		喷洒作用宽度：NA
施药区域：1 344ft^2	药剂送达率[2]：149.71 GPA	
试验物：Acarmite® 50WP		批次/标签编号：HC 1 G1 SP074

桶混编号：施药编号 02 ♯[3]
载体（水）：22 710mL（6.0 加仑）
配方产品：18.7g
添加成分（助剂）：5.0mL
最终混合体积：22 715mL

	原方法施用率	实际施用率[4]
	Ib ai/A	Ib ai/A
施药编号 02 ♯	0.5	0.51（1.03×）

植株生长阶段：挂果期	植株高度：7～8ft	
风速及风向：3.1mph/东南	气温：88°F	
施药后首次降雨：	日期：2003 - 05 - 20	降雨量（英寸）：0.21
首次降雨距施药的时间（d 或 h）：1d		
施药后首次灌溉：	日期：NR[5]	灌溉量（英寸）：NR
灌溉方式：滴灌	首次灌溉距施药的时间（d 或 h）：根据需求一周 3d	

是否有植物药害产生？有__无 X 不记录__

植物药害严重性（或症状）的描述：NA

---

[1] NA＝暂缺。

[2] 每英亩中 1 加仑水输送的药剂量，该量由研究主管基于实际施用数据决定。

[3] 注意：施药编号 01 ♯ 为空白对照。

[4] 基于喷雾器输出量和通过时间，括号中数值为实际施用率除以原方法施用率。

[5] NR＝未报告。

田间数据总结

农药/作物/田间试验编号：acar/木瓜/08270.03-FL19

施药记录（一页记录对应一次药品定量/施用情况）		
施药日期：2003-06-09	施药输出量校准/检查 日期：2003-06-09	PHI：21d
施药设备类型：拖拉机牵引喷雾器		加压方式：泵
施用方式：叶部直达		
喷嘴/出口数量：7	喷嘴间距（英寸）：NA[1]	滤网孔径：150，♯3中等
喷嘴宽度/类型/尺寸：T-Jet 11502/扁平扇形/不锈钢		喷洒作用宽度：NA
施药区域：1 344ft²	药剂送达率[2]：148.27 GPA	
试验物：Acarmite® 50WP		批次/标签编号：HC 1 G1 SP074

桶混编号：施药编号02♯[3]
载体（水）：22 710mL（6.0加仑）
配方产品：18.7g
添加成分（助剂）：5.0mL
最终混合体积：22 715mL

	原方法施用率	实际施用率[4]
	Ib ai/A	Ib ai/A
施药编号02♯	0.5	0.51（1.02×）

植株生长阶段：挂果期		植株高度：7～8ft
风速及风向：1.2mph/东南		气温：85°F
施药后首次降雨：	日期：2003-06-09	降雨量（英寸）：0.25
首次降雨距施药的时间（d或h）：6h		
施药后首次灌溉：	日期：NR[5]	灌溉量（英寸）：NR
灌溉方式：滴灌	首次灌溉距施药的时间（d或h）：根据需求一周3d	
是否有植物药害产生？有__无 X 不记录__		
植物药害严重性（或症状）的描述：NA		

[1] NA＝暂缺。

[2] 每英亩中1加仑水输送的药剂量，该量由研究主管基于实际施用数据决定。

[3] 注意：施药编号01♯为空白对照。

[4] 基于喷雾器输出量和通过时间，括号中数值为实际施用率除以原方法施用率。

[5] NR＝未报告。

田间数据总结

农药/作物/田间试验编号：acar/木瓜/08270.03 - FL19

样品采集与储藏（一页记录对应一次药品定量/施用情况）		
收获日期：2003 - 06 - 10	采样日期：2003 - 06 - 10	PHI：1d
收获时植株生长阶段/部分说明：绿色成熟至半数木瓜都熟透		
收获设备：手套、70％酒精、篮子、低温保温箱		
收获步骤：TRT 01 随后 TRT 02。每行果树两侧的水果需同时进行手工采摘，水果（共计 14 棵果树）的采摘顺序为先高后低、由内至外，先采已暴露部分后荫蔽部分，尽量避免采集行列始末两端果树的样品。至少采集 12 个木瓜样品，总重至少为 4 磅。		
收获后处理（如，剪、洗、切、干燥、混合）：切割果实留取 1/8 大小以减少样品重量。		
"田间至储藏"过程（或田间至运输）样品的保存和运输：样品应装袋后放入冰箱中保存。		
样品收集到冰冻储存的最长时间：1h10min。		
储藏温度范围（运输前）：约 $-17\sim-5℉$（TRT01）；$-12\sim-5℉$（TRT 02）		
运输：深度冷冻（干冰包装）X 保鲜（干冰包装）__保鲜（非干冰包装）__		
承运商：联邦快运		运输日期：2003 - 06 - 11
天气情况：该田间试验期间有无异常天气发生？有__无X		
异常天气说明：未说明。		

田间数据总结

农药/作物/田间试验编号：acar/木瓜/08270.03 - H101

田间试验负责人（FRD）：Michael Kawate（夏威夷大学）

田间试验人员：Ms. J. Cho，James Kamar

测试组分记录（一页记录对应一个剂型/标签编号）	
测试物质（容器标签）/批次或标签编号：Acarmite® 50WP/HC 1 G 1SP074	
来源：某研究实验室	
接收日期：2003 - 02 - 07	有效期：2004 - 02 - 14
喷雾添加剂（助剂）：Latron B-1956[1]	
储存地点：夏威夷大学农药储藏室	
储存温度范围（该组分接收到最后一次使用）：约 70 °F（2003 - 02 - 07～10）；约 17.76～26.53℃（2003 - 02 - 10～2003 - 06 - 05）	

试验场地信息			
试验场地（名字，街道，城市，州）：Matsuda-Fukuyama 农场，Inc. on Opaeula Rd.，59 - 715 Maulukua Rd.，Haleiwa，HI96712			
土壤结构/类型：淤泥黏土	含沙量，%：0～20	淤泥含量，%：40～60	黏土含量，%：40～60
	有机质含量，%：2.74		土壤 pH：5.3
作物品种：金黄木瓜			
田间种植日期（种子萌发或移栽 X）或成株年龄：1.5 岁			

行宽：11ft	种植间距：7ft	行/每小区 X 树数量：14
控制对照区域尺寸：11ft×98ft		实验区域尺寸：11ft×98ft

田间试验期间化肥及农药使用情况（产品/日期）	
硫黄（4.5 lb/A，2003 - 05 - 10；2003 - 05 - 31；2003 - 06 - 21）	代森锌 DF（1.7 lb/A，2003 - 05 - 10）
Latron B - 1956（8 oz/100 gal，2003 - 05 - 10；2003 - 05 - 31；2003 - 06 - 21）	氢氧化铜 SD（1.5 lb/A，2003 - 05 - 31；2003 - 06 - 21）

[1] 由登记人或负责实验室决定。

田间数据总结

农药/作物/田间试验编号：acar/木瓜/08270.03 - HI01

施药记录（一页记录对应一次药品定量/施用情况）		
施药（1次）日期： 2003 - 05 - 15	施药输出量校准/检查 日期：2003 - 05 - 15	施药间隔天数： NA[1]
施药设备类型：背包式分散喷雾器		加压方式：CO_2
施用方式：叶部直达		
喷嘴/出口数量：1	喷嘴间距（英寸）：NA	滤网孔径：无
喷嘴宽度/类型/尺寸：无喷嘴		喷洒作用宽度：NA
试验物：1 078ft^2	药剂送达率[2]：50.67 GPA	
试验物：Acarmite® 50WP		批次/标签编号：HC1G15P074

桶混编号：施药编号02♯[3]
载体（水）：5 578mL
配方产品：13.46g
添加成分（助剂）：7.0mL
最终混合体积：5 585mL

	原方法施用率	实际施用率[4]
	Ib ai/A	Ib ai/A
施药编号02♯	0.5	0.51（1.02X）

植株生长阶段：挂果期		植株高度：11ft
风速及风向：5~15 mph/东南		气温：78 ℉
施药后首次降雨：	日期：2003 - 06 - 04	降雨量（英寸）：0.04
首次降雨距施药的时间（d或h）：20.28d		
施药后首次灌溉：	日期：2003 - 05 - 16	灌溉量（英寸）：0.35
灌溉方式：滴灌	首次灌溉距施药的时间（d或h）：20.42h	
是否有植物药害产生？有__无X不记录__		
植物药害严重性（或症状）的描述：NA		

[1] NA=暂缺。

[2] 每英亩中1加仑水输送的药剂量，该量由研究主管基于实际施用数据决定。

[3] 注意：施药编号01♯为空白对照。

[4] 基于喷雾器输出量和通过时间，括号中数值为实际施用率除以原方法施用率。

田间数据总结

农药/作物/田间试验编号：acar/木瓜/08270.03 - HI01

施药记录（一页记录对应一次药品定量/施用情况）

施药（2次）日期： 2003 - 06 - 05	施药输出量校准/检查 日期：2003 - 06 - 05	施药间隔天数：21d
施药设备类型：背包式分散喷雾器		加压方式：CO_2

施用方式：叶部直达

喷嘴/出口数量：1	喷嘴间距（英寸）：NA[1]	滤网孔径：无
喷嘴宽度/类型/尺寸：无喷嘴		喷洒作用宽度：NA
施药区域：1 078ft^2	药剂送达率[2]：50.43 GPA	
试验物：Acarmite® 50WP		批次/标签编号：HC1G15P074

桶混编号：施药编号 02#[3]
载体（水）：5 578mL
配方产品：13.46g
添加成分（助剂）：7.0mL
最终混合体积：5 585mL

	原方法施用率 [lb ai/A]	实际施用率[4] [lb ai/A]
施药编号 02#	0.5	0.51 (1.01X)

植株生长阶段：挂果期	植株高度：11ft
风速及风向：0 mph	气温：85 ℉

施药后首次降雨：	日期：2003 - 06 - 06	降雨量，英寸：0.04

首次降雨距施药的时间，d 或 h：1d

施药后首次灌溉：	日期：2003 - 06 - 06	灌溉量，英寸：0.35

灌溉方式：滴灌	首次灌溉距施药的时间，d 或 h：20.92h

是否有植物药害产生？有__ 无 X 不记录__

植物药害严重性（或症状）的描述：NA

---

[1] NA＝暂缺。

[2] 每英亩中1加仑水输送的药剂量，该量由研究主管基于实际施用数据决定。

[3] 注意：施药编号 01# 为空白对照。

[4] 基于喷雾器输出量和通过时间，括号中数值为实际施用率除以原方法施用率。

田间数据总结

农药/作物/田间试验编号：acar/木瓜/08270.03‐HI01

样品采集与储藏（一页记录对应一次药品定量/施用情况）

收获日期：2003‐06‐06	采样日期：2003‐06‐06	PHI：1d

收获时植株生长阶段/部分说明：绿色成熟至半数木瓜都熟透。

收获设备：手套。

收获步骤：TRT 01 随后 TRT 02。样品（水果）采自不同区域，共计 12 棵果树。避免在每行末端的果树上采样。至少采集 12 个木瓜样品，总重至少为 4 磅。

收获后处理（如，剪、洗、切、干燥、混合）：切割果实留取 1/4 大小以减少样品重量。

"田间至储藏"过程（或田间至运输）样品的保存和运输：样品应装袋后放入冰箱中保存。

样品收集到冰冻储存的最长时间：3 h 15 min。

储藏温度范围（运输前）：约−24～−11 °F（TRT 01）

运输：深度冷冻(干冰包装) X____	保鲜（干冰包装）____	保鲜（非干冰包装）____

承运商：Airborne Express	运输日期：2003‐06‐09

天气情况：该田间试验期间有无异常天气发生？有__无 X

异常天气说明：未说明。

田间数据总结

农药/作物/田间试验编号：acar/木瓜/08270.03-HI02

田间研究负责人（FRD）：M. K. White University of Hawaii，Honolulu

田间试验人员：Ms. J. Chou，James Kamar

测试组分记录（一页记录对应一个剂型/标签编号）

测试物质（容器标签）/ 批次或标签编号：Acarmite® 50WP/HC1G15P074

来源：某研究实验室

| 接收日期：2003-02-07 | 有效期：2004-02-14 |

喷雾添加剂（助剂）：Latron B-1956

储存条件：夏威夷大学农药储藏室 301（2003-02-07～10）

储存温度范围（从该组分接受到最后一次使用）：约 70°F 2003-02-07～10；约 18.3～32.42℃（2003-02-10～2003-06-05）

试验场地信息

试验场地（名字，街道，城市，州）：Diamond Head Papaya Co. Ltd.，16-309A Volcano Rd.，Keaau，HI 96749

土壤结构/类型： 多石质土壤/堆肥	含沙量,%：NA²	泥沙含量,%：NA	黏土含量,%：NA
	有机质含量,%：7.29		土壤 pH：4.8

作物品种：Kaoho 木瓜

田间种植日期（种子萌发或移栽自 X）或成株年龄：2 岁

行宽：11ft	种植间距：6ft	行/每小区 X 树数量：14
控制对照区域尺寸：11ft×84ft		试验区域尺寸：11ft×84ft

¹由登记人或负责实验室决定。

² NA＝暂缺。

田间数据总结

农药/作物/田间试验编号：acar/木瓜/08270.03 - HI02

田间试验期间化肥及农药使用情况（产品/日期）	
sulfur（2 lb/100 gal，2003 - 06 - 24；2003 - 07 - 09）	Manzate DF（2 11/100 gal，2003 - 06 - 24；2003 - 07 - 09）
Latron B - 1956（5 oz/100 gal，2003 - 06 - 24；2003 - 07 - 09）	Basic Copper（21b/gal，2003 - 06 - 24；2003 - 07 - 09）
Gramoxone（3 qt/100 gal，2003 - 07 - 01）	Fertilizer 14 - 14 - 14（300 lb/A，2003 - 07 - 18）

农药/作物/田间试验编号：acar/木瓜/08270.03 - HI02

施药记录（一页记录对应一次药品定量/施用情况）		
施药日期： 2003 - 06 - 25	施药输出量校准/检查 日期：2003 - 06 - 25	施药间隔天数： NA[1]
施药设备类型：背包式分散喷雾器		加压方式：CO_2
施用方式：叶部直达		
喷嘴/出口数量：1	喷嘴间距（英寸）：NA	滤网孔径：无
喷嘴宽度/类型/尺寸：无喷嘴		喷洒作用宽度：NA
施药区域：924ft^2	药剂送达率[2]：102.87 GPA	
试验物：Acarmite® 50WP		批次/标签编号： HC1G15P074

桶混编号：施药编号02♯[3]
载体（水）：9 594mL
配方产品：11.54g
添加成分（助剂）：12.0mL
最终混合体积：9 606mL

	原方法施用率 Ib ai/A	实际施用率[4] Ib ai/A
施药编号02♯	0.5	0.52（1.03X）
植株生长阶段：挂果期		植株高度：12～14ft
风速及风向：0～5 mph/东南风		气温：82 °F
施药后首次降雨：	日期：2003 - 06 - 26	降雨量，英寸：0.04
首次降雨距施药的时间，d 或 h：21.67h		
施药后首次降雨：	日期：NA	灌溉量，英寸：NA
灌溉方式：无	首次灌溉距施药的时间，d 或 h：NA	
是否有植物药害产生？有__无 X 不记录__		
植物药害严重性（或症状）的描述：NA		

[1] NA＝暂缺。

[2] 每英亩中1加仑水输送的药剂量，该量由研究主管基于实际施用数据决定。

[3] 注意：施药编号01♯为空白对照。

[4] 基于喷雾器输出量和通过时间，括号中数值为实际施用率除以原方法施用率。

田间数据总结

农药/作物/田间试验编号：acar/木瓜/08270.03 - HI02

施药记录（一页记录对应一次药品定量/施用情况）		
施药（2次）日期： 2003 - 07 - 17	施药输出量校准/检查 日期：2003 - 07 - 17	施药间隔天数：22d
施药设备类型：背包式分散喷雾器		加压方式：无
施用方式：叶部直达		
喷嘴/出口数量：1	喷嘴间距，英寸：NA	滤网孔径：无
喷嘴宽度/类型/尺寸：无喷嘴		喷洒作用宽度：NA
施药区域：924ft²	药剂送达率²：103.14 GPA	
试验物：Acarmite®50WP		批次/标签编号： HC1G15P074

桶混编号：施药编号02♯³
载体（水）：9 594mL
配方产品：11.54 g
添加成分（助剂）：12.0mL
最终混合体积：9 606mL

	原方法施用率 Ib ai/A	实际施用率⁴ Ib ai/A
施药编号02♯	0.5	0.52（1.03X）

植株生长阶段：挂果期		植株高度：12～14ft
风速及风向：0～5 mph/东南风		气温：85 ℉
施药后首次降雨：	日期：NA	降雨量，英寸：NA
首次降雨距施药的时间，d 或 h：NA		
施药后首次灌溉：	日期：NA	灌溉量，英寸：NA
灌溉方式：无	首次灌溉距施药的时间，d 或 h：NA	
是否有植物药害产生？有__无X不记录__		
植物药害严重性（或症状）的描述：NA		

¹ NA＝暂缺。
² 每英亩中1加仑水输送的药剂量，该量由研究主管基于实际施用数据决定。
³ 注意：施药编号01♯为空白对照。
⁴ 基于喷雾器输出量和通过时间，括号中数值为实际施用率除以原方法施用率。

田间数据总结

农药/作物/田间试验编号：acar/木瓜/08270.03 - HI02

样品采集与储藏（一页记录对应一次药品定量/施用情况）

收获日期：2003 - 07 - 18	采样日期：2003 - 07 - 18	PHI：1d

收获时植株生长阶段/部分说明：绿色成熟至半数木瓜都熟透。

收获设备：手套。

收获步骤：TRT 01 随后 TRT 02。样品（水果）采自不同区域，共计 12 棵果树。避免在每行末端的果树上采样。至少采集 12 个木瓜样品，总重至少为 4 磅。

收获后处理（如，剪、洗、切、干燥、混合）：切割果子留取 1/2 大小以减少样品重量。

"田间至储藏"过程（或田间至运输）样品的保存和运输：样品应装袋后放入冰箱中保存。

样品收集到冰冻储存的最长时间：5h

储藏温度范围（运输前）：约 -27 ~ -13 ℉

运输：深度冷冻（干冰包装）X_____　保鲜（干冰包装）_____保鲜（非干冰包装）_____

承运商：Airborne Express	运输日期：2003 - 07 - 21

天气情况：该田间试验期间有无异常天气发生？有__无 X

异常天气说明：未说明。

练习 6.1 happyplant（F64）残留的定义

任务：

1. 在食物和种子类别中，通过考虑 F64 在山羊和春小麦介质上的相关降解原理，归纳降解途径并选择相应的降解产物；同理，对于 F64 在山羊体内的降解产物 F64M1 的降解途径（和降解产物等）也需要归纳。

2. 关注在脂肪和组织以及牛奶和奶油中的残留浓度，以便用于研究目标农药在脂肪中的溶解性。

3. 基于主要残留成分及其可行的分析方法，用以拟定对应植物和动物类产品的残留定义，其目的是用于监测和风险评估。

练习 6.2 残留总值（暨残留定义及残留数值舍入）的表达

以大米的监测试验结果为例：

乙酰甲胺磷	甲胺磷	总值 1	总值 2
0.036	<0.05		
0.065	<0.01		
0.69	0.38		
0.09	0.05		
0.04	0.021		
0.1	0.046		
0.042	<0.025		
<0.025	<0.025		

1. 通过估计最大残留量、残留中值（STMR）、残留高值（HR）阐述评价结果。

2. 计算残留总值，以乙酰甲胺磷为例：

2.1 长效风险评估：

每日摄入量（ADI）：乙酰甲胺磷 0.03 mg/（kg·d）（体重）；甲胺磷：0.004 mg/（kg·d）（体重）

总值 1＝乙酰甲胺磷 mg/kg＋7.5* 甲胺磷 mg/kg

2.2 短效风险评估：

急性参考剂量（ARfD）：乙酰甲胺磷 0.1 mg/（kg·d）（体重）；甲胺磷：0.01 mg（kg·d）（体重）

总值 2＝乙酰甲胺磷 mg/kg＋10* 甲胺磷 mg/kg

需要注意的是，计算系数 7.5 和 10 是由乙酰甲胺磷和甲胺磷的 ADI 和 ARfD 比例推导得出。

3. 阐述长效和短效残留摄入量的计算过程。

4. 分别计算乙酰甲胺磷和甲胺磷的残留中值，并最终得出总值 1 和总值 2 的残留数值。

练习 7.1　良好农业操作规范信息概述

参考第 7 章。

1. GAP 信息概要

GAP 练习——概述

2. 目的

- 本练习的目的在于阐明登记标签对于使用的指导意义，并将标签给予的信息用于农药残留田间试验评价中系统概述。
- 系统的 GAP 信息与规范残留试验的条件做比较。

3. 检查每个标签上的信息

- 剂型
- 有效成分浓度
- 使用作物
- 施用剂量
- 施药浓度
- 施药次数
- 施药间隔期
- 安全间隔期

4. 计算

- 有效成分用量
- 有效成分施药浓度

5. 补充说明

- 施药时作物的生长阶段
- 喂饲时间
- 喷洒体积

- 作物组中的作物列表

6. 标签

下面的练习是模拟真正的标签，只是使用了假设的产品和有效成分。

参考的标签（或英文翻译）来源于：澳大利亚、法国、西班牙、比利时、德国、瑞士、巴西、意大利、英国、中美洲国家、波兰和美国。

7. 练习

- 按照标签将有关信息填入到 GAP 表格中
- 最后提出：问题？疑难问题？明显缺失的数据？

需要注意的问题

下面的作物将会出现在很多标签中(3 个或者更多)：苹果、香蕉、花椰菜、抱子甘蓝、甘蓝、胡萝卜、花椰菜、芹菜、黄瓜、葡萄、桃、梨、马铃薯、甜菜、番茄、小麦。

将练习所需要的时间与 GAP 信息概要的作物数量相匹配。

附加信息

在一部分标签中，将某些国家假设的农药命名为 happychloronid。

使用工作薄来协助从标签中提炼 GAP 信息来完成练习。

本练习缩写和缩略词

BBCH	作物生长阶段编码
CAS	美国化学文摘服务社
EC	乳油
FS	种子处理的悬浮剂
GAP	良好农业操作规范
GS	生长阶段
LV	小体积
PHI	安全间隔期
SC	悬浮剂
WG	水分散粒剂

警告

避免存放在儿童可触摸的地方

使用之前请认真阅读使用指南

澳大利亚

FAORONIC EC

叶面喷洒的杀菌剂

可防治番茄的轮斑病，胡萝卜的叶枯病，香蕉的叶斑病以及澳大利亚坚果的果斑病

有效成分 250 g/L happychloronid

使用指南

限制：

每个生长季使用不能超过 6 次；施药后 2h 之内有降雨试验将无效。

作物	防治病害	每公顷使用剂量	安全间隔期	特别注意：
香蕉	黄叶斑病、黑叶斑病	地面喷施：400mL制剂+3L 水溶性油，加入适当的水 空中喷施：400mL制剂+3L 水溶性油，加入最少 30L 水	1d 1d	只在昆士兰，新南威尔士，NT 的使用。
胡萝卜	叶枯病	300mL 或者 500mL	7d	在所有州都可以使用。以 300mL 使用时，施药时间隔 7d；以 500mL 使用时施药间隔 10d 或 14d。
澳大利亚坚果	果斑病	50mL/100L 水	—	只在昆士兰，新南威尔士，NT 的使用。在结果初期开始使用，以 3～4 周的时间间隔使用至 12 月底。
马铃薯	轮斑病、早枯病	300mL 或者 500mL	7d	以 300mL 使用时施药间隔 7d，以 500mL 使用时施药间隔 10d 或 14d。
番茄	轮斑病	300mL 或者 500mL	3d	在所有州都可以使用。以 300mL 使用时施药间隔 7d；以 500mL 使用时施药间隔 10d。

安全采收期

香蕉：施药后 1d 内不允许采收。

马铃薯、胡萝卜：施药后 7d 内不允许采收。

番茄：施药后 3d 内不允许采收。

澳大利亚坚果：按照说明用药不用注意间隔期问题。

警告

避免放在儿童可触摸的地方

使用之前请认真阅读使用指南

澳大利亚

Fuligocide　FS

杀菌剂（种子处理）

防治或抑制大麦和小麦苗病

有效成分 120 g/L happychloronid

使用指南

作物	防治范围	每 100kg 种子使用剂量（mL）	特别注意
大麦	坚黑穗病	100	播种前用水稀释药剂，并将完好的种子完全浸于药液中。在有过丝核菌根腐病发生并使用少耕法的农场防治时需注意：使用最高剂量（每 100kg 种子用 280mL 药剂）。
大麦	散黑穗病、网斑病、腐霉根腐病	120	
大麦	丝核菌根腐病	280	
小麦	腥黑穗病、秆黑粉病	100	
小麦	散黑穗病、腐霉根腐病	120	
小麦	丝核菌根腐病	280	

使用

请使用标准的拌种设备以使种子均匀浸泡。为达到最佳效果，应选择高生命力的完好种子。

安全采收期

大麦和小麦

收获：按照说明用药不用注意间隔期问题

牧草用：禁止在播种后 6 周内放牧或采收作物做储备

警告

避免放在儿童可触摸的地方

使用之前请认真阅读使用指南

澳大利亚

Mucidicide 100 WG

叶面喷施的杀菌剂

有效成分 100g/kg happychloronid

使用指南

每个生长季使用不能超过 6 次。

施用后 2h 之内有降雨将失效。

作物	防治范围	使用剂量	特别注意
苹果、梨	苹果和梨赤霉病	35g 单独稀释使用，或 25g＋100L 中加入登记的赤霉病杀菌剂保护剂的最高剂量	登记在抽芽阶段使用。 从抽蕾时期开始使用 MUCIDICIDE 100 WG，7～10d 重复使用一次，直到花瓣脱落完全。可单独使用高剂量（35g）或者使用低剂量（25g）与赤霉病杀菌剂保护剂同时使用。 单独使用时不要超过 4 次，之后，与赤霉病杀菌剂保护剂混合使用。参照下面的指南 花瓣脱落后，MUCIDICIDE 100 WG 与赤霉病杀菌剂保护剂混合使用。
		25g＋100L 中加入登记的赤霉病杀菌剂保护剂的最高剂量	花瓣脱落之前，使用 MUCIDICIDE 100 WG 和登记的赤霉病杀菌剂保护剂一起使用，按天气情况和病害发生需要间隔 14～21d 使用。

安全采收期

果树和梨树：使用后 4 周内不允许采收。

FAORONIC

登记证号

可以用于苹果树、梨树、胡萝卜、甜菜、西兰花、甘蓝、花椰菜、大白菜、番木瓜、芦笋、葡萄、芹菜、观赏植物。

有效成分：250g/L happychloronid

剂型：乳油

使用指南

苹果树和梨树

防治白粉病和赤霉病。

病害发生初期开始每 10d 喷施一次。

使用剂量：$100mL/hm^2$（标准果园 $150mL/hm^2$）可以与传统的具有触杀作用的杀菌剂混用，如：克菌丹或二硫代氨基甲酸盐，以防止形成抗药性。

胡萝卜

防治白粉病和叶枯病。病害发生初期使用，最多使用 3 次，剂量：$0.5L/hm^2$。

芦笋

防治锈病。收获后施药，剂量：$0.5L/hm^2$。

花椰菜、西兰花、甘蓝和抱子甘蓝

防治赤霉病。病害发生初期开始使用，每季最多使用 2 次，剂量：$0.5L/hm^2$。

大白菜、番木瓜

防治叶斑病。病害发生初期开始使用，使用 1～2 次，间隔期：14d，剂量：$0.5L/hm^2$。

芹菜

防治晚疫病。使用 1～3 次，间隔期：14d，剂量：$0.5L/hm^2$。

甜菜

防治白粉病、锈病和叶斑病。病害发生初期使用，剂量：$0.5 L/hm^2$。

葡萄

防治白粉病和黑腐病，有传染危险的时候施用。剂量：0.12L/hm²。

安全间隔期（最后一次施药与采收之间的间隔）

苹果、梨、胡萝卜、花椰菜、西兰花、大白菜、番木瓜、芹菜：14d。

甜菜、甘蓝（红、白、卷心或者是散叶）和抱子甘蓝：21d。

巴西

FAORONIC®

组成：

有效成分：25% w/v HAPPYCHLORONID

助剂：75% w/v

分类：内吸性杀菌剂

剂型：乳油

```
生产批号：
生产日期：
有效期：
```

使用指南

FAORONIC 是用于以下作物病害防治的内吸性杀菌剂。

作物	病害	使用剂量	使用时期和次数
苹果	苹果赤霉病和白粉病	14mL 对 100L 水	果树刚抽芽时开始使用，病害再次发生时再使用。每年最多使用 FAORONIC 8 次
鳄梨	赤霉病、炭疽病	20mL 对 100L 水	开花时开始使用，当果实直径 5cm 左右时再次使用，间隔期 14d，每年最多使用 FAORONIC 4 次
香蕉	香蕉叶斑病（黄）	$0.2L/hm^2$	FAORONIC 可以按照推荐剂量随时使用，防治香蕉叶斑病（黄）间隔期 30d，防治香蕉叶斑病（黑）间隔期 14～21d，每年最多使用 FAORONIC 5 次
	香蕉叶斑病（黑）	$0.4L/hm^2$	
豆类	锈病	$0.3L/hm^2$	病害发生初期开始使用，每 14～15d 重复使用一次，每季最多使用 FAORONIC 3 次
胡萝卜	叶枯病	$0.60L/hm^2$	病害发生初期立即使用，每 7d 重复使用一次，每季最多使用 FAORONIC 8 次
花椰菜	链格孢属	20mL 对 100L 水	病害发生初期开始使用，每 7d 重复使用一次，每季最多使用 FAORONIC 5 次
黄瓜	白粉病	10mL 对 100L 水	病害发生初期开始使用，每 10d 重复使用一次，每季最多使用 FAORONIC 5 次
茄子	枯萎病	30mL 对 100L 水	病害发生初期开始使用。当天气条件适合病害发生时每 7d 重复使用一次，每季最多使用 FAORONIC 6 次
蒜	紫斑病	$0.5L/hm^2$	病害发生初期开始使用。当天气条件适合病害发生时每 7d 重复使用一次，每季最多使用 FAORONIC 6 次

（续）

作物	病害	使用剂量	使用时期和次数
葡萄	炭疽病	8mL 对 100L 水	病害发生初期开始使用。当天气条件适合病害发生时每 14d 重复使用一次，每季最多使用 FAORONIC 6 次
	白粉病	12mL 对 100L 水	
	叶枯病	12mL 对 100L 水	
芒果	白粉病	20mL 对 100L 水	病害发生初期开始使用。每 14d 重复使用一次直到长出小果实，每年最多使用 FAORONIC 3 次
	炭疽病	50mL 对 100L 水	
番木瓜	黑斑病	30mL 对 100L 水	当有果实长出的时候开始使用，每 7～10d 重复使用一次直到长出小果实，每年最多使用 FAORONIC 4 次
马铃薯	早枯萎病、黑斑病	$0.3L/hm^2$	病害有征兆时开始使用，再发时重复使用，最多使用 4 次
水稻	褐斑病	$0.3L/hm^2$	病害发生时立即使用一次
草莓	苔藓褐斑病	40mL 对 100L 水	病害发生初期开始使用，间隔 14d 使用一次，每季最多使用 6 次
西葫芦	白粉病	14mL 对 100L 水	病害有征兆时开始使用，间隔 10d 使用一次，每季最多使用 4 次
番茄	黑斑病	50mL 对 100L 水	病害有征兆时开始使用，间隔 7d 使用一次，每季最多使用 3 次

地面喷施时推荐的喷洒体积

体积，L/hm^2	作　　物
100～200	豆、水稻、草莓
200～400	胡萝卜、菜花、茄子、蒜
200～800	黄瓜、葡萄、番木瓜、番茄（藤）
500～1 000	鳄梨、香蕉、芒果
800～1 500	苹果

飞机喷洒的参数

空中喷洒 FAORONIC 到水稻和香蕉上时需使用最小体积：

喷洒体积≥香蕉 $15L/hm^2$

飞行高度≥目标物上空 2～4m

在喷洒到香蕉上时，更有效的方式是使用矿物油作为分散介质。

FAORONIC 的推荐剂量＋5L 矿物油＋220mL 表面活性剂，最后用水稀释至 15L。

不要将 FAORONIC 与石油混合。

安全间隔期（最后一次施药到采收间隔的天数）

黄瓜：1d

茄子、西葫芦：3d

苹果：5d

香蕉、芒果、马铃薯、草莓：7d

鳄梨、菜花、蒜、番木瓜、番茄：14d

胡萝卜：15d

葡萄：21d

豆：25d

水稻：45d

中美洲国家

MUCIDICIDE® 25 EC

内吸杀菌剂 HAPPYCHLORONID

密度：1.01g/cm³ （25℃）

溶剂：松油

产品特征：MUCIDICIDE® 25EC 是用于防治香蕉叶部病害的内吸性杀菌剂。

防治病害

香蕉黑叶斑病、香蕉黄叶斑病。

推荐剂量

每次 0.4L/hm² （每公顷 100g 有效成分）。

施药时期和间隔

在雨季或病虫害集中发生期可以增加 MUCIDICIDE® 25EC 的使用，在雨季初期施用最佳。

使用间隔 15～20d，每季可使用 8 次。

安全间隔期

没有严格规定。

两次施药间隔期

没有严格规定。

作物耐药性

按照推荐剂量使用时，所有作物都可以耐受。

设备

MUCIDICIDE® 25EC 可以使用固定翼飞机或直升机喷嘴喷洒，为了得到良好一致的沉积量，之前要将飞机校准，包括：前进速度、有效宽度和流量。

药品喷施后使用清水彻底清洗喷洒和保护装置，过滤器、密封手套和帽子同样要清洗。

瑞士

FAORONIC®

防治谷物叶部和抽穗病害以及糖用甜菜叶部病害的杀菌剂。

有效成分：23.7％ happychloronid

剂型：乳油

防治范围

小麦：白粉病、褐锈病、黄锈病、叶枯病、叶部和穗部的赤霉病

黑麦：褐锈病

糖用甜菜：尾孢菌叶斑病、白粉病、锈病

使用指南

应用剂量和使用时期

小麦：$0.5L/hm^2$，BBCH 代码 31 - 61 的生长阶段，只能使用一次。

白粉病：下面 3 叶片当有 30％感染病害时开始施药。

褐锈病：不敏感品种上部 3 叶片有 20％以上感染病害；敏感品种病害发生初期

黄锈病：病害发生初期

叶斑病和穗斑病：黑麦用 $0.5L/hm^2$，在生长阶段 BBCH 39～61 只能使用一次；糖用甜菜用 $0.4L/hm^2$，病害发生初期只能使用一次，如果病害发生严重，再重复使用一次。

瑞士

MUCIDICIDE®

用来防治油菜菌核病和茎点霉属菌引起的向日葵病害的高效杀菌剂

活性成分：62.5g/L happychloronid

剂型：悬浮剂（SC）

作用机理

Happychloronid 是一种具有局部内吸作用的活性成分。

MUCIDICIDE 可用作预防性杀菌剂阻止真菌的渗透，或用作治疗性杀菌剂阻止真菌的发育。

使用指南

油菜：2L/hm² 防治菌核病，在初花期与盛花期之间施药一次。

向日葵：2L/hm² 防治茎点霉病，在第一个花序出现时施药一次。

德国

FAORONIC®

剂型简介：含有 250g/L（24.4％以重量计）Happychloronid 乳油

正确使用信息

安全间隔期

黄瓜：3d

胡萝卜、甘蓝、皱叶甘蓝、抱子甘蓝、花椰菜、西兰花、鳞茎类蔬菜：21d

甜菜、叶用芜菁：28d。

抱子甘蓝 白粉病	侵染发生时施药，最多施药 3 次，施药间隔期 14～21d
鳞茎类蔬菜 叶斑病、紫斑病	0.4L/hm² 对水 400～600L/hm² 侵染发生时施药，最多施药 3 次，施药间隔期 7～14d
胡萝卜 叶枯病、黑腐病、白粉病、叶斑病	侵染发生时施药，最多施药 3 次，施药间隔期 14～21d
花椰菜/青花菜 叶暗黑斑病、茎溃疡病、轮纹病	侵染发生时施药，最多施药 3 次，施药间隔期 14～21d
黄瓜（温室） 白粉病、真菌性叶斑病	植株高度低于 120cm：0.4～0.6L/hm² 植株高度高于 120cm：0.8L/hm² 侵染发生时施药，最多施药 3 次，施药间隔期 5～14d
黄瓜（大田） 白粉病、真菌性叶斑病	0.4L/hm² 侵染发生时施药，最多施药 3 次，施药间隔期 5～14d
甘蓝、皱叶甘蓝、抱子甘蓝 叶暗斑病、茎溃疡病	0.4L/hm² 侵染发生时施药，最多施药 3 次，施药间隔期 14～21d
糖用甜菜、饲用萝卜 白粉病	0.4L/hm² 侵染发生时施药，最多施药 2 次。

抗药性管理

当重复使用一种或几种来自同一抗性管理组的农药品种时，可能会导致药效的降低。为避免抗药性的发生，在使用某一农药品种时，应和其他抗性管理组的农药进行交替使用。如果出现药效早失，除了按照推荐方式施用 FAORONIC 外，建议使用来自不同抗性管理组的农药进行进一步处理。

FAORONIC 25 EC　杀菌剂

叶面用内吸性杀菌剂，剂型为乳油（EC），用来防治园艺及观赏作物、马铃薯、果树、橄榄树及甜菜上的锈病、链格孢属真菌病害、赤霉病及疫病。

成分：25%w/v. Happychloronid（250g/L）

聚乙二醇

生产日期/批次：

特性

FAORONIC 25 EC 是一种具有预防和治疗作用的内吸性杀菌剂。活性物质 happychloronid 具有局部内吸作用。

授权施用，使用剂量及指导

仅限常规叶面喷雾。推荐作为保护性杀菌剂使用，或者在病害发生初期施药。

蒜（防治锈病、链格孢属真菌病害）：500mL/hm²，施药 3～4 次，施药间隔期为 7～14d。

芹菜（防治斑枯病）：300～500mL/hm²，施药 4 次，施药间隔期 7～14d。

芦笋（防治锈病和链格孢属真菌病害）：500mL/hm²，施药 3 次，施药间隔期 14～21d。

生菜（防治链格孢属真菌病害）：500mL/hm²，施药 3 次，施药间隔期 10～14d。

苹果树及梨树（防治赤霉病）：20mL 对 100L 水，施药 3～5 次，从花蕾膨胀至果实直径为 1cm 期间，施药间隔期 7～10d，该生长时期过后，施药间隔期为 12～18d；（防治锈病和链格孢属真菌病害）20mL 对 100L 水，若应用于成年果树上的混剂体积小于 1 500L/hm²，该产品施药剂量为 300mL/hm² 施药 3～5 次，施药间隔期 14d。

枇杷（防治赤霉病）：10～20mL/hm^2 水，施药 5 次，施药间隔期 14～21d。

橄榄（防治疫病）：60mL/hm^2 水，若产品单独使用，用药量 10～20mL/hm^2 水，如果产品与 CUPROCOL（150～175mL/hm^2 水）混用，则施药次数 1～2 次，施药间隔期 14～21d（春天除外）。

马铃薯（防治链格孢属真菌病害）：800mL/hm^2，施药 3～4 次，施药间隔期 12d。

甜菜（防治褐斑病）：300～500mL/hm^2，施药 1～3 次，施药间隔期 3～4 周。

番茄（防治链格孢属真菌病害）：50～64mL 对 100L 水（广泛施用于番茄上，施药剂量 500～800mL/hm^2），施药次数 2～4 次，施药间隔期 7～10d。

安全间隔期

番茄 7d；芹菜、结籽果树、生菜及芦笋 14d；其他作物 30d。

法国

FAORONIC®

广谱性杀菌剂

藤蔓植物：防治白粉病和黑腐病

苹果树及梨树：防治赤霉病

桃树、杏树：防治白粉病

生长期蔬菜：防治早疫病、白粉病和锈病

250g/L happychloronid，乳油

作物及病害	剂量	施药时间及频率	安全间隔期
藤蔓植物：白粉病和黑腐病	0.12L/hm²	每2周作为保护性措施施药一次。每年施药不超过3次	
苹果树、梨树、榅桲、日本梨树：赤霉病	0.015L/hL	每10d施药一次。每年施药不超过3次	30d
桃树、杏树：白粉病	0.02L/hL	每12～14d作为保护性措施施药一次。每年施药不超过3次	14d
胡萝卜：白粉病、早疫病	0.5L/hm²	每年施药不超过3次	14d
甘蓝、抱子甘蓝：早疫病	0.5L/hm²	每年施药不超过3次	21d
花椰菜：早疫病	0.5L/hm²	每年施药不超过3次	14d
番茄：早疫病、果腐病	0.5L/hm²	每年施药不超过3次	20d
茎芹菜：叶斑病	0.5L/hm²	每年施药不超过3次	14d

苹果树、梨树、榅桲树及日本梨树

避免每两行果树施药一行。

剂量：0.015L/hL

如果每公顷的施药体积小于1 000L，FAORONIC的施药剂量应为0.15L/hm²。

桃树、杏树

FAORONIC应从果实直径为7～8mm至果核变硬期间施药2～3次，施药间隔期12～14d。

对于桃树：推荐施药2次：

——20%白色或粉色花蕾时

——20%开花期

对于杏树，推荐施药 3 次：

——D 时期（花冠可见期）

——盛花期

——谢花期，或第 2 次施药后 7d

如果每公顷的施药体积小于 1 000L，FAORONIC 的施药剂量应为 0.20L/hm²。

番茄

施药间隔期：通常为 14d

罐头用番茄上的早疫病和果腐病

第一次施药：开花后期。

第二次施药：果实第一次成熟期。

第三次施药：第二次施药后 10d。如果果实收获率超过 85%，则本次施药为最后一次施药。

第四次施药：第二次施药后 10d。如果果实收获率超过 99%。

所有施用过 FAORONIC 的供应至工厂的番茄，在加工之前必须清洗。

胡萝卜

施药时期及频率：当第一次农业病虫害预警发生时，施用 FAORO-NIC 作为保护性措施。

花椰菜

施药时期及频率：当第一次农业病虫害预警发生时，施用 FAORO-NIC 作为保护性措施。春季及夏季花椰菜，每 14d 重复施药。秋季及冬季花椰菜，每 2～4 周重复施药。

意大利

FAORONIC® 25EC

乳油

成分

　　每 100g 产品含有：

　　23.9g（250g/L）纯 happychloronid 及助剂

特性

　　FAORONIC 25EC 是一种有效成分为 happychloronid 的杀菌剂，具有较长持效期和治疗作用。

使用剂量及说明

作物	病原菌	剂量	使用说明
甜菜	甜菜褐斑病菌	$0.3L/hm^2$	最多施用 3 次，施药间隔期 14～21d
苹果、梨	赤霉病、白粉病，建议与一个药效更好的杀菌剂混用	15mL/hL	最多施药 4 次
马铃薯、芹菜、胡萝卜、花椰菜	锈病、白粉病	$0.4～0.5L/hm^2$	保护性施药 3～4 次，根据药害严重程度施药间隔期 7～14d
番茄	锈病、白粉病	$0.4～0.5L/hm^2$	保护性施药 3～4 次，根据药害严重程度施药间隔期 7～14d
黄瓜	白粉病	$0.5L/hm^2$	保护性施药 3～4 次，根据药害严重程度施药间隔期 10～14d
桃	疱	20～30mL/hL	芽裂期施药 2～3 次
	念珠菌		收获前施药 1～2 次

　　当使用小体积设备施药时，应保证每公顷施用剂量与常规体积设备施药相同，且药剂喷施要均匀。

　　注意：当与其他剂型混用时，应采用最长采收间隔期。施药时施药者应对毒性较大的产品采取保护性措施。一旦出现中毒现象，及时告知医生混剂的组成成分。

　　对于甜菜和芹菜，收获前 21d 停止施药；对于苹果、梨、马铃薯和花椰菜，收获前 14d 停止施药；其他作物，收获前 7d 停止施药。

　　禁止飞机施药。

波兰

FAORONIC 250 EC

用于防治果园及观赏性植物病害的杀菌剂，乳油。

活性物质组成：

Happychloronid：250g/L。

应用范围、时期及用量

果园

苹果、梨：

推荐剂量：200mL/hm²

侵染后 120h 施药。为去除痂斑病害，建议施用 FAORONIC 250 EC 2 次，施药间隔期 5d。若从粉色花蕾期开始施药，则施药次数不超过2～3 次。

苹果：

推荐剂量：200mL/hm²

从粉色花蕾期开始，每 7～14d 施药一次，期间施药次数不超过 2～3 次。

安全间隔期（最后一次施药至作物收获的时间间隔）：苹果、梨为 14d。

UK

Faoronic

含有 250g/L （24.2‰w/w） happychloronid 的乳油

具有触杀和内吸活性的杀菌剂，用来防治小麦、油菜、抱子甘蓝、甘蓝、西兰花和花椰菜上多种病害的杀菌剂。

阴凉干燥处保存。

生产批次：_____

作物	最大施药剂量，L/hm²	最大总剂量，L/hm²	最后施药时期
小麦	0.3	0.3	灌浆期前
油菜	0.5	1.0	开花后期
抱子甘蓝	0.3	0.9	收获前 21d
甘蓝	0.3	0.9	收获前 21d
西兰花	0.3	0.9	收获前 21d
花椰菜	0.3	0.9	收获前 21d

对西兰花和花椰菜，施药间隔期最少为 14d。

作物具体信息

冬小麦

Faoronic 可以在麦穗完全出现至灌浆期（GS 59‐71）随时施用。每种作物只能施药一次。

油菜

为防治叶斑病，自初秋以 0.25L/hm² 施药 2 次。

为有效防治豆荚赤霉病，在花期以 0.5h/hm² 喷药。

抱子甘蓝、甘蓝、花椰菜及西兰花

推荐在病害出现后立即施药 3 次，施药间隔期 14～21d。对于花椰菜和西兰花，最小施药间隔期为 14d。

喷洒体积

小麦：200L/hm²。

油菜：200L/hm²。

抱子甘蓝、甘蓝、西兰花及花椰菜：400L/hm²

美国

Mucidicide WG

杀菌剂

园艺作物用

有效成分：20% happychloronid

使用指南

作物	MUCIDICIDE WG 剂量每公顷	每公顷最小加仑数	每季喷药次数	安全间隔期 (PHI, d)
葫芦科蔬菜[1]	0.3～0.5 磅*	50	3	3
番茄[2] 果菜类[3]	0.6 磅	50	2	3
葡萄	0.75 磅	50	1	14
啤酒花	0.75～1.5 磅	50	1	14
仁果类[4]	0.75～1.0 磅	50	2	7
核果：油桃、桃、李、榆叶梅	0.75～1.0 磅	50	3	5

[1]　葫芦科蔬菜：包括佛手瓜、冬瓜、枸橼西瓜、黄瓜、可食性瓠瓜、小黄瓜、苦瓜、甜瓜（包括香瓜和蜜瓜）、南瓜、西葫芦、笋瓜和西瓜。

[2]　番茄：仅应用在生产成熟时直径超过 1 英寸*的品种。

[3]　果菜类：包括茄子、樱桃、茄瓜；辣椒（柿子椒、辣椒、西班牙甘椒、甜椒）黏果酸浆、番茄。

[4]　梨果类：包括苹果、海棠、梨、榲柏、枇杷、夏花山楂、东方梨。

---

*　磅、英寸均为非法定计量单位，该书为译著且为示例，故不作修改，1 磅＝0.053 6kg。1 英寸＝2.5cm。——编者注

工作表

GAP 总结列表——happychloronid 叶面喷雾

国家	作物	剂型及浓度		最大施药剂量或喷药浓度	最大施药量，kg/hm² （有效成分）	喷药浓度，kg/hL （有效成分）	施药次数	施药间隔期，d	PHI, d
澳大利亚	苹果	WG	100g/kg	35g/hL	—	0.0035	6	7～10[1] 14～21[2]	28
澳大利亚	香蕉	EC	250g/L	400mL/hm²	0.10	—	6		1

[1] 落花前
[2] 落花后

GAP 总结列表——happychloronid 种子处理

作物	国家	剂型及浓度		每 100kg 种子最大产品用量	每 100kg 种子最大用药量 g （有效成分）	使用指导及备注

练习 7.2 相邻试验评估

4 个符合叶面 GAP 条件的相邻田间试验用来提供 WG 和 SL 的数据。重复样本的残留量结果如下：

	SL，mg/kg	WG，mg/kg
西兰花	0.34，0.37	0.49，0.44
西兰花	0.01，0.01	0.02，0.02
西兰花	0.38，0.41	0.32，0.34
西兰花	0.02，0.04	0.03，0.02

任务：

1. 评估结果以确定：

（a）施用 WG 和 SL，不同剂型是否会导致不同残留水平。

（b）残留试验数据是否可被认为是与剂型独立的。

2. 选择适用于估计最大残留量的数据。

练习7.3　核果类水果中嘧菌酯残留量评估

在美国进行了核果类水果（樱桃、桃和李）上嘧菌酯叶面喷施的规范试验。

美国核果类水果上的 GAP 为 $0.28kg/hm^2$（有效部分），最大每季用量 $1.7kg/hm^2$（有效成分，施药6次，施药间隔期7～14d），PHI 0d。

在7个田间试验点的甜樱桃上根据 GAP 用量施药8次。嘧菌酯残留量，由大到小顺序为（n＝7）：0.20mg/kg、0.42mg/kg（2）、0.45mg/kg、0.50mg/kg、0.98mg/kg 和 1.0mg/kg。

在14个田间试验点的桃上根据 GAP 用量施药8次。嘧菌酯残留量，由大到小顺序为（n＝14）：0.28mg/kg、0.38mg/kg、0.41mg/kg、0.60mg/kg、0.64mg/kg、0.72mg/kg（2）、0.73mg/kg、0.74mg/kg、0.83mg/kg、0.84mg/kg、0.86mg/kg、0.89mg/kg、0.94mg/kg 和 1.4mg/kg。

在8个田间试验点的桃上根据 GAP 用量施药8次。嘧菌酯残留量，由大到小顺序为（n＝8）：0.02mg/kg、0.09mg/kg、0.24mg/kg（2）、0.25mg/kg、0.30mg/kg、0.37mg/kg 和 0.42mg/kg。

任务：

1. 根据"规范残留试验数据评估"的原则，评估最大残留量、STMR 和 HR，根据美国相应 GAP 评估残留试验结果。

2. 应用 Kruskal‑Wallis 方法来检验残留量数群是否具有统计学差异。

3. 根据樱桃、桃和李的估计最大残留水平、HR 和 STMR 确定是否推荐作物组 MRLs。

4. 提供估计值。

练习 7.4 核查三唑磷在水稻上规范试验报告的有效性

报告由国家政府提交，报告内容为由大学指导完成的试验。同时提交方法验证报告，但方法验证报告不包含于本练习中。

任务：

1. 检查报告内容，补充阐明必要信息。

2. 识别缺失与不明确的信息。

3. 决定报告是否满足基本要求，是否能被接受。

农药残留试验报告　A 部分　田间报告　第 1 页

1. 基本信息

1 年份	2008	3 公司 组织 姓名 地址	农药和环境学会 毒理学 Z 大学 XX XX
2 试验编号	200814/A-01-02		
4 人员 负责内容 （包括签名）		a. 田间设计　XY1 b. 应用　XY2 c. 采样　XY2 d. 分析　XY3	

2. 试验信息

5 有效成分 （通用名）	6 农药类别和农业 用途	7 商品名称或代码 （s）	8 配方		
			类别	浓度 （国际单位制）	Comm/ Exper'1
三唑磷	杀虫剂	—	乳油	200g/L	Comm

作物/产品		地点	
9 类型	水稻	12 国家/地区	
10 品种	松井 7 号	13 地点 地图编号 （包含具体地址）	Hx City, P1 Province
11 食品法典农产品分类	GC 0649		

14 虫害/病害	二化螟、三化螟

农药残留试验报告　A 部分　田间报告　第 2 页

3. 试验基本信息

	试验编号	200814/A-01-02
15 作物 例如，商业果园温室； 　　　　作物种植日期； 　　　　作物年龄； 　　　　保护行； 　　　　土壤类型	商业用地 保护行：4 行稻田 土壤类型：红色沙质土壤	

小区数据

16　小区尺寸 　　　（国际单位）	6m×5m	19 作物间隔	20cm×25cm
17　小区数 　　　每个处理 　　　（重复）	3	20 作物数 每个小区 （相关）	
18　对照小区数	3	21 行数 每个小区 （相关）	

22 前一年农药使用情况	—　　　　　　　　　—
23 　小区中其他农药的使用情况（频率和时间） 试验期间	
24 栽培处理 例如，灌溉 　　　施肥	灌溉：灌溉 施肥：化肥

25 天气条件总述 例如，温度（℃） 　　　降雨 　　　风 　　　光照 （附加可提供细节）	周一	最高 气温， ℃	最低 气温，℃	平均 气温， ℃	降雨， mm	降雨 天数， d
	7	32.5	18.2	24.4	92.9	11.0
	8	33.1	15.4	23.2	46.1	5.0
	9	20.1	8.5	14.1	44.8	6.0

农药残留试验报告 A 部分 田间报告 第 3 页

4. 施药数据

	试验编号	200814/A‑01‑02

26 方法/设备 施用类型 施药量	背负式喷雾器	
27 剂量	0.45kg/hm² （有效成分）	
28 稀释或施药浓度 （国际单位制）	0.075kg/hL	Spray volume 600L/hm²
29 施药次数	3	
30 施药日期	2008.8.6 2008.8.16 2008.8.26	
31 最后处理时的作物生长状况[1]	主要部分	

[1] 国际通行分类方法

5. 采样

32 对照与处理

33 作物采样部位	水稻籽粒	34 作物采样生长阶段	成熟
35 采样方法	随机采样 随机采样 2kg		
36 样品数 每个小区	1	38 样品重量与处理	从原始样品中取 800～1 000g 捣碎，称取 200g 进行分析
37 N 原始样品量	2kg		

39 日期					40 间隔，d					
采样	16/9	23/9		—	最后处理/采样	21	28		—	
冷冻	—	—		—	采样/冷冻	—	—		—	—
实验室接收	19/9	26/9		—	采样/实验室接收	3	3		—	—	—

农药残留试验报告 B 部分 分析报告

分析试验负责人 Mr. XX3

样品编号（请输入或用大写正楷体书写）

作物产品	水稻	样品编号	200814/A-01-02
样品所用农药	三唑磷		

样品处理（S）

实验室接收日期：19/9，26/9		分析日期：11/10，15/10
样品处理		从原始样品中取 800～1 000g 捣碎，称取 200g 进行分析
储藏方式与样品储藏条件（s）		冷冻—20℃
样品分析部位		水稻籽粒

分析

分析方法（或参考）和方法修改	• 称取 20.0g 捣碎的水稻籽粒样品置于 250mL 硼硅酸盐离心管中，每个样品设置 3 个重复 • 根据登记上的标签细节设置标签 • 加入 50mL 乙腈，匀浆 2min • 过滤到 100mL 具塞量筒 • 加入 5g NaCl 和 8g $MgSO_4$ 到量筒中 • 盖盖震荡 2min • 静置 20min 至溶液澄清 • 移取 25mL 上清液至 100mL 球形烧瓶中 • 在 40℃水浴下，蒸发浓缩至 1～2mL • 硅胶净化提取液
提取净化	硅胶吸附剂柱净化 • 5g 硅胶装柱 • 用 30mL 石油醚/乙酸乙酯 [1∶1 (V/V)] 活化硅胶，避免硅胶变干 • 弃去淋洗液 • 把 100mL 梨形烧瓶置于柱下方用于收集提取液 • 往柱子上样 • 用 40mL 石油醚/乙酸乙酯 [1∶1 (V/V)] 洗脱 • 氮吹洗脱液近干，用 1.0mL 丙酮定容 • 净化后提取液冷冻保存（<0℃），进气相色谱分析
检测方法和残留的表示	残留检测使用 GC-FPD（Agilent 6890 Series），HP-5 柱子，载体联苯基甲基硅，相比率 250（膜厚 0.25μm，内径 0.25mm & 长 30m），载气（氮气）流速 2.0mL/min，补充气（氮气）流速 50～60mL/min。进样体积 2μL。进样口温度 230℃，检测器温度 250℃。程序升温：80℃保持 1min，以 50℃/min 升到 180℃ 保持 1min，以 10℃/min 升到 240℃保持 7min。农药残留表示为 mg/kg
回收率	85.6%（0.05mg/kg），99.7%（1.0mg/kg）
检出限	0.01mg/kg

结果

剂量 间隔（处理到采样） 残留* （为使用回收率或对照进行纠正） 对照（包括标准偏差）	0.45kg/hm² （0.075kg/hL）（有效成分） 21d 和 28d 0.598mg/kg 和 0.513mg/kg 全部未检出

ND=未检出。

其他信息：例如，储藏条件下的残留稳定性：0.05mg/kg，20～60d，0.042～0.051mg/kg。

* 给出分析的平均值范围和数量。

练习 7.5 荔枝规范试验条件评估

介绍

规范实验是使用农药"acar"在美国完成的。主要活性代谢组分折算成母体化合物的量并以残留总量进行计算和报告。

美国 GAP 对其在热带水果上的应用总结如下。

作物	国家	制剂，g/L 或 g/kg（有效成分）	施　药				安全间隔期，d
			kg/hm²	用水量，L/hm²	kg/hL（有效成分）	序号	
热带水果[1]	美国	480 水悬浮剂/500 可湿性粉剂	0.40~0.56	468	0.09~0.12	1	1

[1] 番石榴、荔枝、木瓜、金星果、黑肉柿、芒果、人心果、蛋黄果、马梅、龙眼、蜜果、红毛丹、易变韶子、斐济果、嘉宝果、莲雾、杨桃、百香果、西印度草莓。

任务：

根据规范性试验结果进行评估和报告的摘要

- 确认试验条件（试验材料、试验系统、对 GAP 的参照、施药条件、采样与分析等）
- 独立试验辨别
- 以列表形式总结残留
- 选择合适的残留数据，作为 MRL 值制定的参考

荔枝上试验报告摘要

试验设计

本研究的目的是通过选择合适的试验田、依照施药参数进行田间试验，采集并分析田间施药处理与未施药处理的残留样品，向发起人提供残留化学数据，以支持农药产品许可使用。

美国 EPA OPPTS 860 系列指导推荐，在荔枝上进行一次残留试验。EPA 曾在佛罗里达州（EPA 地区 13）进行了 3 次本残留试验。

试验地信息

每个试验点需包含 1 个空白对照小区和一个处理小区。每个处理小区需包含 12 棵树。通过常见的栽培技术保证作物正常生长，同时需使用其他农药和肥料以保证农作物品质。试验地条件和使用方式数据列于表 1 和表 2 中。附录 1 中提供了其余的试验地信息。

表 1　试验地条件

试验编号（市、省）	试验起始年	土 壤 性 质			
		类型	%OM	pH	CEC（meq/100g）
04 - FL33（农场，FL）	2004	壤土	3～10	7.4～8.4	无记录
04 - FL34（农场，FL）	2004	壤土	3～10	7.4～8.4	无记录
04 - FL35（农场，FL）	2004	壤土	3～10	7.4～8.4	无记录

报告中需记录每个小区的温度、降雨日期。

表 2　施药方式研究

试验编号（市、省）	试验起始年	EP	施　药						
			方式/时间	GPA[2]	使用率，Ib/A（有效成分）	RTI[3]，d	总使用率，Ib/A（有效成分）	混合助剂	收获期 s[4]
04 - FL33（农场，FL）	2004	Acarmite® SOWS	直接叶面喷施/水果/收获前 21d	126.11	0.50	—		Ultra - Fine Oil	
			直接叶面喷施/水果/收获前 1d	127.54	0.51	20	1.01	Ultra - Fine Oil	—
04 - FL34（农场，FL）	2004	Acarmite® SOWS	直接叶面喷施/水果/收获前 2d	128.32	0.51	—		Ultra - Fine Oil	
			直接叶面喷施/水果/收获前 1d	127.11	0.51	21	1.02	Ultra - Fine Oil	—
04 - FL35（农场，FL）	2004	Acarmite® SOWS	直接叶面喷施/水果/收获前 22d	127.43	0.51	—		Ultra - Fine Oil	
			直接叶面喷施/水果/收获前 1d	128.42	0.51	21	1.02	Ultra - Fine Oil	—

样品采集及制备

为保证所采集样品的代表性和均匀性，在各田间试验的每个小区里，应于最后一次施药 1d 后采集 2 个成熟荔枝的平行样品。每份初始样品至少需6.75 磅，并在采集后的 35min 内冷冻储存。随后，均匀选择约 4.5 磅冷冻样品存放于另一塑封袋。缩分后的样本需冷冻储存，并通过联邦快递运送至位于加拿大安大略省的康普顿公司，进行样品的提取和分析。

样本送至实验室后需即刻划分独立样品编号，并在样品制备前于－28.9～－19.9℃范围内冷冻储存。样品于干冰中捣碎并混匀，之后继续冷冻储存直至样品分析。

分析方法

样品中acar及D3598多残留分析参照标准方法"荔枝中acar及D3598多残留检测"，无需改进即可应用于样品分析。该方法以Ricerca有限公司开发的"苹果及柑橘中D2341及D3598残留分析方法"为基础。分析总结报告中的附录5列出了标准方法的副本（见附录2）（此处未列出）。

均质荔枝样品用100mL 0.1%的乙酸乙腈提取2次。合并提取液后过滤，并用乙腈定容至250mL。50mL提取液用二氯甲烷和2%硫酸钠水溶液分配后，将二氯甲烷相旋蒸近干。残留经乙腈定容后用氨丙基柱净化。将洗脱液旋蒸近干，用洗脱溶剂（即高效液相色谱流动相，含有0.1%抗坏血酸）定容。样品静置至少2h后，用带有氧化库伦电化学检测器的反相高效液相色谱检测acar残留。向样品中加入抗坏血酸，使D3598转化为处于氧化状态的acar，以便检测。

各目标物分析方法的最小添加水平（LLMV）为0.01mg/kg。根据样品最小添加水平的回收率，计算得出acar的检出限和定量限分别为0.002mg/kg和0.005 9mg/kg，而D3598的检出限和定量限分别为0.001mg/kg和0.004 1mg/kg。

施药样本需在提取后的一天内进行分析。典型的分析方法参数包括标准校正曲线，空白样品、添加样品以及施药样品的分析。目标物的标准溶液需在－15～－10℃范围内储存。附录4列出了OECD对于分析参考标准的GLP认证证明（此处未列出）。

表1　水果、蔬菜中acar及其代谢物的分析方法参数总结

分析物	添加水平，mg/kg	测试样品数，n	回收率，%	平均回收率，%	RSD，%
荔枝					
acar	0.01	6	75.8[1]，76.0[1]，81.3[1]，102，117，110	93.8	20
	0.1	3	98.9，95.0，95.2	96.4	2.3
	1	3	92.1，91.7，92.6	92.2	0.44
	0.01～1	12	75.8～117	94	13

（续）

分析物	添加水平，mg/kg	测试样品数，n	回收率，%	平均回收率，%	RSD，%
荔枝					
acar 代谢物	0.01	6	83.6[1]，77.1[1]，89.1[1]，117.3，113.6，114.7	99.2	18
	0.1	3	84.2[1]，85.6[1]，83.2[1]	84.3	1.4
	1	3	77.31，80.21，77.11	78.2	2.2
	0.01～1	12	77.1～117.3	90.2	17
	0.1	3	70.1，70.3，74.1	71.5	3.1
	1	3	80.2，78.9，78.1	79.1	1.4
	0.01～1	9	70.1～92.9	79.7	10

[1] 用相应空白样本中检测出的目标物平均残留量校正后的回收率。

[2] 对于测定 acar 残留量的样品集（前 3 个样品中目标物浓度为 0.01mg/kg，0.5），空白样品中目标物平均残留量为 0.003mg/kg。由于此浓度小于 LOQ（0.01mg/kg）的一半，所有的回收率、平均回收率和 RSD 均未经校正。而测定 acar（后 3 个样品中目标物浓度为 0.01mg/kg）及 acar 代谢物（0.01、0.5）残留量的样品集，空白样品中目标物平均残留量为 0.006mg/kg。由于此浓度大于 LOQ（0.01mg/kg）的一半，所有的回收率、平均回收率和 RSD 均需通过空白样品中目标物残留量校正。

残留稳定性 试验对冷冻状态下荔枝样品中的 acar 及其代谢物残留的稳定性进行研究（GRL‑12272）。向非均质的空白荔枝样品中添加 0.1mg/kg 的 acar。添加样本于－27～－19.2℃温度下储存，并分别于 0、0.25、1、2、5、8 及 10 个月的储存间隔期时取样分析。分析不同间隔期样品时需同时进行空白样品中 acar 0.1mg/kg 浓度的添加回收试验，试验方法已于"分析方法"部分列出。荔枝中每种目标物的 LOQ 均为 0.01mg/kg。3 个实时添加样品需即刻进行分析。

表 2 荔枝样本中的 acar 残留在－27～－19.2℃冷冻储藏条件下的稳定性

添加浓度，mg/kg	储存间隔期，月	实时回收率[1]，%	储藏的添加样品中的残留量[2]，mg/kg	未经校正的平均残留量，%	经回收率校正后的残留量[3]，%
0.10	0	112	0.105，0.110，0.115	112	—
	0.25	101	0.061，0.067，0.071	67.2	67
	1	76.6	0.041，0.045，0.049	45.0	58.7
	2	88.9	0.069，0.069，0.218[4]	68.8	77.4
	5	68.6	0.041，0.042，0.047	43.9	64.0
	8	54.3	0.021，0.028，0.061	37.0	68.2
	10	79.9	0.047，0.052，0.060	54.6	68.4

[1] 2 个添加样品的平均回收率。

[2] 除了 0d 样品，其他所有间隔期样品的残留量均用具有显著残留量（0.01～0.06mg/kg）的空白样品校正。

[3] 用实时添加回收率校正。

[4] 结果显示，此样品残留量为异常值，可能是由于分析该样品时出现失误。因此，该数据不用于最后的平均残留量计算。

结果表明，样品储藏 1 周后其中的 acar 平均残留量（已用具有显著残留量的空白样品校正）明显低于 0d 时的残留量（t‐检验法，方法齐性检验）。储存试验部分的平均添加回收率和残留量测定结果显示了较高的变异性。acar 的消解于 1 周后明显变缓，经实时添加回收率（54%～79.9%）校正后的残留量约为 0d 残留量的 70%。

结果与讨论

荔枝田间试验的 3 个重复小区均位于佛罗里达州（北美自由贸易协定所划分的区域 13）。充足的重复小区数量使得田间试验能够顺利进行。荔枝种植于壤土，周边环境状态处于正常范围。各小区内，每次施药量约为 0.5 磅（有效成分/英亩*），共施药 2 次，总计约 1.0 磅（有效成分/英亩）。初次施药于坐果期；再次于 20d 或 21d 后施药。因此，可于最后一次施药 1d 后采集成熟荔枝果实。

方法确证部分已单独列出（见第 4 卷）。在该部分，分别向空白样本中添加 acar 及 D3598，添加水平为 0.01～1mg/kg。因此本节中，实时添加回收试验的添加水平也应为 0.01～1mg/kg。但由于田间施药样本中残留量 >1.0mg/kg，添加水平可设为 3mg/kg。样品中 acar 添加水平为 3mg/kg 时，添加回收率为 89.4%～104%，而 D3598 添加水平为 3mg/kg 时回收率为 74.7%～76.5%。

样品中 acar 在最小添加水平下的回收率为 75.8%～119%，平均回收率为 103%±17%（n=12）。所有 acar 添加样本的平均回收率为 89.4%±20.1%（n=34）。D3598 在最小添加水平下的回收率为 77.1%～118%，平均回收率为 107%±15.5%（n=12）。所有 D3598 添加样本的平均回收率为 94.9%±17.8%（n=22）。acar 的 LOD 及 LOQ 分别为 0.002mg/kg 及 0.005 9mg/kg，D3598 的 LOD 及 LOQ 分别为 0.001mg/kg 及 0.004 1mg/kg。附录 2 中列出了典型色谱图。每次检测样品的同时，配置含 6 个点的标准曲线；r^2 均≥0.999。

本试验中田间施药样品的最大储存间隔期为 302d。由于并未按照报告中规定的在采样后 30d 内完成样品分析，因此另外对样品在冷冻状态下的稳定性进行了研究。

样品中 acar 残留浓度范围为 1.545～2.594mg/kg（见表 3）。04‐FL34

---

*　英亩为非法定计量单位，1 英亩=4 046.86m²，该书为译著，不作换算。——编者注

小区中的样品被测出含有最大的残留量（2.553mg/kg 及 2.594mg/kg），因此认为平均最大残留量为 2.574mg/kg。

试验各细节已于田间试验总结部分列出。

美国于 2004 年进行了 500 可湿性粉剂在荔枝上的规范田间试验，残留结果见下表。

作物/种植位置，	施药条件（有效成分）					安全间隔期，d	残留，mg/kg		参考文献/小区编号
	kg/hm²	L/hm²	kg/hL	编号	RTI[1]				
美国 GAP：500 可湿性粉剂/480 悬浮剂，施药量（有效成分）为 0.40～0.56kg/hm²（0.09～0.12kg/hL），1 次施药，安全间隔期为 1d									
毛里求斯霍姆斯特德，佛罗里达州	0.56 0.57	1 188	0.05	2	20	1	2.0 1.9	2.9[2] 2.8[2]	PR 08268 04 - FL33
毛里求斯霍姆斯特德，佛罗里达州	0.57 0.57	1 193	0.05	2	21	1	2.6 2.6	3.6[2] 3.7[2]	PR 08268 04 - FL34
毛里求斯霍姆斯特德，佛罗里达州	0.57 0.57	1 193	0.05	2	21	1	2.3 1.5	3.3[2] 2.2[2]	PR 08268 04 - FL35

[1] RTI：施药间隔期。

[2] 此处残留量已经过储存时损失的残留量校正。

田间试验数据总结

田间试验数据总结

农药/作物/田间试验编号：acar/荔枝/08268.04 - FL33

田间试验调研总监（FRD）：J. P. Cool Address of FRD：

其他试验参与人员：Osvany Rodriguez

待测物记录（不同制剂或批号单独列一页）	
测试物（名称标注于容器标签上）/批号：Acarmite® 50WS/BA3K13P008	
来源：Crompton 公司，Amity 路 74 号，Bethany，CT 06524 - 3406	
收货日期：2004 - 02 - 18	失效日期[1]：2006 - 01 - 12
喷雾助剂（佐剂）：超细乳油	
储存地点：佛罗里达大学	
储存温度范围（从收到待测物到最后一次施药）：大约 48～92℉	

试验小区信息			
测试地点（名称，街道，镇，州）：街道 7，热带研究与教育中心（TREC），食品与农业科学所，佛罗里达大学，18905S. W. 280 街，霍姆斯特德，戴德县，佛罗里达州 33031 - 3314			
土壤性质/类型：壤土	含沙量,%：无记录	泥沙含量,%：无记录	黏土,%：15～20
	有机质含量,%：3～10		土壤 pH：7.4～8.4
作物品种：毛里求斯荔枝			
用于田间种植的年份（播种或移栽）或可稳定生长的年份：1998			
每列植株宽度：25ft*	植株密度：15ft	每个小区植株排数/植株数量：18（TRT 01）12（TRT 02）	
空白小区面积：75ft×90ft		施药小区面积：50ft×90ft	

---

* ft 为非法定计量单位，1ft＝0.3m。——编者注

田间试验数据总结

农药/作物/田间试验编号：acar/荔枝/08268.04 - FL33（除非有特殊说明，否则试验面积均以 4.13 英亩计）。

于田间试验年份、施用的肥料及农药记录（产品/日期）	
Intrepid（41 盎司①，2004 - 02 - 02；2004 - 02 - 05）	Confirm（41 盎司，2004 - 02 - 02）
8 - 3 - 9（3～5 磅/植株，2004 - 02 - 11）	Minors #1（NR'，2004 - 02 - 12；2004 - 03 - 03；2004 - 04 - 30；2004 - 05 - 04；2004 - 06 - 22）
Manzate（81 磅，2004 - 02 - 24；2004 - 03 - 30；2004 - 04 - 07；2004 - 04 - 28；2004 - 05 - 12）	Switch（35 盎司，2004 - 05 - 02；2004 - 05 - 16；2004 - 03 - 23；2004 - 04 - 14；2004 - 05 - 12）
Ferragro（6 夸特，2004 - 03 - 03）	Dynagro（75 盎司，2004 - 03 - 03）
Tech. Mag（12 磅，2004 - 03 - 03）	Sequestrene 138（1～2 加仑②/植株，2004 - 03 - 08）
Admire 4E（1～2 加仑/植株，2004 - 03 - 27）	Spintor（35 盎司，2004 - 04 - 06）
8 - 3 - 9（3 磅/植株，2004 - 04 - 14；2004 - 06 - 03）	
Abound（30 盎司，2004 - 05 - 04）	Plyac（6 盎司，2004 - 05 - 04）
8 - 3 - 9（4～5 磅/植株，2004 - 05 - 14）	Sequestrene #2（2004 - 05 - 24；2004 - 06 - 14）
Sequestrene #3（2004 - 05 - 25，2004 - 06 - 15）	Supercide 25WP（6 盎司，2004 - 06 - 03）

---

① 盎司为非法定计量单位，1 盎司＝28.349 5g。——编者注

② 加仑为非法定计量单位，1 加仑＝3.785L（美制）或＝4.546L（英制）。——编者注

田间试验数据总结

农药/作物/田间试验编号：acar/荔枝/08268.04－FL33

施药记录（一页记录对应一次药品定量/施用情况）		
第一次施药日期：2004－05－18	输出校准/复查日期：2004－05－17	PHI：NA[1]
施药设备类型：悬挂式风冷喷雾器		加压方式：泵
施用方式：叶面直接喷雾		
喷嘴/出口数量：13	喷嘴间距（英寸）：NA	滤网孔径：150
喷嘴品牌/类型/尺寸：T-Jet/不锈钢平板风扇/1 1502		喷雾宽度：NA
施药面积：4 500ft²	药剂送达率[2]：126.11 GPA	
试验物：Acarmite® SOWS		批次/标签编号：BA3K13P008
桶混编号：施药编号02♯[3] 载体（水）：60 560mL（16.0加仑） 配方产品：58g 添加成分（助剂）：152mL 最终混合体积：60 712mL		

	原方法施用率 lb ai/A	实际施用率[4] lb ai/A
施药编号02♯	0.5	0.50（1.01X）
作物生长时期：坐果期		作物高度：10～12ft
风速和方向：4.3mph/SE（SE：东南方向；mph：每小时里数）		空气温度：89℉
施药后第一次下雨：	日期：2004－06－04	降雨量（英寸）：0.03
施药与第一次下雨间隔时间（d或h）：17d		
施药后第一次灌溉：	日期：2004－05－19	降雨量：26加仑/植株
灌溉类型：树下微灌	施药与第一次灌溉间隔时间（d或h）：1d	
是否有植物药害产生？是＿＿ 否＿X＿ 无记录＿＿＿		
植物药害严重性（或症状）的描述：NA		

[1] NA＝暂缺。

[2] 每英亩用水量根据实际施药量计算。

[3] 注：施药编号01♯为空白对照。

[4] 以实际喷雾器输出量及通过时间为准。括号里的值为实际施用率除以原方法施用率。

田间试验数据总结

农药/作物/田间试验编号：acar/荔枝/08268.04 - FL33

施药记录（一页记录对应一次药品定量/施用情况）		
施药（2次）日期：2004 - 06 - 07	输出校准/复查日期：2004 - 06 - 07	PHI：20d
施药设备类型：悬挂式喷雾机		加压方式：泵
施用方式：茎叶喷雾		
喷嘴/出口数量：13	喷嘴间距（英寸）：NA①	滤网孔径：150
喷嘴品牌/型号/尺寸：T - Jet/不锈钢扇形/1 1502		喷洒作用宽度：NA
施药面积：4 500ft²*	药剂送达率²：127.54 GPA	
试验物：Acarmite® SOWS		批次/标签编号：BA3K13P008
桶混编号：施药编号02♯³ 载体（水）：60 560mL（16.0 加仑） 配方产品：58g 添加成分（助剂）：152mL 最终混合体积：60 712mL		
	原方法施用率 lb ai/A	实际施用率⁴ lb ai/A
施药编号02♯	0.5	0.51（1.02X）
作物生长阶段：结果期		株高：10～12ft
风速和风向：1.8 英里/h/东南		大气温度：89℉
施药后第一次降雨：	日期：2004 - 06 - 08	降雨量（英寸）：0.34
第一次降雨距离施药的日期（天或小时）：1d		
施药后第一次灌溉：	日期：2004 - 06 - 07	灌溉量：26 加仑/树
灌溉类型：树下漫灌	施药后第一次灌溉的日期（d 或 h）：＜1d	
是否有植物药害产生？有__ 无X 无记录__		
植物药害严重性（或症状）的描述：NA		

[1] NA＝暂缺。

[2] 每英里用水加仑量，用实际施药数据得到。

[3] 1 号处理是空白对照。

[4] 基于喷雾器输出量和通过时间，括号中的值是实际施用率与原方法施用率的比值。

---

* ft² 为非法定计量单位，1ft²≈0.093m²。——编者注

田间试验数据总结

农药/作物/田间试验编号：acar/荔枝/08268.04 - FL33

样品采集与储藏（一页记录对应一次药品定量/施用情况）		
收获日期：2004 - 06 - 08	采样日期：2004 - 06 - 08	安全间隔期：1d
描述作物生长阶段/收获时的部位：成熟的荔枝		
收获装备：手套和手动修剪工具		
收获时的采样步骤：先采集处理 01，然后采集处理 02 的样品。从每行的四面采集处理 01 的 12 棵树，处理 02 的 8 棵树，避免只从每行末一棵树上采集，至少 80 个果实，得到最低 6.75 磅的样品量		
采集后处理（例如，修剪、清洗、切碎、干燥、混合）：冷冻样品通过任意挑选放到小样品袋中直至缩分成 4.5 磅		
将样品从试验地运送到冰柜（或者从试验地到装载车）：用手将样品装到袋子里面，低温运送到冰柜里		
从样品采集到冷冻储藏最多 5min		
冰柜温度变化（之前的装载车）：大约 $-15 \sim -1$℉（处理 01），大约 $-19 \sim -7$℉（处理 02）		
运输：冷冻（用干冰包装）X　保鲜（用干冰包装）＿保鲜（不用干冰包装）＿		
运输工具：快递运输		运送日期：2004 - 06 - 22

气象信息：

在田间试验时期是否有异常天气？是＿ 否 X

描述发生的异常天气情况：未发生。

田间试验数据总结

农药/作物/田间试验编号：acar/荔枝/08268.04‑FL34

田间试验负责人（FRD）：J. P. Cool UF‑IFAS‑TREC 18905 S. W

其他试验人员：O. V Simpson

集装箱上被测物质标签/批量编号：Acarmite® SOWS/BA3K13P008	
来源：Crompton Corporation，74 Ami 路，Bethan，CT 06524‑3406	
收获日期：2004‑02‑18	有效期：2006‑01‑12
储存地点：农药楼，佛罗里达大学	
从收到被测物质到最后检测的储存温度范围：大约 48～92℉	

试验地信息			
试验地点（名字，街区，区，州）：7 街区，热带研究教育中心（TREC），食品和农业科学院，佛罗里达大学			
土壤质地/类型：壤土	沙土,%：未报道	粉土,%：未报道	黏土,%：15～20
	%有机物质含量：3～10		土壤 pH：7.4～8.4
作物品种：毛里求斯荔枝			
田间植株播种或者移植或已确定的作物年龄 X：1998			
行距：25ft	植株密度：15ft	行号1 树 X 每个地点：18（处理 01），12（处理 02）	
对照小区大小：75ft×90ft		处理小区大小：50ft×90ft	

1 登记或者鉴定机构测得。

田间试验数据总结

农药/作物/田间试验编号：acar/荔枝/08268.04 - FL34

（除非另有说明，施药量均是 4.13 英亩）

试验期间施用的主要肥料和农药种类（产品/日期）	
Intrepid（41 盎司，2004 - 02 - 02；2004 - 02 - 05）	Confirm（41 盎司，2004 - 02 - 02）
8 - 3 - 9（3～5 磅/树，2004 - 02 - 11）	Minors ♯1（NR[1]，2004 - 02 - 12；2004 - 03 - 03；2004 - 04 - 30；2004 - 04；2004 - 05 - 04；2004 - 06 - 22）
代森锰锌（8 磅，2004 - 02 - 24；2004 - 03 - 30；2004 - 04 - 07；2004 - 04 - 28；2004 - 05 - 12）	Switch（35 盎司，2004 - 03 - 02；2004 - 03 - 16；2004 - 03 - 23；2004 - 04 - 14；2004 - 05 - 12）
Ferragro（6 夸脱，2004 - 03 - 03）	Dynagro（75 盎司，2004 - 03 - 03）
Tech. Mag（12 磅，2004 - 03 - 03）	西奎斯特林 138（1～2 加仑/树，2004 - 03 - 08）
Admire 4E（1～2 加仑/树，2004 - 03 - 27）	Spintor（35 盎司，2004 - 04 - 06）
8 - 3 - 9（3 磅/树，2004 - 04 - 14；2004 - 06 - 03）	
Abound（30 盎司，2004 - 05 - 04）	Plyac（6 盎司，2004 - 05 - 04）
8 - 3 - 9（4～5 磅/树，2004 - 05 - 14）	Sequestrene ♯2（2004 - 05 - 24；2004 - 06 - 14）
西奎斯特林♯3（2004 - 05 - 25，2004 - 06 - 15）	Supercide 25WP（6 盎司，2004 - 06 - 03）

田间试验数据总结

农药/作物/田间试验编号：acar/荔枝/08268.04 - FL34

施药记录（一页记录对应一次药品定量/施用情况）		
施药（1次）日期：2004 - 05 - 19	输出校准/复查日期：2004 - 05 - 19	PHI：NA[1]
施药设备类型：悬挂式喷雾机		加压方式：泵
施用方式：茎叶喷雾		
喷嘴/出口数量：13	喷嘴间距（英寸）：NA	滤网孔径：150
喷嘴品牌/型号/尺寸：T-Jet/不锈钢扇形/1 1502		喷洒作用宽度：NA
施药面积：4 500ft^2	药剂送达率[2]：128.32GPA	
试验物：Acarmite$^®$ 50WS		批次/标签编号：BA3K13P008
桶混编号：施药编号 02[3] 载体（水）：60 560mL（16.0 加仑） 配方产品：58g 添加成分（助剂）：152mL 最终混合体积：60 712mL		
	原方法施用率 lb ai/A	实际施用率[4] lb ai/A
施药编号 02#	0.5	0.51（1.02X）
作物生长阶段：结果期		株高：10～12ft
风速和风向：3.8 英里/h/东南		大气温度：89°F
施药后第一次降雨：	日期：2004 - 06 - 04	降雨量（英寸）：0.03
第一次降雨距离施药的日期（d 或 h）：16d		
施药后第一次灌溉：	日期：2004 - 05 - 19	灌溉量：26 加仑/树
灌溉类型：树下漫灌	施药后第一次灌溉的日期（d 或 h）：1d	
是否有植物药害产生？有__ 无X　 无记录__		
描述植物药害的严重性（或症状）的描述：NA		

[1] NA＝暂缺。

[2] 每英里用水加仑量，用实际施药数据得到。

[3] 1号处理是空白对照。

[4] 基于喷雾器输出量和通过时间，括号中的值是实际施用率与原方法施用率的比值。

田间试验数据总结

农药/作物/田间试验编号：acar/荔枝/08268.04－FL34

施药记录（一页记录对应一次药品定量施用情况）		
施药（2次）日期：2004－06－09	输出校准/复查日期：2004－06－09	PHI：21d
施药设备类型：悬挂式喷雾机		加压方式：泵
施用方式：茎叶喷雾		
喷嘴/出口数量：13	喷嘴间距（英寸）：NA[1]	滤网孔径：150
喷嘴品牌/型号/尺寸：T-Jet/不锈钢扇形/l 1502		喷洒作用宽度：NA
施药面积：4 500ft^2	药剂送达率[2]：127.11GPA	
试验物：Acarmite$^®$ 50WS		批次/标签编号：BA3K13P008
桶混编号：　施药编号 02 ♯[3] 载体（水）：60 560mL（16.0 加仑） 配方产品：58g 添加成分（助剂）：152mL 最终混合体积：60 712mL		

	原方法施用率 lb ai/A	实际施用率[4] lb ai/A
施药编号 02♯	0.5	0.51（1.01X）
作物生长阶段：结果期		株高：10～12ft
风速和风向：1.2 英里/h/东南		大气温度：89℉
施药后第一次降雨：	日期：2004－06－10	降雨量（英寸）：0.11
第一次降雨距离施药的日期（d 或 h）：1d		
施药后第一次灌溉：	日期：2004－06－09	灌溉量：26 加仑/树
灌溉类型：树下漫灌	施药后第一次灌溉的日期（d 或 h）：1d	
是否有植物药害产生？有__　无 X　　无记录的__		
植物药害的严重性（或症状）的描述：NA		

[1] NA＝暂缺。

[2] 每英里用水加仑量，用实际施药数据得到。

[3] 施药编号 01♯ 是空白对照。

[4] 基于喷雾器输出量和通过时间，括号中的值是实际施用率与原方法施用率的比值。

田间试验数据总结

农药/作物/田间试验编号：acar/荔枝 1 08268.04 - FL34

样品采集与储藏（一页记录对应一次药品定量/施用情况）		
收获日期：2004 - 06 - 10	采样日期：2004 - 06 - 10	安全间隔期：1d
描述作物生长阶段/收获时的部位：商业上成熟的荔枝		
收获用的装备：手套和手动修剪工具		
收获时的采样步骤：先采集处理 01，然后采集处理 02 的样品。从每行的四面采集处理 01 的 12 棵树，处理 02 的 8 棵树，避免只从每行末一棵树上采集，至少 80 个果实，得到最低 6.75 磅的样品量		
采集后处理（例如，修剪，清洗，切碎，干燥，混合）：冷冻样品通过任意挑选放到小样品袋中直至缩成 4.5 磅		
将样品从试验地运送到冰柜（或者从试验地到装载车）：用手将样品装到袋子里面，低温运送到冰柜里		
从样品采集到冷冻储藏最多 15min		
冰柜温度变化（之前的装载车）：－15～－1℉（处理 01） －19～－7℉（处理 02）		
运输：冷冻（用干冰包装）X 保鲜（用干冰包装）__ 保鲜（不用干冰包装）__		
运输工具：快递运输		运送日期：2004 - 06 - 22
气候条件在田间试验时期是否有异常天气？ 是__ 否X		
描述发生的异常天气情况：未发生		

田间试验数据总结

农药/作物/田间试验编号：acar/荔枝/08268.04 - FL35

田间试验负责人（FRD）：J. P. Cool UF-IFAS-TREC 18905 S. W

其他试验人员：O. V. Simpson

集装箱上被测物质标签/批量编号 . ：Acarmite® SOWS/BA3K13P008	
来源：Crompton Corporation，74 Ami 路，Bethan，CT 06524 - 3406	
收获日期：2004 - 02 - 18	有效期：2006 - 01 - 12
储存地点：农药楼，佛罗里达大学	
从收到被测物质到最后检测的储存温度范围：48～92℉	

试验地信息			
试验地点（名字，街区，区，州）：7 街区，热带研究教育中心（TREC），食品和农业科学院，佛罗里达大学			
土壤质地/类型：壤土	沙土,%：未报道	粉土,%：未报道	黏土,%：15～20
	%有机物质含量：3～10		土壤 pH：7.4～8.4
作物品种：毛里求斯荔枝			
田间植株播种或者移植或已确定的作物年龄 X：1998			
行距：25ft	植株密度：15ft	行号 1 树 X 每个地点：18（处理 01），12（处理 02）	
对照小区大小：75ft×90ft		处理小区大小：50ft×90ft	

1 登记或者鉴定机构测得。

田间试验数据总结

农药/作物/田间试验编号：acar/荔枝/08268.04 - FL35（除非另有说明，施药量均是 4.13 英亩）

试验期间施用的主要肥料和农药种类（产品/日期）	
Intrepid（41 盎司，2004 - 02 - 02；2004 - 02 - 05）	Confirm（41 盎司，2004 - 02 - 02）
8 - 3 - 9（3～5 磅/树，2004 - 02 - 11）	Minors ♯1（NR[1]，2004 - 02 - 12；2004 - 03 - 03； 2004 - 04 - 30； 2004 - 04；2004 - 05 - 04；2004 - 06 - 22）
代森锰锌（8 磅，2004 - 02 - 24；2004 - 03 - 30； 2004 - 04 - 07；2004 - 04 - 28；2004 - 05 - 12）	Switch（35 盎司，2004 - 03 - 02；2004 - 03 - 16； 2004 - 03 - 23；2004 - 04 - 14；2004 - 05 - 12）
Ferragro（6 夸脱，2004 - 03 - 03）	Dynagro（75 盎司，2004 - 03 - 03）
Tech. Mag（12 磅，2004 - 03 - 03）	西奎斯特林 138（1～2 加仑/树，2004 - 03 - 08）
Admire 4E（1～2 加仑/树，2004 - 03 - 27）	Spintor（35 盎司，2004 - 04 - 06）
8 - 3 - 9（3 磅/树，2004 - 04 - 14；2004 - 06 - 03）	
Abound（30 盎司，2004 - 05 - 04）	Plyac（6 盎司，2004 - 05 - 04）
8 - 3 - 9（4～5 磅/树，2004 - 05 - 14）	Sequestrene ♯2（2004 - 05 - 24；2004 - 06 - 14）
西奎斯特林♯3（2004 - 05 - 25，2004 - 06 - 15）	Supercide 25WP（6 盎司，2004 - 06 - 03）

[1] NR＝未报道。

田间试验数据总结

农药/作物/田间试验编号：acar/荔枝/08268.04 - FL35

施药记录（一页记录对应一次药品定量/施用情况）		
施药（1次）日期：2004 - 05 - 24	输出校准/复查日期：2004 - 05 - 24	PHI：NA[1]
施药设备类型：悬挂式喷雾机		加压方式：泵
施用方式：茎叶喷雾		
喷嘴/出口数量：13	喷嘴间距（英寸）：NA[1]	滤网孔径：150
喷嘴品牌/型号/尺寸：T-Jet/不锈钢扇形/l 1502		喷洒作用宽度：NA
施药面积：4 500ft^2	药剂送达率[2]：127.11GPA	
试验物：Acarmite® 50WS		批次/标签编号：BA3K13P008
桶混编号：施药编号 02♯[3] 载体（水）：60 560mL（16.0 加仑） 配方产品：58g 添加成分（助剂）：152mL 最终混合体积：60 712mL		

	原方法施用率 lb ai/A	实际施用率[4] lb ai/A
施药编号 02♯	0.5	0.51（1.02X）
作物生长阶段：结果期		株高：10～12ft
风速和风向：1.2 英里/h/东南		大气温度：81℉
施药后第一次降雨：	日期：2004 - 06 - 04	降雨量（英寸）：0.03
第一次降雨距离施药的日期（d 或 h）：11d		
施药后第一次灌溉：	日期：2004 - 05 - 24	灌溉量：26 加仑/树
灌溉类型：树下漫灌	施药后第一次灌溉的日期（d 或 h）：<1d	
是否有植物药害产生？有__无X　无记录__		
植物药害的严重性（或症状）的描述：NA		

[1] NA＝暂缺。

[2] 每英里用水加仑量，用实际施药数据得到。

[3] 1 号是空白对照。

[4] 基于喷雾器输出量和通过时间，括号中的值是实际施用率与原方法施用率的比值。

田间试验数据总结

农药/作物/田间试验编号：acar/荔枝/08268.04 - FL35

施药记录（一页记录对应一次药品定量/施用情况）		
施药（2 次）日期：2004 - 06 - 14	输出校准/复查日期：2004 - 06 - 14	PHI：2d
施药器具：悬挂式喷雾机		加压方式：泵
施用方式：茎叶喷雾		
喷嘴/出口数量：13	喷嘴间距（英寸）：NA[1]	滤网孔径：150
喷嘴品牌/型号/尺寸：T-Jet/不锈钢扇形/l 1502		喷洒作用宽度：NA
施药面积：4 500ft^2	药剂送达率[2]：128.42GPA	
试验物：Acarmite® 50WS		批次/标签编号：BA3K13P008

桶混编号：施药编号 02#[3]
载体（水）：60 560mL（16.0 加仑）
配方产品：58g
添加成分（助剂）：152mL
最终混合体积：60 712mL

	原方法施用率 lb ai/A	实际施用率[4] lb ai/A
施药编号 02#	0.5	0.51（1.02X）
作物生长阶段：结果期		株高：10～12ft
风速和风向：1.2 英里/h/东南		大气温度：75℉
施药后第一次降雨：	日期：NA	降雨量（英寸）：NA
第一次降雨距离施药的日期（d 或 h）：NA		
施药后第一次灌溉：	日期：2004 - 06 - 14	灌溉量：26 加仑/树
灌溉类型：树下漫灌	施药后第一次灌溉的日期（d 或 h）：<1d	
是否有植物药害产生？ 有__ 无X 无记录__		
描述植物药害的程度和/或表征：NA		

[1] NA＝暂缺。

[2] 每英里用水加仑量，用实际施药数据得到。

[3] 1 号是空白对照。

[4] 基于喷雾器输出量和通过时间，括号中的值是实际施用率与原方法施用率的比值。

田间试验数据总结

农药/作物/田间试验编号：acar/荔枝/1 08268.04 - FL35

样品采集/储存（一页记录对应一次药品定量/施用情况）		
收获日期：2004 - 06 - 15	采样日期：2004 - 06 - 15	安全间隔期：1d
描述作物生长阶段/收获时的部位：成熟的荔枝（可直接上市的）		
收获用的装备：手套和手动修剪工具		
收获时的采样步骤：先采集处理 01，然后采集处理 02 的样品。从每行的四面采集处理 01 的 12 棵树，处理 02 的 8 棵树，避免只从每行末一棵树上采集，至少 80 个果实，得到最低 6.75 磅的样品量		
采集后处理（例如：修剪，清洗，切碎，干燥，混合）：冷冻样品通过任意挑选放到小样品袋中直至缩分成 4.5 磅		
将样品从试验地运送到冰柜（或者从试验地到装载车）：用手将样品装到袋子里面，低温运送到冰柜里		
从样品采集到冷冻储藏最多 35min		
冰柜温度变化（之前的装载车）：－15～－1℉（处理 01），－19～－7℉（处理 02）		
运输：冷冻（用干冰包装）_X_保鲜的（用干冰包装）__保鲜（不用干冰）__		
运输工具：快递运输		运送日期：2004 - 06 - 22
天气情况：在田间试验时期是否有异常天气？是__否_X_		
描述发生的异常天气情况：未发生		

练习 7.6　番木瓜规范田间试验条件的评估

简介

规范实验在美国进行，使用农药有效成分"acar"。

下面总结了美国对于热带水果的 GAP

| 作物 | 国家 | 剂型，g/L（有效成分）或 g/kg | 应　　用[1] | | | | 安全间隔期 |
			kg/hm²（有效成分）	水，L/hm²	kg/hL（有效成分）	序号	
热带水果[2]	USA	4 SC/500 WS	0.40~0.56	234[3]	0.09~0.12	1	1

[1] 使用常用的单位。

[2] 番石榴、荔枝、番木瓜、金星果、黑肉柿、芒果、常青果、粉甜果、马梅、西班牙酸橙、红毛丹、斐济果、杨桃、西番莲。

[3] 最小用水量。

任务

考虑番木瓜规范实验中采集样品和数据分析的基本要求

验证实验条件（材料、测试系统、与 GAP 的相符性、应用条件），确定是独立的实验。

残留量的结果用表格表示。

选择适合最大残留限量评估的残留数据。

相关的背景信息在练习 5.2 中给出。

练习 8.1　规范田间残留试验与加工试验的数据评估——最大残留水平的估算

参见第 8 章。

1. 残留评价练习

　　仁果

2. 目标

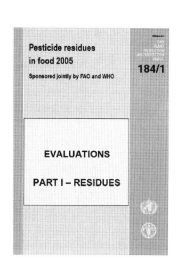

　　本练习的目的是为了解释残留评估的过程，包括确定规范残留田间试验数据是否有效，是否选择了合适的数据评估 MRL 和风险。

3. 目的：推荐最大残留水平、STMRs 和 HRs

- 第 1 步：哪些残留数据是有效的，并有完整的信息支持？
- 第 2 步：哪些田间试验符合 GAP？
- 第 3 步：为初级农产品推荐 MRLs，STMRs 和 HRs。
- 第 4 步：哪些加工试验是有效的？
- 第 5 步：获得加工产品的加工因子、MRLs 和 STMR-Ps。

4. 第 1 步：哪些残留数据是有效的，并有完整的信息支持？

　　残留试验清单
- 田间数据
  ——国家
  ——作物
  ——作物品种
  ——适用条件
  ——采收间隔期

——作物分析

——以残留定义来表示残留量

5. 第1步：哪些残留数据是有效的，并有完整的信息支持？

残留试验清单（接上一页）

——试验的分析方法

——回收百分率

——对照小区样品的残留量

——如果对照小区样品检出残留，试验是否能够接受？

——喷雾器

——小区面积

——田间样品数量

——试验田设计

——冷储间隔期

——是否合理？

6. ZAPPACARB

——虚构的农药与数据

——代表典型情况的数据

——典型问题

7. 冷储条件

储藏间隔期, d	回收率,%	Zappacarb, mg/kg		储藏间隔期, d	回收率,%	Zappacarb, mg/kg	
匀浆后的苹果，添加 0.1mg/kg zappacarb 储藏在 −24～−20℃条件下				匀浆后的苹果，添加 0.1mg/kg zappacarb 储藏在 −24～−20℃条件下			
0	94、92、97、109			0	95、96、95、97		
7d	91、95	0.088	0.090	7d	94、91	0.101	0.095
14d	72、69	0.063	0.064	14d	70、78	0.076	0.074
21d	68、68[1]	0.052	0.046	21d	63、67[1]	0.056	0.056
28d	73、77	0.060	0.066	28d	81、81	0.076	0.074
41d	67、67[1]	0.059	0.059	41d	68、72	0.059	0.056
70d	91、88	0.064	0.062	70d	86、79	0.060	0.066
106d	87、88	0.047	0.047	106d	77、81	0.048	0.051
182d	89、91	0.043	0.043	182d	79、71	0.043	0.048
		106d 降解 30%				97d 降解 30%	

[1] 回收率＜70%，忽略相关数据。

8. 冷冻条件

储藏间隔期，d	回收率，%	Zappacarb, mg/kg		储藏间隔期，d	回收率，%	Zappacarb, mg/kg	
苹果，在表皮添加 0.1mg/kg zappacarb 储藏在 −24～−20℃ 条件下				苹果，在表皮添加 0.1mg/kg zappacarb 储藏在 −24～−20℃ 条件下			
0	88、93、88、90			0	77、76、73、76		
14d	81、92	0.085	0.089	14d	81、83	0.079	0.095
28 d	94、88	0.076	0.087	28d	79、79	0.084	0.072
56d	88、84	0.095	0.083	56d	89、90	0.074	0.071
127d	92、87	0.090	0.093	127d	90、83	0.077	0.054
224d	94、92	0.095	0.085	224d	86、80	0.076	0.086

表皮上的残留可以在至少 224d 内保持稳定。

9. 残留定义

- 残留监测（MRL）

zappacarb

- 风险评估（膳食摄入）

zappacarb

10. 田间试验数据 1

苹果 国家，年（品种）	施用方法				PHI, d	施药对象	Zappacarb, mg/kg[1,2]	参考
	剂型	有效成分, kg/hm²	有效成分, kg/hL	用水量 (L/hm²)	施药次数			
USA（NY），1998 (Idared)	500 WP	2.8		470	1	7	整个果实	1.3	TRIAL C107 STUDY 419
USA（WA），1998 (Red Delicious)	500 WP	2.8		460	1	7	整个果实	2.0	TRIAL J107 STUDY 419
USA（NY），1998 (Monroe)	500 WP	0.56	0.12	470	1	7 14 21	整个果实	0.058 0.014 0.014	STUDY 346 TRIAL 104
USA（PA），1998 (Red Delicious)	500 WP	0.56	0.12	480	1	7 14 21	整个果实	0.58 c 0.01 0.36 0.084	STUDY 346 TRIAL 5

列表

- 国家

- 作物

- 作物品种
- 适用条件
- 采收间隔期
- 作物分析
- 以残留定义来表示残留量
- 对照小区

11. 田间试验数据 2

作物	国家	试验	分析方法	回收率，%	喷雾器	小区，m²	田间样品大小	田间设计	采样时间	分析时间	储藏时间，d
苹果	USA (GA)	STUDY 346 TRIAL 105	HPLC7	72～120 (n=46)	拖拉机悬挂式喷雾器	557	?	非重复性单一小区	1998-08-24	1999-03-09	197
苹果	USA (OR)	STUDY 346 TRIAL 4	HPLC7	72～120 (n=46)	拖拉机悬挂式喷雾器	178	?	非重复性单一小区	1998-08-26	1999-01-17	144
苹果	USA (OR)	STUDY 346 TRIAL 20	HPLC7	72～120 (n=46)	拖拉机悬挂式喷雾器	178	?	非重复性单一小区	1998-08-29	1999-01-13	137
苹果	USA (MI)	STUDY 346 TRIAL 97	HPLC7	72～120 (n=46)	拖拉机悬挂式喷雾器	268	?	非重复性单一小区	1998-09-03	1999-01-14	133
苹果	USA (MI)	STUDY 346 TRIAL 98	HPLC7	72～120 (n=46)	拖拉机悬挂式喷雾器	381	?	非重复性单一小区	1998-09-03	1999-01-14	133

清单列表

- 回收率
- 喷雾器
- 小区面积
- 田间样品大小
- 田间试验设计
- 冷储样品时间间隔期

12. 田间试验数据 3

作物	国家	试验	分析方法	回收率，%	喷雾器	小区，m²	田间样品大小	田间设计	采样时间	分析时间	储藏时间，d
梨	USA (PA)	STUDY L18 TRIAL L13	HPLC7	102～123	喷气喷雾器	18棵树	5 lb	非重复性单一小区	1998-07-21	1999-12-03	500
梨	USA (CA)	STUDY L18 TRIAL P106	HPLC7	102～123	喷气喷雾器	16棵树	5 lb	非重复性单一小区	1998-07-29	1999-12-05	494
梨	USA (WA)	STUDY L18 TRIAL J108	HPLC7	102～123	喷气喷雾器	24棵树	5 lb	非重复性单一小区	1998-08-03	1999-11-25	479

列表

* 冷储间隔期比苹果的储藏试验间隔期（224d）要长得多。

* 是否可以接受？

13. 第 2 步：哪些田间试验符合 GAP？

作物	国家		施　用　方　法					
		剂型	喷药部位	剂量，有效成分，kg/hm^2	浓缩，有效成分，kg/hL	最小喷雾量，L/hm^2	最高施用次数	PHI, d
仁果	USA	500 WP	叶子	0.42~0.56		450	1	7

苹果国家，年（品种）		施　用　方　法				时间间隔，d	施药对象	Zappacarb, mg/kg[1,2]	参考
	剂型	有效成分 kg/hm^2	有效成分 kg/hL	用水量 L/hm^2	施药次数				
USA（NY），1998 (Idared)	500 WP	2.8		470	1	7	整个果实	1.3	TRIAL C107
USA（WA），1998 (Red Delicious)	500 WP	2.8		460	1	7	整个果实	2.0	TRIAL J107
USA（NY），1998 (Monroe)	500 WP	0.56	0.12	470	1	7 14 21	整个果实	0.058 0.014 0.014	STUDY 346
USA（PA），1998 (Red Delicious)	500 WP	0.56	0.12	480	1	7 14 21	整个果实	0.58　c 0.01 0.36 0.084	STUDY 346

14. 第 2 步：哪些田间试验符合 GAP？

作物	国家		施　用　方　法					
		剂型	喷药部位	剂量，有效成分，kg/hm^2	浓缩，有效成分，kg/hL	最小喷雾量，L/hm^2	最高施用次数	PHI, d
仁果	USA	500 WP	F 叶子	0.42~0.56		450	1	7

苹果国家，年（品种）		施　用　方　法				PHI, d	施药对象	Zappacarb, mg/kg[1,2]
	剂型	有效成分 kg/hm^2	有效成分 kg/hL	用水量 L/hm^2	施药次数			
USA（MI），1998 (empire)	500 WP	0.56	0.12	460	1	7 14 21	整个果实	0.15　c 0.019 0.16 0.10

* 对照小区的残留

* 14d 的残留比 7d 的残留量高

15. 残留诠释表

作物	国家	剂型	施 用 方 式				田间试验	残留量,mg/kg
			有效成分kg/hm²	有效成分,kg/hL	施药次数	PHI,d		
仁果类水果	US GAP	WP	0.56		1	7		
苹果	US trial	WP	0.56	0.12	1	7	Trial 104	0.058
苹果	US trial	WP	0.56	0.12	1	7	Trial 5	0.58
苹果	US trial	WP	0.56	0.12	1	7	Trial 12	0.20 (0.13)[1]

- 第一行写入 GAP 信息。
- 每行写入一个田间试验信息。
- 仅写入匹配 GAP 的田间试验。
- 最后一列写入基于固定 GAP 得到支持 MRL 的有效残留数据。

16. 第 3 步：推荐最大残留水平、STMRs 和 HRs

- 苹果：将数据按照顺序排列，标出中值。
- 梨：将数据按照顺序排列，标出中值。
- 仁果：确定苹果与梨的数据是否可以合并，代表仁果类水果。
- 推荐：最大残留水平、STMRs 和 HRs。

17. 第 4 步：哪些加工试验是有效的？

苹果 国家，年（品种）	施 用 方 法					PHI,d	施药对象	Zappacarb,mg/kg[1,2]	参考
	剂型	有效成分kg/hL	d	用水量,L/hm²	施药次数				
USA（NY）,1998（Idared）	500WP	2.8		470	1	7	整个果实	1.33[3]	TRIAL C107
						7	整个果实	0.89[4]	
							洗过的果实	0.63	
							果汁	0.20 c 0.14	
							果渣	1.6	
USA（WA）,1998（Red Delicious）	500WP	2.8		460	1	7	整个果实	2.0[3]	TRIAL J107
						7	整个果实	2.1[4]	
							洗过的果实	1.8	
							果汁	0.22 c 0.14	
							果渣	3.6	

[1] 重复样品取平均值。

[2] 来自未处理苹果的对照果汁样品。第二次分析检测这些果汁，未检测到残留量（<0.005 mg/kg）。

[3] 样品采集后立刻进行加工。

[4] 在加工试验室抽取样品。

- 加工试验可加大田间施药剂量

- 果汁与苹果中的残留量

加工因子＝0.2/0.89＝0.23 和 0.22/2.1＝0.10（平均值＝0.17）

18. 第 5 步：获得加工产品的加工因子、MRLs 与 STMR‐P

苹果加工成果汁的加工因子＝0.17。

果汁（加工产品）中的残留比苹果（未加工产品）低。因此，没有必要制定果汁 MRL。

果汁的加工因子×苹果或仁果的 STMR 得到苹果汁的 STMR‐P。

19. 问题？

仁果上 zappacarb[①] 残留的评估——有效数据

Zappacarb 数据——一种氨基甲酸酯类杀虫剂

性　　质	数　　值
有效成分的理化性质	
分子量	257
水溶性 25℃	95mg/L
Log K_{ow}	2.5
水解特性，半衰期 25℃	pH 4＞60d；pH7＝34d；pH9＝1.2d
光解特性	光稳定
原药有效成分含量	最小值
zappacarb	940g/kg
剂型	
剂型种类	WG、GR、SC、WP
毒性评估	
ADI	0～0.01 mg/kg
ARfD	0.04mg/（kg·d）

Zappacarb

Zappacarb 是一种杀虫剂，通过直接触杀或者通过叶片上残留农药来控制害虫。

Zappacarb 无系统性作用；因此农药在叶片上表面与下表面的全面覆盖

---

① 　Zappacarb 是一个虚构的农药与数据，此数据代表典型的残留情况，有待解决的典型问题。

对有效控制害虫非常重要。

分析方法汇总

苹果与柑橘

分析目标物：zappacarb。

HPLC‐UV，方法 HPLC6，LOQ：0.01mg/kg。

方法描述，用乙腈与乙酸从混匀的基质中提取 2 次。用无水硫酸钠与二氯甲烷将滤液分离出来。包含残留的有机相，旋蒸近干。最后用流动相定容以便分析。

方法 HPLC7 是方法 HPLC6 的升级版本。

冷储数据汇总

记录在表格中的储藏稳定性数据没有经过回收率校正。如果回收率的结果不在 70%～120%之间，那么此数据将不予考虑。

表1 苹果样品中添加 zappacarb 的冷储稳定性数据

储藏间隔期，d	回收率，%	Zappacarb,mg/kg		储藏间隔期，d	回收率，%	Zappacarb,mg/kg	
匀浆后的苹果，添加 0.1 mg/kg zappacarb 储藏在−24～−20℃				匀浆后的苹果，添加 0.1 mg/kg zappacarb 储藏在−24～−20℃			
0	94、92、97、109			0	95、96、95、97		
7	91、95	0.088	0.090	7	94、91	0.101	0.095
14	72、69	0.063	0.064	14	70、78	0.076	0.074
21	68、68[1]	0.052	0.046	21	63、67[1]	0.056	0.056
28	73、77	0.060	0.066	28	81、81	0.076	0.074
41	67、67[1]	0.059	0.059	41	68、72	0.059	0.056
70	91、88	0.064	0.062	70	86、79	0.060	0.066
106	87、88	0.047	0.047	106	77、81	0.048	0.051
182	89、91	0.043	0.043	182	79、71	0.043	0.048
			106d 降解 30%				97d 降解 30%
苹果，在表面添加 0.1mg/kg zappacarb 并储藏在−24～−20℃				苹果，在表面添加 0.1mg/kg zappacarb 并储藏在−24～−20℃			
0	88、93、88、90			0	77、76、73、76		
14	81、92	0.085	0.089	14	81、83	0.079	0.095
28	94、88	0.076	0.087	28	79、79	0.084	0.072
56	88、84	0.095	0.083	56	89、90	0.074	0.071
127	92、87	0.090	0.093	127	90、83	0.077	0.054
224	94、92	0.095	0.085	224	86、80	0.076	0.086

[1] 回收率<70%忽略相关数据。

残留定义

残留定义（用于监测 MRLs 和评估膳食摄入风险）zappacarb。

残留是非脂溶性的。

GAP——施用方案

以下使用的标签信息在会议中都是有效的。

表2　在澳大利亚、日本和美国都有登记的田间试验表

作物	国家	使用方式						
		剂型	施用对象	剂量，有效成分，kg/hm²	浓缩，有效成分，kg/hL	最小喷雾量，L/hm²	最高施用次数	PHI，d
苹果	澳大利亚	480 SC	叶片		0.031	1 000	1	7
苹果	日本	200 SC	叶片	0.27～1.4			1	7
梨	澳大利亚	480 SC	叶片		0.031	1 000	1	7
梨	日本	200 SC	叶片	0.27～1.4			1	1
仁果[1]	美国	500 WP	叶片	0.42～0.56		450	1	7

[1]　仁果包括苹果、海棠、梨、柑橘。

规范田间试验

尽管田间试验有对照小区，但表格中未记录对照样品数据，除非其残留量超过 LOQ。

记录在表格中的储藏稳定性数据未进行回收率校正。

苹果：表3。

梨：表4。

表3　美国与日本规范田间试验中 zappacarb 在苹果上的残留结果

苹果 国家,年(品种)	使用方式					PHI，d	施药对象	zappacarb，mg/kg[1,2]	参考
	剂型	d	有效成分，kg/hL	用水量，L/hm²	施药次数				
USA（NY），1998（Idared）	500WP	2.8		470	1	7	整个果实	1.3	TRIAL C107 STUDY 419
USA（WA），1998（Red Delicious）	500WP	2.8		460	1	7	整个果实	2.0	TRIAL J107 STUDY 419
USA（NY），1998（Monroe）	500WP	0.56	0.12	470	1	7 14 21	整个果实	0.058 0.014 0.014	STUDY 346 TRIAL 104
USA（PA），1998（Red Delicious）	500WP	0.56	0.12	480	1	7 14 21	整个果实	0.58 c 0.01 0.36 0.084	STUDY 346 TRIAL 5
USA（PA），1998（Law Rome）	500WP	0.56	0.12	480	1	7 14 21	整个果实	0.13 0.20 0.074	STUDY 346 TRIAL 12

（续）

苹果 国家,年(品种)	使用方式					PHI, d	施药对象	zappacarb, mg/kg[1,2]	参考
	剂型	d	有效成分, kg/hL	用水量, L/hm²	施药 次数				
USA（GA），1998 (Golden Delicious)	500WP	0.55	0.12	470	1	7 14 21	整个果实	0.16 0.052 0.086	STUDY 346 TRIAL 105
USA（MI），1998 (Empire)	500WP	0.56	0.12	460	1	7 14 21	整个果实	0.15 c 0.019 0.16 0.10	STUDY 346 TRIAL 97
USA（MI），1998 (Red Max)	500WP	0.56	0.12	480	1	7 14 21	整个果实	0.22 0.20 0.11	STUDY 346 TRIAL 98
USA（CO），1998 (Golden Delicious)	500WP	0.56	0.12	460	1	7 14 21	整个果实	0.23 c 0.068 0.20 0.016	STUDY 346 TRIAL 101
USA（CA），1998 (Golden Delicious)	500WP	0.58	0.12	500	1	7 14 21	整个果实	0.18 0.17 0.11	STUDY 346 TRIAL S105
USA（WA），1998 (Red Delicious)	500WP	0.55	0.12	460	1	7 14 21	整个果实	0.18 0.15 0.072	STUDY 346 TRIAL J102
USA(WA),1998 (Red Delicious)	500WP	0.56	0.12	470	1	7 14 21	整个果实	0.37 0.15 0.17	STUDY 346 TRIAL J103
USA(OR),1998 (Jonagold)	500WP	0.54	0.12	470	1	7 14 21	整个果实	0.17 c 0.01 0.13 0.078	STUDY 346 TRIAL 4
USA(OR),1998 (Gala)	500WP	0.55	0.12	470	1	7 14 21	整个果实	0.049 0.017 0.024	STUDY 346 TRIAL 20
USA(NY),1998 (Empire)	500WP	0.56	0.12	470	1	3 7 14 20 30	整个果实	0.11 0.19 0.13 0.13 0.15	STUDY 346 TRIAL 103
USA（WA），1998 (Red Delicious)	500WP	0.56	0.12	470	1	3 7 14 21 28	整个果实	0.48 0.38 0.36 0.25 0.22	STUDY 346 TRIAL 8105
Japan,1997(Fuji)	200 SC	1.2	0.02	6000	4	7 14 21 28	整个果实	0.28 0.43 0.11 0.13	Report No6A

（续）

苹果 国家,年(品种)	使用方式					PHI, d	施药对象	zappacarb, mg/kg[1,2]	参考
	剂型	d	有效成分, kg/hL	用水量, L/hm²	施药 次数				
Japan,1997(Fuji)	200 SC	1.2	0.02	6 000	4	7 14 21 30	整个果实	0.62 0.32 0.13 0.09	Report No 6No
Japan, 2003（Tsu-garu）	200 SC	1.2	0.02	6 000	1	1 3 7	整个果实	0.57 0.32 0.24	Report No 24Ie
Japan, 2003（Tsu-garu）	200 SC	1.0	0.02	5 000	1	1 3 7	整个果实	0.82 0.39 0.26	Report No 24

[1] 田间样品中残留较高的（美国田）。

[2] c：样品来自对照小区。

表 4　美国与日本规范田间试验中 zappacarb 在梨上的残留结果

苹果 国家,年(品种)	使用方法					PHI, d	施药对象	zappacarb, mg/kg[1,2,3]	参考
	剂型	d	有效成分, kg/hL	用水量, L/hm²	施药 次数				
USA（NY）,1998 (Bartlett)	500WP	0.55	0.12	470	1	7 14 21	整个果实	0.10 0.036 0.025	STUDY L18 TRIAL L8
USA（PA）,1998 (Bartlett)	500WP	0.56	0.12	480	1	7 14 21	整个果实	0.24 0.077 0.11	STUDY L18 TRIAL L13
USA（CA）,1998 (Bartlett)	500WP	0.55	0.13	440	1	7 14 21	整个果实	0.14 0.034 0.025	STUDY L18 TRIAL P106
USA（CA）,1998 (Bartlett)	500WP	0.56	0.12	470	1	7 14 21	整个果实	0.076 0.13 0.082	STUDY L18 TRIAL P107
USA（WA）,1998 (Bartlett)	500WP	0.54	0.12	450	1	7 14 21	整个果实	0.16 0.12 c0.014 0.12	STUDY L18 TRIAL J108
USA（WA）,1998 (D′Anjou)	500WP	0.55	0.12	480	1	7 14 21	整个果实	0.094 0.056 c0.01 0.074	STUDY L18 TRIAL J109
USA（OR）,1998 (Red Clapp)	500WP	0.55	0.12	460	1	7 14 21	整个果实	0.097 c 0.01 0.095 0.043	STUDY L18 TRIAL J110
USA（WA）,1998 (D′Anjou)	500WP	0.53	0.12	450	1	7 14 21	整个果实	0.29 0.19 0.099	STUDY L18 TRIAL 121

（续）

苹果 国家,年(品种)	使用方法					PHI, d	施药对象	zappacarb, mg/kg[1,2,3]	参考
	剂型	d	有效成分, kg/hL	用水量, L/hm²	施药次数				
Japan,1998(Housui)	200SC	1.2	0.02	6 000	4	7 14 21 28	整个果实	0.45 0.36 0.11 0.12	Report No. 7 Nagano
Japan,1998(Kousui)	200SC	1.2	0.02	6 000	4	7 14 21 28	整个果实	0.44 0.31 0.09 0.06	Report No. P7O
Japan,2000(Kousui)	200SC	1.2	0.02	6 000	1	1 3 7	整个果实	0.42 0.26 0.32	Report No. P14N1
Japan,2000(Kousui)	200SC	1.2	0.02	6 000	1	1 3 7	整个果实	0.82 0.90 0.57	Report No. P14N2
Japan,2001(Kousui)	200SC	0.80	0.02	4 000	1	1 3 7	整个果实	0.54 0.34 0.28	Report No. P19F
Japan,2001(Housui)	200SC	0.40	0.02	2 000	1	1 3 7	整个果实	0.32 0.26 0.18	Report No. P19S
Japan,2001(Kousui)	200SC	0.7	0.02	3 500	1	1 3 7	整个果实	0.56 0.50 0.15	Report No. P19I
Japan,2001(Kousui)	200SC	1.0	0.02	5 000	1	1 3 7	整个果实	0.10 0.24 0.11	Report No. P19T

[1] 田间样品中残留较高的（美国田）。
[2] 样品来自对照小区。
[3] 此表格中的梨样品从采收到分析是冷储了 15～16 个月。

食品加工研究

Zappacarb 在食品加工条件下不易水解。

加工人员从 5 倍喷药量的田里采集苹果，并加工成（STUDY 419）果汁与果渣。这个加工过程适用于 20～50kg 的样品量。先将苹果洗净，然后用粉碎机磨碎，得到的匀浆样品包裹在布中，放入榨汁机中。将榨汁机的压力调至 2 200～3 000psi* 运行 5min 以上得到果汁，布包中剩余的样品即为果渣。测量整个果实，即果汁与果渣中的残留量（表 5）。

———————————

* psi 为非法定计量单位，为大气压专有单位，具体单位是"lb/in²"，即"磅/英寸²"，1psi＝6.895kPa。本书为翻译文稿，不予换算。——编者注

表 5　田间苹果样品加工后所得到的果汁与果渣的残留量（STUDY 419）

| 苹果
国家,年(品种) | 使用方法 | | | | | PHI,
d | 施药对象 | zappacarb,
mg/kg[1,2] | 参考 |
	剂型	d	有效成分, kg/hL	用水量, L/hm²	施药 次数				
USA（NY），1998 (Idared)	500WP	2.8		470	1	7 7	整个果实 整个果实 洗后的果实 果汁 果渣	1.3[3] 0.89[4] 0.63 0.20 c 0.14 1.6	TRIAL C107 STUDY 419
USA（WA），1998 (Red Delicious)	500WP	2.8		460	1	7 7	整个果实 整个果实 洗后的果实 果汁 果渣	2.0[3] 2.1[4] 1.8 0.22 c 0.14 3.6	TRIAL J107 STUDY 419

[1] 重复样品取平均值。

[2] 对照组的果汁来自对照组样品。第二次分析检测这些果汁，未检测到残留量（<0.005 mg/kg）。

[3] 采集后的样品即刻进行加工试验。

[4] 在加工实验室抽取样品。

规范田间试验的数据总结表

作物	国家	试验	分析 方法	回收 率,%	喷雾器械	小区 面积, m²	田间样 品数量	田间试 验设计	采样 时间	数据分 析时间	储藏 时间, d
苹果	USA (GA)	STUDY 346 TRIAL 105	HPLC7	72~120 (n=46)	拖拉机悬挂式	557	?	非重复性 单一小区	1998- 08-24	1999- 03-09	197
苹果	USA (OR)	STUDY 346 TRIAL 4	HPLC7	72~120 (n=46)	拖拉机悬挂式	178	?	非重复性 单一小区	1998- 08-26	1999- 01-17	144
苹果	USA (OR)	STUDY 346 TRIAL 20	HPLC7	72~120 (n=46)	拖拉机悬挂式	178	?	非重复性 单一小区	1998- 08-29	1999- 01-13	137
苹果	USA (MI)	STUDY 346 TRIAL 97	HPLC7	72~120 (n=46)	拖拉机悬挂式	268	?	非重复性 单一小区	1998- 09-03	1999- 01-14	133
苹果	USA (MI)	STUDY 346 TRIAL 98	HPLC7	72~120 (n=46)	拖拉机悬挂式	381	?	非重复性 单一小区	1998- 09-03	1999- 01-14	133
苹果	USA (CO)	STUDY 346 TRIAL 101	HPLC7	72~120 (n=46)	拖拉机悬挂式	535	24 个 果实	非重复性 单一小区	1998- 09-02	1999- 01-19	139
苹果	USA (WA)	STUDY 346 TRIAL 8105	HPLC7	72~120 (n=46)	拖拉机悬挂式	190	?	非重复性 单一小区	1998- 09-04	1999- 01-19	137
苹果	USA (NY)	STUDY 346 TRIAL 104	HPLC7	72~120 (n=46)	拖拉机悬挂式	476	?	非重复性 单一小区	1998- 09-07	1999- 02-19	165
苹果	USA (WA)	STUDY 346 TRIAL J103	HPLC7	72~120 (n=46)	拖拉机悬挂式	491	24 个 果实	非重复性 单一小区	1998- 09-08	1999- 01-21	135
苹果	USA (PA)	STUDY 346 TRIAL 5	HPLC7	72~120 (n=46)	拖拉机悬挂式	502	24 个 果实	非重复性 单一小区	1998- 09-11	1999- 02-10	152
苹果	USA (NY)	STUDY 346 TRIAL 103	HPLC7	72~120 (n=46)	拖拉机悬挂式	401	?	非重复性 单一小区	1998- 09-13	1999- 03-22	190

（续）

作物	国家	试验	分析方法	回收率,%	喷雾器械	小区面积,m²	田间样品数量	田间试验设计	采样时间	数据分析时间	储藏时间,d
苹果	USA (CA)	STUDY 346 TRIAL S105	HPLC7	72～120 (n=46)	拖拉机悬挂式	334	24个果实	非重复性单一小区	1998-09-16	1999-02-25	162
苹果	USA (WA)	STUDY 346 TRIAL J102	HPLC7	72～120 (n=46)	拖拉机悬挂式	321	24个果实	非重复性单一小区	1998-09-23	1999-03-09	167
苹果	USA (ΓA)	STUDY 346 TRIAL 12	HPLC7	72～120 (n=46)	拖拉机悬挂式	502	24个果实	非重复性单一小区	1998-09-24	1999-03-05	162
苹果	USA (WA)	TRIAL J107 STUDY 419	HPLC7	74～111 (n=27)	拖拉机悬挂式	268	100 lb	非重复性单一小区	1998-10-08	1999-06-04	239
苹果	USA (NY)	TRIAL C107 STUDY 419	HPLC7	74～111 (n=27)	拖拉机悬挂式	297	100 lb	非重复性单一小区	1998-10-10	1999-06-05	238
苹果	Japan	REPORT6A	?	?	CO2背负式	8棵树	3 kg	非重复性单一小区	1997-09-28	?	?
苹果	Japan	REPORT 6NO	?	?	CO2背负式	8棵树	3kg	非重复性单一小区	1997-09-28	?	?
苹果	Japan	REPORT 24IE	HPLC6	84～115	CO2背负式	8棵树	2 kg	非重复性单一小区	2003-10-06	2003-10-29	23
苹果	Japan	REPORT 24	HPLC6	84～115	CO2背负式	8棵树	2 kg	非重复性单一小区	2003-10-06	2003-10-29	23
苹果	USA (PA)	STUDY L18 TRIAL L13	HPLC7	102～123	喷气式喷雾器	18棵树	5 lb	非重复性单一小区	1998-07-21	1999-12-03	500
苹果	USA (CA)	STUDY L18 TRIAL P106	HPLC7	102～123	喷气式喷雾器	16棵树	5 lb	非重复性单一小区	1998-07-29	1999-12-05	494
梨	USA (WA)	STUDY L18 TRIAL J108	HPLC7	102～123	喷气式喷雾器	24棵树	5 lb	非重复性单一小区	1998-08-03	1999-11-25	479
梨	USA (OR)	STUDY L18 TRIAL J110	HPLC7	102～123	喷气式喷雾器	16棵树	5 lb	非重复性单一小区	1998-08-06	1999-11-30	481
梨	USA (CA)	STUDY L18 TRIAL P107	HPLC7	102～123	喷气式喷雾器	16棵树	5 lb	非重复性单一小区	1998-08-09	1999-11-25	473
梨	USA (WA)	STUDY L18 TRIAL 121	HPLC7	102～123	喷气式喷雾器	18棵树	5 lb	非重复性单一小区	1998-08-12	1999-11-29	474
梨	USA (NY)	STUDY L18 TRIAL L8	HPLC7	102～123	喷气式喷雾器	16棵树	5 lb	非重复性单一小区	1998-08-13	1999-12-01	475
梨	USA (WA)	STUDY L18 TRIAL J109	HPLC7	102～123	喷气式喷雾器	16棵树	5 lb	非重复性单一小区	1998-08-18	1999-12-01	470
梨	Japan	REPORT 7NAGANO	HPLC6	94～102	背负式喷气式喷雾器	55	2 kg	非重复性单一小区	1998-09-12	1998-10-30	48
梨	Japan	REPORT P7	HPLC6	94～102	背负式喷气式喷雾器	63	2 kg	非重复性单一小区	1998-09-12	1998-10-30	48
梨	Japan	REPORT P14N1	HPLC6	83～97	背负式喷气式喷雾器	77	12个果实	非重复性单一小区	2000-09-07	2000-11-14	68

（续）

作物	国家	试验	分析方法	回收率,%	喷雾器械	小区面积,m^2	田间样品数量	田间试验设计	采样时间	数据分析时间	储藏时间,d
梨	Japan	REPORT P14N2	HPLC6	83～97	背负式喷气式喷雾器	41	12个果实	非重复性单一小区	2000-09-07	2000-11-14	68
梨	Japan	REPORT P19F	HPLC6	82～110	背负式动力喷雾机	50	12个果实	非重复性单一小区	?	?	?
梨	Japan	REPORT P19S	HPLC6	82～110	背负式动力喷雾机	63	12个果实	非重复性单一小区	?	?	?
梨	Japan	REPORT P19I	HPLC6	82～110	背负式动力喷雾机	36	12个果实	非重复性单一小区	?	?	?
梨	Japan	REPORT P19T	HPLC6	82～110	背负式动力喷雾机	56	2 kg	非重复性单一小区	?	?	?

[1] 所有的果实（以未捣碎状态）都储藏在冰箱中，且储藏数据真实有效。

[2] 所有的喷雾器都是经过校正的。

zappacarb 在仁果上残留的工作评估表

规范田间试验，有效性确认

试验田	作物	田间试验设计	喷雾器是否校正?	小区大小是否合适?	田间样品数量是否足够?	分析样品种类	样品是否符合 Codex 分析标准?	分析方法的特性	此方法是否适用于作物上?	回收率是否符合?	对照空白小区中的残留量?	低温储藏 OK,d	有效试验
TRIAL C107	苹果	✓	✓	✓	✓	整个果实	✓	HPLC7	✓	74～111 (n=27)	<LOQ	238 ✓	是
TRIAL J107	苹果	✓	✓	✓	✓	整个果实	✓	HPLC7	✓	74～111 (n=27)	<LOQ	239 ✓	是
TRIAL 104	苹果	✓	✓	✓	?	整个果实	✓	HPLC7	✓	72～120 (n=46)	<LOQ	165 ✓	是
TRIAL 5	苹果	✓	✓	✓	✓	整个果实	✓	HPLC7	✓	72～120 (n=46)	c=0.01	152 ✓	是

残留诠释列表

zappacarb 在苹果上的残留诠释表。GAP 与为 MRL、STMR 的估算的试验条件进行对比，确认其有效性。

作物	国家	剂型	施用方法				试验田	残留量，mg/kg
			有效成分 kg/hm²	有效成分 kg/hL	施药次数	PHI, d		
仁果	US GAP	WP	0.56		1	7		
苹果	US trial	WP	0.56	0.12	1	7	Trial 104	0.058
苹果	US trial	WP	0.56	0.12	1	7	Trial 5	0.58
苹果	US trial	WP	0.56	0.12	1	7	Trial 12	0.20 (0.13)[1]
苹果	Japan GAP	SC	1.4		1	7		
苹果	Japan trial	SC	1.2	0.02	1	7	No 24	0.24
苹果	Japan trial	SC	1.0	0.02	1	7	No 24	0.26

[1] 第 14 天的残留量（0.20mg/kg）比第 7 天的残留量（0.13mg/kg）高。

从所有的残留量中选出 STMRs、HRs 和最大残留水平的评估（排序，选出中值）。

推荐

食品法典作物编号	作物	最大残留水平，mg/kg	STMR, mg/kg	HR, mg/kg
FP 0226	苹果			
FP 0230	梨			
FP 0009	仁果			

数据评估是以 GAP 为前提的：

食品加工

初级农产品（RAC）	加工产品	计算加工因子	中值或最佳评估值
苹果	洗净的苹果		
	果渣		
	果汁		

初级农产品（RAC）	加工产品	加工因子（PF）	初级产品		加工产品	
			STMR	HR	STMR-P =STMR ×PF	HR-P[1] =HR ×PF
苹果	洗净的苹果					
	果渣					
	果汁					

[1] HR-P 的计算只有当产品在加工过程中完整时才有意义。

推荐

食品法典作物编号	作物	最大残留水平，mg/kg	STMR-P，mg/kg	HR-P，mg/kg
AB 0226	干果渣			
JF 0226	果汁			

本练习缩写和缩略词

AB	食品法典农产品组，用于动物饲养目的，来自水果和蔬菜加工过程
ADI	每日允许摄入量
ARfD	急性参考剂量
FP	食品法典农产品组，仁果
GAP	良好农业操作规范
GR	颗粒剂
HPLC	高效液相色谱
HPLC‑UV	高效液相色谱紫外线检测
HR	最高残留值
JF	食品法典农产品组，果汁
LOQ	定量限
MRL	最大残留限量
PF	加工因子
PHI	采收间隔期
RAC	初级农产品
SC	悬浮剂
STMR	残留中值

STMR - P 加工试验的残留中值，由初级农产品的 STMR 乘上相应的加工系数而得

WG 水分散粒剂

WP 可湿性粉剂

练习 8.2 规范残留试验及加工研究数据的评估——评价膳食摄入量

参见第 8 章。

1. 残留评估练习

番茄。

2. 目的

- 本练习旨在解释如何适当地选择原产品和加工产品试验得到的数据，并将这些数据整合以用于膳食摄入量评估，同时，讲解膳食摄入量的计算方法。

3. 目的：推荐 MRLs、STMRs、HRs

- 第 1 步：哪些残留数据是有效的并有充分的信息证明其可靠性？
- 第 2 步：哪些试验与 GAP 相匹配？
- 第 3 步：推荐初级农产品的 MRLs、STMRs、HRs。
- 第 4 步：哪些加工试验是有效的？
- 第 5 步：得出加工产品的加工因子、MRLs 和 STMR - Ps。
- 第 6 步：利用 IEDI、IESTI 电子表格计算摄入量。

4. 第 1 步：哪些残留数据是有效的并有充分的信息证明其可靠性？

残留试验列表
- 试验数据
- 国家
- 作物
- 作物品种
- 施药条件
- 安全间隔期
- 分析对象
- 以残留定义来表示的残留结果

5. 第 1 步：哪些残留数据是有效的并有充分的信息证明其可靠性？

残留试验规定内容（续）

- 试验中使用的分析方法
- 回收率,％
- 对照样本中的残留量
- 若对照区的样本有残留检出，该试验结果是否仍有效？
- 喷雾器械
- 小区面积
- 田间样本量
- 试验设计
- 样本的冷冻储藏间隔期
- 试验是否可行？

6. Happyfos

- 虚拟的农药及数据
- 代谢物为 happyfos oxon
- 数据代表典型结果
- 结果具有代表性

7. 冷冻储藏

表 1　happyfos 残留在田间施药番茄中的冷冻储藏稳定性数据

储存间隔, d	回收率,％	Happyfos, mg/kg	储存间隔, d	回收率,％	Happyfos oxon, mg/kg
均质番茄，储存于约−20℃的冰箱里			均质番茄，储存于约−20℃的冰箱里		
0	109	3.8, 3.7	0	70	0.51, 0.53
237	93	3.3, 3.6	237	88	0.55, 0.63
268	93	3.8, 3.5	268	91	0.63, 0.60
387	105	3.9, 4.1	387	101	0.67, 0.72

8. 残留定义

- 市场监测（MRL）

happyfos。

- 风险评估（膳食摄入量）

happyfos 及 happyfos oxon 的总量，以 happyfos 表示。

9. 试验数据 1

| 番茄 国家， 年份（品种） | 应用 | | | | | PHI, d | 商品 | 残留量，mg/kg | | 参考 |
	剂型	有效成分 kg/hm²	有效成分 kg/hL	水， L/hm²	次数			happyfos	happyfos oxon	
意大利，1999 (Alican)	WG	1.0	0.1	1 000	2	14 21	番茄	0.14 0.11	0.05 0.04	R11099I
意大利，1999 (Red Setter)	WG	1.0	0.1	1 000	2	14 21	番茄	0.08 0.07	0.03 0.03	R81099I

检查清单：

- 国家
- 作物
- 作物品种
- 施药条件
- 安全间隔期
- 分析对象
- happyfos 及其 oxon 代谢物残留量

10. 试验数据 2

作物	国家， 年份	试验编号	分析 方法	回收率， %	喷雾器械	小区 面积	田间样 品数量	田间试 验设计	采样 时间	数据分 析时间	储藏时 间, d
番茄	意大利， 1999	R11099I	B5150	71～99 n=14	带喷嘴的 手喷枪	30m²	14 个 果实	无重复， 单个小区	1999 - 10 - 21	2000 - 02 - 10	112
番茄	意大利， 1999	R81099I	B5150	71～99 n=14	手持吊杆	45m²	24 个 果实	无重复， 单个小区	1999 - 08 - 06	2000 - 02 - 15	193

清单

- 分析方法、回收率,%
- 喷雾器械
- 小区面积
- 田间样本量
- 试验设计
- 样本的冷冻储藏间隔期

11. 第 2 步：哪些试验与 GAP 相匹配？

作物	国家	剂型	类型	应用				最大数量	PHI，d
				剂量，有效成分，kg/hm²	浓度，有效成分，kg/hL	最小喷雾体积，L/hm²			
番茄	西班牙	WG	叶面喷施		0.038~0.11				14

番茄 国家，年份（品种）	剂型	施药				PHI，d	商品	残留量，mg/kg	
		有效成分，kg/hm²	有效成分，kg/hL	水，L/hm²	次数			happyfos	happyfos oxon
西班牙，1995（Roma）	WG	1.1	0.13	1 000	3	14	番茄	0.05	0.03

12. 残留计算表

作物	国家	剂型	试验参数				试验	happyfos	残留量，mg/kg	
			有效成分，kg/hm²	有效成分，kg/hL	施药次数	施药间隔期，d			happyfos oxon	happyfos＋oxon 以 happyfos 表示
番茄	西班牙 GAP	WG		0.11		14				
番茄	西班牙试验	WG	1.1	0.13	3	14	10PS4510	0.05	0.03	0.08

- 在第 1 行插入进行 GAP 的试验。
- 插入试验信息，每行 1 个试验。
- 仅列出符合 GAP 规定的试验。
- 最后一列列出符合 GAP 规定并可用于建立 MRL 值的有效残留数据。

13. 第 3 步：推荐初级农产品的 MRLs、STMRs、HRs

- 番茄：按大小顺序列出有效的 happyfos 残留数据，用于最大残留水平估算。
- 番茄：按大小顺序列出 happyfos 及其 oxon 代谢物残留量总和（以 happyfos 表示）的有效数据，并用横线标出残留中值及最大残留量数据。

14. 第 4 步：哪些加工试验是有效的？

参考规范试验的规定内容。

15. 第 5 步：得出加工产品的加工因子、MRLs 和 STMR - Ps

原产品（RAC）	加工产品	happyfos+oxon 以 happyfos 表示，mg/kg		计算的加工因子	中值或最佳估值
		2117 - T37P	D2760 - NMT		
番茄		1.48	1.41		
	洗涤后的番茄	1.91	0.36	1.3，0.26	1.3

- 使用风险评估残留定义。
- 中值不适用于包含不同加工过程的试验。

16. 第 6 步：利用 IEDI、IESTI 电子表格计算摄入量

- 电子表格：IEDI _ calculation14 _ FAO. xlt
- 需输入的数据。
  - 化合物：HAPPYFOS。
  - ADI＝0.03mg/kg（体重）。
  - 番茄的残留中值。
  - 番茄酱的残留中值。
  - 番茄汁的残留中值。
  - 罐装番茄的残留中值。
- 由于番茄加工的数据适用于 3 种加工产品，可以用番茄的 STMR 代入"番茄（汁除外，酱除外，去皮除外）"。

17. 第 6 步：利用 IEDI、IESTI 电子表格计算摄入量

- 电子表格：IESTI _ calculation11 _ FAO. xls
- 输入的数据
  - 化合物：HAPPYFOS。
  - ARfD＝0.1mg/kg（体重）。
  - 番茄的最大残留量。

18. 问题？

Happyfos[①] 在番茄上的残留评价——有效数据

Happyfos 数据——一种有机磷酸酯杀虫剂。

---

① Happyfos 及其数据均为虚构。数据代表了残留试验典型情况及问题。

特 性	数 值
有效成分的理化特性	
happyfos 分子量	330
25℃时水溶性	4mg/L
Log K_{ow}	3.0
水解，25℃时半衰期	pH 5＝17d；pH 7＝120d；pH 9＝0.5d
光解	光稳定
蒸气压	25℃时 1.3×10^{-4} Pa
TC 的有效成分含量，最小值	
happyfos	930g/kg
制剂特性	
制剂类型	WG、GR、WP
毒性评估	
ADI	0～0.03mg/kg（体重）
ARfD	0.1mg/（kg・d）

HAPPYFOS

Happyfos 是一种通过直接接触或摄食来控制害虫的杀虫剂，非内吸性。

分析方法概要

水果，蔬菜

分析物：happyfos 和 happyfos oxon

仪器：GLC‐FPD

方法：B5150

LOQ：0.01mg/kg

简述：均质基质用乙酸乙酯提取两次。提取液用硫酸钠干燥，并浓缩近干。定溶液用硅胶柱净化。洗脱溶剂旋蒸近干后用乙酸乙酯定容，并用 GLC‐FPD（磷模式）进行分析。Happyfos 及其 oxon 代谢物需采用不同的 GLC 条件分别进行分析。

采用多残留方法分析 Happyfos oxon 残留时，所得回收率较低。

冷冻储藏数据总结

表格中记录的储藏稳定性数据未经实时添加回收率调整计算。若添加回收率处于70％～120％的范围外，分析采样样本所得的数据并不纳入考虑范畴。

表2 Happyfos残留在田间施药番茄中的冷冻储藏稳定性数据

储存间隔，d	回收率，%	Happyfos，mg/kg	储存间隔，d	回收率，%	Happyfos oxon，mg/kg
均质番茄，储存于约−20℃的冰箱里			均质番茄，储存于约−20℃的冰箱里		
0	109	3.8，3.7	0	70	0.51，0.53
237	93	3.3，3.6	237	88	0.55，0.63
268	93	3.8，3.5	268	91	0.63，0.60
387	105	3.9，4.1	387	101	0.67，0.72

表3 Happyfos残留在田间施药番茄中的冷冻储藏稳定性数据

储存间隔	罐装番茄		番茄酱		番茄汁	
	Happyfos，mg/kg	Happyfos oxon，mg/kg	Happyfos，mg/kg	Happyfos oxon，mg/kg	Happyfos，mg/kg	Happyfos oxon，mg/kg
0	0.61，0.50	0.28，0.23	0.65，0.53	0.26，0.24	0.40，0.37	0.22，0.20
4周	0.54，0.49	0.26，0.19	0.46，0.51	0.17，0.23	0.51，0.43	0.23，0.24
13周	0.50，0.51	0.24，0.25	0.78，0.73	0.25，0.28	0.59，0.79	0.24，0.29

残留定义

建立MRL的残留定义：happyfos。

用于膳食摄入量评估的残留定义：happyfos和happyfos oxon总量，以happyfos表示。

残留为脂溶性。

注意：happyfos oxon的分子量为314。

GAP——试验参数

表4 Happyfos在番茄上的登记残留试验

作物	国家	施药						安全间隔期，d
		剂型	类型	剂量，有效成分 kg/hm²	浓度，有效成分 kg/hL	最小喷雾体积，L/hm²	最大数量	
番茄	西班牙	WG	叶面		0.038～0.11			14
番茄	葡萄牙	WG	叶面		0.075			21
番茄	法国	WG	叶面		0.075			3
番茄	意大利	WP	叶面		0.034～0.05			21
番茄	塞浦路斯	WG	叶面		0.056～0.075			15

规范残留试验

尽管试验包含对照区，对照样本的残留数据并不列入表中，除非对照样本的残留量超过LOQ。

残留数据未经回收率（%）调整计算。

表 5　欧洲规范残留试验中 Happyfos 在番茄上的残留结果

番茄 国家， 年份（品种）	施　药					PHI, d	产品	残留量，mg/kg		参考
	剂型	有效成分， kg/hm²	有效成分， kg/hL	水， L/hm²	次数			Happyfos	Happyfos oxon	
意大利，1999 （Alican）	WG	1.0	0.1	1 000	2	14 21	番茄	0.14 0.11	0.05 0.04	R11099I
意大利，1999 （Red Setter）	WG	1.0	0.1	1 000	2	14 21	番茄	0.08 0.07	0.03 0.03	R81099I
法　国，1996 （FY55）	WG	0.76	0.075	1 000	3	0 7 10 14	番茄	0.73 0.40 0.37 0.33	0.10 0.13 0.15 0.15	4841 - T
西班牙，1995 （Roma）	WG	1.1	0.13	1 000	3	14	番茄	0.05	0.03	10PS4510
西班牙，1999 （Valenciano）	WG	1.0	0.1	1 000	2	14 21	番茄	0.18 0.12	0.11 0.06	R63099S
西班牙，1999 （Valentine）	WG	1.0	0.1	1 000	2	14 21	番茄	0.08 0.04	0.05 0.02	R74099S
塞浦路斯，1994 （Alican）	WP	1.5	0.1	1 500	2	3 7 15	番茄	0.43 0.67 0.38	0.03 0.05 0.06	4260 - TMN
塞浦路斯，1994 （Alican）	WP	1.5	0.1	1 500	2	3 7 15	番茄	0.70 0.85 0.65	0.06 0.08 0.12	5361 - CY
法国，1989 （Campbell 28）	WG	0.84	0.1	800	4	7 14	番茄	0.53 0.40	0.17 0.15	1521 - TA37

食品加工研究

Happyfos 在烘烤、酿造、煮沸和消毒等食品加工条件下水解稳定，但在巴氏灭菌条件下（pH 4，90℃下 20min）会有部分水解。

美国的一个加工研究（2117 - T37P）以田间施药的番茄样本为对象，在实验室中参考实际商业操作对其进行加工。番茄通过清洗除去污垢和碎片后，再用含氯的水冲洗，采用压碎、加热和筛选的方式去除表皮和种子，将汁装入罐头，密闭并于沸水中煮 10min。

洗净的番茄全果用沸水处理以去皮，然后密封于罐头中煮 10min，在装入罐头及煮沸前将汁浓缩，制备成番茄酱及泥。

在第 2 个研究中（D2760 - NMT），第 1 步在热烫及压碎前将番茄浸于54℃ 0.5％ NaOH 溶液中，其余步骤与第 1 个研究类似。

表6 Happyfos 在番茄及其加工产品上的残留

番茄国家，年份（品种）	施药				PHI, d	产品	残留量，mg/kg		参考
	剂型	有效成分 kg/hm²	有效成分 kg/hL	水，L/hm²	次数			Happyfos	Happyfos oxon	
美国（CA），1988（204C）	?	1.1	0.4		8	3	番茄	1.4	0.08	2117 - T37P
							洗涤	1.8	0.1	
							罐装	0.54	0.04	
							酱	5.6	0.43	
							泥	2.5	0.17	
							汁	1.3	0.08	
							湿果渣	0.84	0.04	
							干果渣[2]	1.4	0.09	
							酱		c0.03[1]	
美国（CA），1993（UC 82B)	?	1.1	0.4		6	3	番茄	1.3	0.10	D2760 - NMT
							洗涤	0.30	0.06	
							酱	1.2	0.37	
							泥	0.75	0.26	
							汁	0.35	0.09	
							湿果渣	0.24	0.06	
							干果渣[3]	0.38	0.05	

[1] c：对照小区的加工样品。

[2] 湿果渣含 36% 固体物质，干果渣含 95% 固体物质。

[3] 湿果渣含 23% 固体物质，干果渣含 93% 固体物质。

规范残留试验的田间数据总结

作物	国家	试验	分析方法	回收率[1]，%	喷雾器械[2]	小区面积，m²	田间样本量	试验设计	取样日期	分析日期	储藏间隔天数，d
番茄	意大利，1999	R11099I	B5150	71～99 n＝14	有喷嘴的手喷枪	30	14 个	无重复，单个小区	1999 - 10 - 21	2000 - 02 - 10	112
番茄	意大利，1999	R81099I	B5150	71～99 n＝14	手持吊杆	45	24 个	无重复，单个小区	1999 - 08 - 06	2000 - 02 - 15	193
番茄	法国，1996	4841 - T	B5150	87～102 n＝10	机械化背负式	30	30 个	无重复，单个小区	1996 - 10 - 04	1997 - 03 - 16	163
番茄	西班牙，1995	10PS4510	B5150	87～102 n＝10	有喷嘴的手喷枪	36	30 个	无重复，单个小区	1995 - 10 - 04	1996 - 03 - 16	164
番茄	西班牙，1999	R63099S	B5150	82～105 n＝10	有喷嘴的手喷枪	30	15 个	无重复，单个小区	1999 - 07 - 31	2000 - 01 - 28	181
番茄	西班牙，1999	R74099S	B5150	82～105 n＝10	有喷嘴的手喷枪	22	15 个	无重复，单个小区	1999 - 07 - 28	2000 - 01 - 27	183
番茄	塞浦路斯，1994	4260 - TMN	B5150	72～102 n＝17	机械化背负式	26	12 个	无重复，单个小区	1994 - 10 - 15	1995 - 01 - 26	103
番茄	塞浦路斯，1994	5361 - CY	B5150	72～102 n＝17	机械化背负式	48	12 个	无重复，单个小区	1994 - 08 - 05	1995 - 02 - 15	194

（续）

作物	国家	试验	分析方法	回收率[1]，%	喷雾器械[2]	小区面积，m^2	田间样本量	试验设计	取样日期	分析日期	储藏间隔天数，d
番茄	法国，1989	1521-TA37	B5150	82～105 n＝10	机械化背负式	36	15 个	无重复，单个小区	1989-09-29	1990-01-25	118
番茄	美国，1988	2117-T37P	B5150	72～106 n＝12	有 6 个吊杆喷嘴的 CO_2 喷雾器	237	500 磅	无重复，单个小区	1988-09-11	1988-11-13	63
番茄	美国，1993	D2760-NMT	B5150	78～122 n＝23	含 6 个吊杆喷嘴的安装拖拉机的 CO_2 喷雾器	474	300 磅	无重复，单个小区	1993-08-13	1993-10-25	73

[1] 所列回收率范围包括 Happyfos 和 Happyfos oxon。

[2] 所有喷雾器械均已校准。

Happyfos 在番茄上的残留评估工作表

规范残留试验，有效性确认

试验	供试作物	试验设计	校准的喷雾器？	小区面积是否合理？	田间样本量是否合理？	分析对象	产品与食品法典分析部分一致？	分析方法	方法是否适用于产品？	实时回收率是否合理？	对照小区的样本残留？	可以冰箱储存	试验有效？
R110991	番茄	√	√	√	√	整果	√	B5150	√	71％～99％ (n＝14)	＜LOQ	112d√	是

残留计算表

下表为 Happyfos 在番茄上的残留计算表。为了评估最大残留水平、残留中值和最大残留量，研究对 GAP 规定和田间试验条件进行了比较。

作物	国家	剂型	试验参数				试验	残留量，mg/kg		
			有效成分，kg/hm²	有效成分，kg/hL	施药次数	PHI，d		Happyfos	Happyfos oxon	Happyfos＋oxon 以 Happyfos 表示
番茄	西班牙 GAP	WG		0.11		14				
番茄	西班牙试验	WG	1.1	0.13	3	14	10PS4510	0.05	0.03	0.08

Happyfos＋Happyfos oxon，以 Happyfos 表示，＝Happyfos 残留＋（330/314）×Happyfos oxon 残留。

用于 STMR、HR 及最大残留水平评估的残留数据总结（按大小顺序排列，下划线的数据为中值）：

推荐值

食品法典作物编号	作物	最大残留水平，mg/kg	STMR，mg/kg	HR，mg/kg
VO 0448	番茄			

评估以 GAP 为根据。

食品加工

初级农产品（RAC）	加工产品	Happyfos＋oxon 以 Happyfos 表示，mg/kg		计算的加工因子	中值或最佳估值
		2117 - T37P	D2760 - NMT		
番茄		1.48	1.41		
	洗涤后的番茄	1.91	0.36	1.3，0.26	1.3
	番茄酱				
	番茄泥				
	番茄汁				
	罐装番茄				

初级农产品 （RAC）	加工产品	加工因子 （PF）	初级产品		加工产品	
			STMR	HR	STMR‐P＝ STMR×PF	HR‐P[1]＝ HR×PF
番茄	番茄酱					
	番茄泥					
	番茄汁					
	罐装番茄					

[1] 当产品在加工后仍保持原产品的完整性时，方可进行 HR‐P 的计算。

推荐值

食品法典作物编号	作物	最大残留水平，mg/kg	STMR‐P，mg/kg	HR‐P，mg/kg
	番茄汁			
	番茄酱			
	番茄泥			
	罐装番茄			

其他进行膳食摄入量计算的产品

食品法典作物编号	作物	最大残留水平，mg/kg	STMR 或 STMR‐P，mg/kg	HR 或 HR‐P，mg/kg
FP 0226	苹果	2	0.42	1.3
FB 0269	葡萄	0.2	0.02	0.09
MM 0095	来源于除海洋哺乳动物以外的哺乳动物的肉类	3（脂肪）	0.04（肌肉） 0.95（脂肪）	0.1（肌肉） 2.2（脂肪）
TN 0085	树生坚果	0.2	0.03	0.11
VC 0432	西瓜	1	0.02	0.02
	酒		0.005	

膳食摄入量计算

膳食摄入量的计算详见第 12 章。

IEDI 计算

本节选择 13 种膳食量中的 B 区和 F 区为对象。

食品法典作物编号	作物	膳食摄入量，g/（人·d）	
		B 区膳食量	F 区膳食量
FP 0226	苹果	60.5	39.4
FB 0269	葡萄	128.5	44.0
MM 0095	含 20% 脂肪的肉类	23.3	26.3
MM 0095	含 80% 肌肉的肉类	93.2	105.0
VO 0448	番茄	185.0	40.9
JF 0448	番茄汁	0.5	15.2

（续）

食品法典作物编号	作物	膳食摄入量，g/（人·d）	
		B区膳食量	F区膳食量
	番茄酱	1.3	4.5
	去皮的番茄	0.4	3.2
TN 0085	树生坚果	21.5	10.2
VC 0432	西瓜	43.1	6.0
	酒	76.8	25.6

对于 B 区和 F 区膳食量，默认体重＝60kg。

当计算多少 RAC（原产品）产生 1g 加工产品时，需乘以加工因子。

对于番茄，1.25g 番茄可加工 1g 番茄汁或 1g 去皮番茄，而 4g 番茄才可生产出 1g 番茄酱。

对于葡萄，1.4g 葡萄可生产出 1g 葡萄酒。

RACs 的 IEDI 计算

食品法典作物编号	作物	STMR 或 STMR‑P，mg/kg	B区膳食量	摄入量	F区膳食量	摄入量
FP 0226	苹果	60.5	—		39.4	—
FB 0269	葡萄	128.5	—		44.0	—
MM 0095	含 20％脂肪的肉类	23.3	26.3			
MM 0095	含 80％肌肉的肉类	93.2	105.0			—
VO 0448	番茄	185.0	40.9			
TN 0085	树生坚果	21.5	10.2			—
VC 0432	西瓜	43.1	6.0			—
合计 µg/（人·d）						

初级农产品和加工产品的 IEDI 计算

从 RAC（初级农产品）的消费量中扣除加工产品的消费量（用加工因子校正）。

食品法典作物编号	作物	STMR 或 STMR‑P，mg/kg	B区膳食量	摄入量	F区膳食量	摄入量
FP 0226	苹果	60.5	—		39.4	—
FB 0269	葡萄	128.5	—		44.0	—
MM 0095	含 20％脂肪的肉类	23.3	26.3			
MM 0095	含 80％肌肉的肉类	93.2	105.0			—
VO 0448	番茄	185.0	40.9			
JF 0448	番茄汁	0.5	15.2			
	番茄酱	1.3	4.5			

（续）

食品法典 作物编号	作物	STMR 或 STMR‐P， mg/kg	B区膳食量	摄入量	F区膳食量	摄入量
	去皮的番茄		0.4		3.2	
TN 0085	树坚果		21.5	10.2		—
VC 0432	西瓜		43.1	6.0		—
	酒		76.8	—	25.6	—
合计 μg/（人·d）						

按 ADI 百分率计算摄入量。

ADI 以 μg/人表示：ADI ［mg/kg（体重）］×60×1 000

摄入量估值［μg/（人·d）］以 ADI 的百分率表示。

理解 IESTI 运算

详见《FAO/JMPR 评估手册》的 7.3（127～130 页）。

分别对每种产品进行估算。

小结

LP：　　　　　　1 天内消耗的最高量，　　　　单位：kg。

U：　　　　　　整个产品的单位质量，　　　　单位：kg。

U_c：　　　　　可食部分的单位质量，　　　　单位：kg。

v：　　　　　　变异系数，默认值为 3，　　　无单位。

bw：　　　　　　体重，　　　　　　　　　　　单位：kg。

HR：　　　　　　可食部分的最高残留，　　　　单位：mg/kg。

IESTI：　　　　估算的摄入量，　　　　　　　单位：mg/（kg·d）。

STMR‐P：　　　加工产品的 STMR，　　　　　单位：mg/kg。

例 1. 混合样品中的残留代表日常一次膳食中的残留；单位质量低于 25g。

$$IESTI = \frac{LP \times HR}{bw}$$

例如：杏仁、胡桃、葡萄干、樱桃、肉类。

例 2. 若日常膳食或单个水果或蔬菜含有比混合物更高的残留量。

例 2a：

$$IESTI = \frac{U_c \times HR \times v + (LP - U_c) \times HR}{bw}$$

例如：苹果、葡萄（以串为单位）、胡萝卜、番茄。

例 2b：仅食用整果中的一部分。

$$IESTI = \frac{LP \times HR \times v}{bw}$$

例如：西瓜、凤梨、结球甘蓝。

例 3. 在膨胀和混合的产品中，加工产品的 STMR‐P（或膨胀和混合的未加工产品的 STMR）可能含有最高的残留量。

$$IESTI = \frac{LP \times STMR\text{-}P}{bw}$$

例子：酒、番茄汁、小麦。

根据 IESTI 公式直接计算 IESTI 值所需的参数。

	总人口				儿童			
	体重，kg	LP，kg	U，kg	U_c，kg	体重，kg	LP，kg	U，kg	U_c，kg
苹果	65	1.348	0.11	0.10	15	0.679	0.11	0.10
葡萄	67	0.513	0.125	0.118	19	0.342	0.125	0.118
含 20%脂肪的肉类	67	0.104			19	0.052		
含 80%肌肉的肉类	67	0.417			19	0.208		
番茄	52.2	0.387	0.105	0.102	18.9	0.215	0.105	0.102
番茄汁	无数据							
番茄酱	无数据							
去皮的番茄	无数据							
树坚果	52.6	0.107			19	0.028		
西瓜	65	1.939	4.518	2.078	19	1.473	4.518	2.078
酒	52.2	1.006			18.9	0.089		

计算 IESTI 值

	STMR 或 STMR‐P	HR 或 HR‐P	总人口		儿童	
			例	IESTI，$\mu g/(kg \cdot d)$	例	IESTI，$\mu g/(kg \cdot d)$
苹果						
葡萄						
含 20%脂肪的肉类						
含 80%肌肉的肉类						
番茄						
树坚果						
西瓜						
酒						

将计算得出的 IESTI 值与 ARfD 比较。

IEDI 和 IESTI 的电子计算表格

IEDI 计算

电子表格：IEDI _ calculation14 _ FAO. xlt

需输入的数据：

化合物：HAPPYFOS

ADI＝0.03mg/kg

STMRs 见幻灯片 12 页

由于番茄加工的数据适用于 3 种加工产品，可以用番茄残留中值代入"番茄（汁除外，酱除外，去皮除外）"。

结果：对于 13 种膳食，摄入量＝××％～××％。

IESTI 计算

电子表格：IESTI _ calculation11 _ FAO. xlt

需输入的数据：

化合物：HAPPYFOS

ARfD＝0.1mg/kg

HR 和 STMR 值见幻灯片 12 页

结果：摄入量＝成人：××××％；儿童：××××％。

本练习缩写和缩略词

ADI	每日允许摄入量
ARfD	急性参考剂量
GAP	良好农业操作规范
GLC‑FPD	带火焰光度检测器的气相色谱
GR	颗粒剂
HR	最高残留值
HR‑P	加工试验的最高残留值
IEDI	国际估计每日摄入量
IESTI	国际估算短期摄入量
LOQ	定量限
MRL	最大残留限量
PF	加工因子
PHI	安全间隔期
RAC	初级农产品
STMR	残留中值

STMR‑P	加工试验的残留中值，由初级农产品的 STMR 乘上相应加工系数而得
TC	原药
WG	水分散粒剂
WP	可湿性粉剂

练习 8.3 西番莲[①]规范田间试验中的农药残留的评估

巴西的国家施药标准允许在西番莲上最多施用 4 次苯醚甲环唑 250g/LEC，施药剂量为有效成分 5g/hL 或 $0.01 \sim 0.04kg/hm^2$，安全间隔期为 14d。

巴西的四个田间试验是按照 GAP 进行的（1 次施药，-25% 的施药剂量），施药 7d 后的采集的样品中，除一个试验的残留量为 0.04mg/kg，其他残留量均低于 LOQ 0.01mg/kg。

以 $2.5 \sim 5$ 倍 GAP 最大施药量（有效成分）kg/hm^2 来进行处理，所有在 7d 或者 14d 时采集的样品残留量均低于定量限（$0.01 \sim 0.05mg/kg$）。

任务：评估残留数据，估计最大残留水平、HR 和 STMR 值。

苯醚甲环唑在西番莲上的残留数据来自巴西规范农药残留试验。

地点一作物品种	施药					残留量，mg/kg	参 考
	剂型	施药量（有效成分），g/hm^2	浓度（有效成分），g/hm^2	间隔，d	安全间隔期，d		
巴西 GAP(有效成分)：$10 \sim 40g/hm^2$，施药浓度（有效成分）：5g/hL，15d 内施药 4 次，PHI：14d							
特斯 - PR not stated	EC125g/L	30	—	NA	0 1 3 5 7	<0.01 0.01 <0.01 <0.01 ND	M08078 试验：M08078 - DMO F：A13703G - 10304
乌贝兰迪亚 - MG not stated	EC125 g/L	30	—	NA	0 1 3 5 7	0.01 0.01 <0.01 <0.01 <0.01	M08078 试验：M08078 - JJB F：A13703G - 10304
提高地- SP not stated	EC125g/L	30	—	NA	0 1 3 5 7	0.08 0.07 0.04 0.04 0.04	M08078 试验：M08078 - LZF1 F：A13703G - 10304
圣阿梅利亚 - PR not stated	EC125g/L	30	—	NA	0 1 3 5 7	0.02 0.03 <0.01 <0.01 <0.01	M08078 试验：M08078 - JJB F：A13703G - 10304

---

① 田间试验来自 2010 年 JMPR 评估报告。

（续）

地点一 作物品种	施药					残留量， mg/kg	参　考
	剂型	施药量 （有效成分）， g/hm²	浓度 （有效成分）， g/hm²	间隔， d	安全间 隔期，d		
圣保罗- Amarelo	EC250g/L	100	10	—	14	<0.01	FHF 017B 试验：FHF 017BX14 F：A7402T - 10007
圣保罗- Amarelo	EC250g/L	200	20	—	7	<0.01	FHF017B 试验：FHF017B2X7 F：A7402T - 10007
圣保罗- Amarelo	EC250g/L	200	20	—	14	<0.01	FHF017B 试验：FHF017B2X14 F：A7402T - 10007
圣保罗- Amarelo	EC250g/L	100（×4）	10（×4）	7～9	0 3 7 10 14	<0.05 <0.05 <0.05 <0.05 <0.05	FHF 017/98 试　　验：　FHF 017B 2X14 F：A7402T - 10008
圣保罗- Amarelo	EC250g/L	200（×4）	20（×4）	7～8	14	<0.05	FHF 017/98 F：A7402T - 10008
圣保罗- Azedo	EC250g/L	100（×4）	10（×4）	7	0 3 7 10 14	<0.02 <0.02 <0.02 <0.02 <0.02	M00164 试验：M00164 F：A7402T - 10009
圣保罗- Azedo	EC250g/L	200（×4）	20（×4）	7	0 3 7 10 14	0.38 <0.02 <0.02 <0.02 <0.02	M00164 试验：M00164 F：A7402T - 10009

练习 8.4　拟定一个规范田间试验的草案

另请参阅第 8 章。

1. 规范田间试验草案的拟定

2. 目的

- 本练习的目的是说明如何拟定一个规范田间试验草案。

3. 规范田间试验草案的拟定

- 目的
- 使用草案模板策划规范田间试验。

4. 背景

- 规范田间试验能够提供农药的施用与收获产品中期望残留量的联系。

5. 该过程中规范田间试验的位置

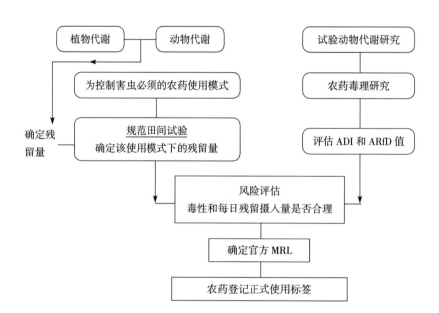

6. 拟定规范田间试验草案

- 一个好的草案能够确保所有的试验人员都明确试验对自己的要求，而且能够明确试验每一阶段的开始和结束时间。

- 当要准备最终报告时，草案是一个好的开始。
- 研究目的应该说明清楚。
- 将准备最终报告（数据提交）当做独立任务。
- 这个草案是为田间试验设计的。草案的一些部分不同于收获期后的使用。

7. 收集信息

- 残留定义。
- 施药方式，来源于药效试验。
- 分析样本的能力。
- 合适的分析方法。
- 实验室经验和能力。

8. 信息性质

- 草案中的信息应该是特定的。
- 诸如"在适当情况"和"相关的"的短语说明信息太模糊。
- 在草案中有必要预期将要发生的情况，描述应该采取的行动。读者应该毫无疑问应该做什么。

9. 练习

- 选择一种在你感兴趣的小作物上使用的农药。
- 准备一份含有 3 个规范田间试验的草案，产生数据以支持登记许可的申请。

10. 过程

- 第 1 步：确定农药使用方法和需要数据来支持 MRL 的作物。
- 第 2 步：使用草案模板作为清单表来收集信息。
- 第 3 步：尽可能地完善模板。
- 第 4 步：准备完成草案需要的行动清单。

11. 问题？

本练习缩写和缩略语

ARfD　　　　　　急性参考剂量

ADI　　　　　每日允许摄入量
AOAC　　　　国际分析化学家协会
CAS　　　　　美国化学文摘社
CIPAC　　　　国际农药分析协作委员会
EC　　　　　　乳油
FAO　　　　　联合国粮食及农业组织
MRL　　　　　最大残留限量
MSDS　　　　化学品安全说明书

草　案

规范残留田间试验

［插入农药名］在［插入作物］上

单位名称

项目负责人
［插入姓名、地址］

研究编号：独一无二的辨识码
文件：

详细地址

页码　　　　　　　　　　　拟定草案日期

目 录

总论

人员和责任

项目负责人：	
实验室操作：	
田间条件：	
数据提交	
拟定草案：	

研究目的

试验目的是向登记机构提供有效的［插入农药］在［插入作物］上田间残留数据以便建立［插入残留］在［插入商品］上的 MRL 值。

田间试验部分

目的是在控制条件下根据批准或者登记或者提议登记的使用［插入农药］的方法来产生［插入商品］样本，用以记录田间数据。

实验室研究部分

目的是分析［插入商品］样品和记录实验室数据。

数据提交

目的是整理文件，准备向登记机构提交登记申请。

试验数目

［插入数字］实施试验。

试验标识号是：

［插入独特的标识号］试验1。

［插入独特的标识号］试验2，等。

地点是：

地址（地点 A）. 试验（独特的标识号）

地址（地点 B）. 试验（独特的标识号）

地址（地点 C）. 试验（独特的标识号）

对于已定草案的变更

在草案通过后，可以通过和项目负责人协调改变其中的内容，记录变更原因并描述改变的内容，同时陈述对项目的有效性和结果的影响。

机密性[①]

除非登记局已经评估过，否则这项工作将会被认为是机密的。这项工作将以联合作者署名形式发表在《科学》杂志上。

复印所有的通信材料

将所有通信材料和附件都寄给项目负责人，该项目负责人将保留这个项目的综合文件。

基金代码

这项工作受［插入资助者的姓名和地址］资助。

基金代码：［插入基金代码］

统计方法[②]

不需要统计方法。

原始数据的保存

在项目完成时，所有记录本、图、工作表、通信表和其他文件都将存档在［插入姓名和文件注册中心的地址］科学数据文件中。

注册机构指导方针

在开始和随后阶段，项目负责人将会使用登记机构指导方针中相关的资料来执行，且将其提供给相关人员。相关登记机构的指导方针将会在最后的

---

① 在草案的起草阶段确定哪些信息是保密的，哪些数据是可以公开的。例如，提供的一段话应该包括在草案中。

② 在起草阶段确定使用哪些方法，如果不需要，写"无"。

报告中确认。

田间试验部分

田间记录本

田间试验人员要保留一份每一个试验点单独的记录本。每一页都要求编号并写明试验数目、日期和试验记录人的姓名。记录要求用黑色笔或者至少同一颜色的笔，以便复印。记录本的每一页复印件都要包括在向登记机构提交的编译文件中。

试验地点

试验将在［插入试验 1 的地址］和［插入试验 2 的地址］，等地进行。

田间试验负责人将提前与农场主达成协议。

试验地点选择的理由

试验地点（和作物品种）必须按照提议的使用方法来处理样品。

喷雾设备

试验所用设备必须详细描述。应该模仿商业设备的施用方法。

喷雾设备的校准

每天都需要清洗喷雾设备并用水校准。所有的校准数据都要记录。

对农场主的安排[①]

农场主应得到由于试验造成作物损失的相应赔偿。

被试物——有效成分和制剂

通过通用名称、化学名称和 CAS 登记号来鉴别有效成分。

通过名称、类型（如 EC）、商标、生产批号、生产日期、配方来描述制剂。

制剂应附有一份化学品安全说明书。制剂的使用应遵守化学品安全说明书中的指导与说明。

田间试验人员应将制剂样品装在干净玻璃瓶（约 100mL）中待分析，同时需记录采样日期。样品需贴上标签（详见"样品标签"部分），后送至实验室处理负责人［插入合作实验室的名称和地址］。制剂样品不能和喷施样品或残留样品放在同一个包裹中。

---

① 如果试验在私有农场进行，需在试验草案起草阶段与农民协调。被试作物是否允许售卖？若被试作物不能售卖，农民能否得到相应赔偿？计划书中需包括类似上述问题的内容。

被试物——储藏

用于试验的制剂应储藏于被批准的农药店。试验人员需记录储藏条件（温度）和被试物的使用情况。记录需保留原始数据。

施用方法——经批准的或标签上的使用说明

记录当前被批准的施用方法或标签上的使用说明，并描述对其的修改建议。

建议对试验的施用方法

描述试验中的施用方法，以便与登记或标签上建议的施用方法相对比。

试验设计

- 每个试验地的试验数。
- 每个试验的重复数。
- 每个试验或试验重复的小区数。
- 试验小区面积。
- 试验处理。

日程表

描述每个试验地预期的施药与采样日程。

被试作物

田间试验人员需记录：

- 品种。
- 品质或等级。

喷施药液

田间试验人员应尽可能准确地做喷药准备，包括计算好有效成分［插入浓度］mg/L。

田间试验人员需准备两个搅拌充分的喷施用药，装在洁净的玻璃瓶中（500mL）。两个样品依次使用。样品需贴上标签（详见"样品标签"部分），后送至实验室处理负责人处。喷施样品不能和残留样品放于同一包裹内。

田间试验人员需取 1L 水用于准备喷施药液。样品需贴上标签（详见"样品标签"部分），后送至实验室处理负责人处。水样品应同时附有一份浸渍或喷施样品。

田间试验人员需记录：

- 喷施药液中的添加剂或其他成分。
- 喷施药液配制方法。
- 制剂的准确量取体积与喷施用水量。

- 喷药时间（一天中的准确时间点）与喷药用时。
- 喷药地点温度和湿度。

为了保证试验中喷药浓度正确，建议获取早期的喷药分析样本。如果浓度与要求的［插入浓度］mg/L 相差较大，建议仔细测量多罐制剂。

施药条件

施药应在喷施药液配好后 2h 内完成。施药应遵守指导说明，并在作物情况正常时进行。不能在下雨前 4h 施药。

施药技术

施药应对作物的典型施药部位进行［叶、土、按指导］。［叶、果实、土］应被均匀彻底地喷施。避免喷施超出范围和飘失。喷药描述应与标签或计划标签上的指导一致。

施药次数

记录一个小区喷药前后喷施药液总量的变化。记录准确的喷药次数。

使用农药历史记录

田间试验人员需记录当季前的田间使用农药历史。

样品标签

制剂

- 唯一的样本编号。
- 试验数目。
- 收样日期。
- 收样人。
- 样品描述（剂型，批号）。

喷施药液

- 唯一的样本编号。
- 试验数目。
- 收样日期。
- 收样人。
- 样品描述（喷雾器、药液喷施顺序、预期浓度）。

残留样品

- 唯一的样本编号。
- 试验数目。
- 收样日期。
- 收样人。

- 样品描述。

水样品

- 唯一的样本编号。

- 试验数目。

- 收样日期。

- 收样人。

- 样品描述（喷药用水）。

样品容器

制剂：　　　　　玻璃瓶或带螺旋口盖的罐子。

喷施药液：　　　玻璃瓶或带螺旋口盖的罐子。

残留样品：　　　［插入建议使用的容器，例如双层塑料袋］。

水样品：　　　　带螺旋口盖或具塞的玻璃瓶。

田间试验人员从［插入经认可的容器源］获取合适的样品容器和标签。

残留样品——田间处理

田间试验人员需采集［插入数量］空白对照样本（不施药）和［插入数量］［插入产品］田间施药样本。每个样本至少 2kg。样品包装于［插入建议的容器，如双层塑料袋］。

样品需贴上标签（详见"样品标签"部分），后送至实验室处理负责人处。残留样品不能和喷施样品放在同一个包裹中。

样品的寄送

样品需贴上标签（详见"样品标签"部分），后送至实验室处理负责人处。田间试验负责人需告知实验室处理负责人样品何时寄出及预计到达时间。同时，田间负责人应告知寄送样品的数量与类型。田间负责人应选择何时寄送样品以保证实验单位能在工作时间接收样品。作物样品不能与浸渍或喷施样品放置于同一包裹内［插入运输过程中样品所需的打包条件和温度］。

样品储藏条件、日期与时间

田间试验人员需记录以下日期：

- 收获。

- 施药（日期和时间）。

- 打包（日期和时间）。

- 运往实验室（日期与时间）。

［插入产品］样品应包装于［插入冷却或冷冻］隔热箱子中，［插入运送方式］运往实验室。

天气记录

记录试验期间试验地的天气情况。

质量保证

描述确保田间试验操作可信有效的程序和检查。

实验室研究部分

实验室记录本

实验室研究人员需为每一个试验准备一个单独的记录本。在每一页标明页数、试验号、记录日期以及记录者姓名。所有相关工作表和仪器图表也应以相同方式标注。使用黑色或其他能被清楚影印的笔进行记录。所有记录本内页、工作表、仪器图表的副本将被汇编并提交到登记处。

样品识别列表

实验室研究人员应将每种样品的试验地、试验的确认、试验田编号、实验室编号、样品描述（样品类型、采样与处理日期）列于一张表中。

残留样品——实验室研究

对残留样品［插入残留定义］进行分析（准确定义需分析的农药及其代谢物）。

列出分析结果（未经调整的回收率）

1. 以鲜重计算［插入农药］在［插入农产品］上的残留。

2. 以干重计算［插入农药］在［插入农产品］上的残留。

3. 其他。

分析

说明所分析的农产品部位，并说明残留结果的表达方式，例如以农作物全株计算残留或以可食部分计算残留。

对所有残留样品［插入残留定义］进行分析。

每个实验室样本在分析时都应设置重复。即每个实验室样本制备完成后都应取 2 个子样本进行分析。

对制剂样品进行［插入农药通用名］成分的分析。

对喷施药液样品进行［插入农药通用名］成分的分析。

对比标准水样分析试验样品进行分析，测量其 pH、硬度等性质。

分析方法

使用［插入方法标题与编号］方法对残留样品进行分析。

使用［插入方法标题与编号］方法对喷施药液样品进行分析。

建议使用 AOAC 或 CIPAC 方法［插入方法标题与编号］对制剂样品进行分析。

分析方法确认

通过线性、可重复性、LOQ、LOD 和回收率确认方法。同时应考察空白对照样品的可靠性。

以鲜重计算 LOQ 为［插入 LOQ］mg/kg。

每批样品都要进行回收率分析

样品的储藏条件、日期和时间

实验室研究人员需记录一下日期和时间：

- 样品到达实验室。
- 样品前处理。
- 样品分析（同时记录分析前冷冻储藏的天数）。

实验室研究人员需记录样品待分析时的情况（温度、样品容器、样品捣碎与否）。

若样品分析前冷冻储藏时间大于 2 周，则需提供［插入农药名］残留的冷冻储藏稳定性的相关信息。若无法提供冷冻储藏稳定性的相关信息，则需进行关于该药冷冻储藏稳定性的研究。

试验分析预估

样品类型	处理	重复		重复	
		小区	小区	小区	小区
制剂					
喷施药液					
水					
果实		副本分析	副本分析		

实验室职责

实验室试验负责人需确保实验室工作量与样品前处理、样品分析、试验文件的汇编相协调。

质量保证

描述保证实验操作可靠有效的程序与检查。

数据文件的提交

根据现行指导标准向登记机构提交数据。主要文件需包括［插入农药名称］的建议 MRLs 及支持数据、实验室试验报告和田间试验报告。附件中需包含所有与项目相关的其他文件副本。

练习 9.1　EMRL 的评估

参见第 9 章。

此练习的目的是从残留监测数据中评估最大残留水平，以适用于 EM-RL（再残留限量）。

再残留是指来自于环境（包括从前的农业使用）的、非农药的直接或间接使用引起的农产品中农药的残留。由食品监测项目中产生的残留数据评估 EMRLs。

理想条件下，对于再残留必须评估所有代表性地域的监测数据以覆盖国际贸易，而且这些数据必须包括零残留结果（和最低定量浓度）。

如果确定的 EMRL 被选择，JMPR 根据预期的超标率[①]评估监测数据。在贸易中，不接受 0.5% ～ 1% 或更高的违规率。

目标

如果对于每个数据集其 EMRL 设定为 0.1mg/kg、0.5mg/kg、1mg/kg、2mg/kg，则估算其违规率。若每个数据集的 EMRL 为 0.1mg/kg、0.5mg/kg、1mg/kg、2mg/kg 或 5mg/kg 时，估算超标率。

确定 C-数据集是充分的，而不要选择使用 DDT 的特定区域的数据。

对于 DDT 残留，估算一个合适的在 MM 0095 肉（来自哺乳动物，除海洋哺乳动物外）（脂肪）中的 DDT 监测数据（脂肪）。

1996[②] 年 JMPR 报告了哺乳动物（脂肪）中 DDT 的监测数据。

1996 年 JMPR 接受了来自澳大利亚、德国、新西兰、挪威、泰国及美国的动物产品中残留调查数据。

这些数据显示国家之间的差异，其表中的表示方式也不同。除澳大利亚的数据外，所有残留量均表示成 $p, p'\text{-DDT}$, $o, p'\text{-DDT}$, $p, p'\text{-DDE}$ 和 $p, p'\text{-TDE}$ （$p, p'\text{-DDD}$）之和，符合 Codex 的残留定义。在澳大利亚的

[①]　超标率：残留量超过 MRL 或 EMRL 的百分率。在此练习中，超标率指残留量超过 EMRL 草案的监测样品百分数。

[②]　FAO 1996 年评估报告。

调查中，分别报告了 DDT、DDE 和 TDE 的残留量。

表 1　澳大利亚肉中 DDT 的残留量，1989—1994

农产品	化合物	样品数量	无残留样品数量	痕量样品数量	不同残留量（mg/kg）范围的样品数量				
					0.1~1	1.1~—2.5	2.6~5	5.1~10	>10
牛肉（脂肪）	DDT	39 854	39 730	60	61	1	1		1
	DDE	39 854	37 149	1 283	1 394	24	3	1	
	TDE	39 854	39 752	47	53	2			
绵羊（脂肪）	DDT	29 270	29 169	59	41				
	DDE	29 270	25 604	1 336	2 314	13			
	TDE	29 270	29 208	33	28	1			
猪（脂肪）	DDT	15 900	15 761	62	74	2		1	
	DDE	15 900	15 257	427	210	5	1		
	TDE	15 900	15 814	44	40	2			

表 2　德国肉中 DDT 的残留量，1993

农产品	样品数量	不同残留量（mg/kg）范围的样品数量												最大值,mg/kg
		<0.001	0.001	0.002~0.01	0.011~0.015	0.016~0.02	0.021~0.05	0.051~0.1	0.11~0.2	0.21~0.5	0.6~1	1.1~2	2.1~5	
肉[1]（脂肪）	777	128		87	54	102	230	119	39	17	1			0.5
羊（脂肪）	87	6		2	4	14	18	11	24	6	1	1		1.01

表 3　新西兰肉中 DDT 的残留量，1990—1994

农产品	分析样品数量	阳性样品数量（≥0.02mg/kg）	不同残留量（mg/kg）范围的样品数量					DDT 最大值,mg/kg
			0.02~0.5	0.51~1.0	1.01~2.0	2.1~5.0	>5	
羔羊	965	534	491	25	16	2		3.7
成年羊	548	277	250	15	8	4		2.6
成年牛	739	319	304	11	5			1.4
小牛	1211	857	768	58	21	9	1	5.2
猪	925	507	487	10	6	3	1	6.2

表 4　来自新西兰 DDT 使用历史的地区羔羊肉中 DDT 的残留量，1992—1993

农产品	分析样品数量	阳性样品数量（≥0.02mg/kg）	不同残留量（mg/kg）的样品数量					DDT 最大值,mg/kg
			0.02~0.5	0.51~1.0	1.01~2.0	2.1~5.0	>5	
羔羊	403	396	183	82	60	58	13	13

表 5　挪威肉中 DDT 残留量，1990—1994

农产品	样品数量	不同残留量（mg/kg）范围的样品（脂肪）数量	
		<0.02	0.02~0.5
牛肉（脂肪）	537	536	1
猪肉（脂肪）	537	536	1
羊肉（脂肪）	149	149	
驼鹿肉（脂肪）	169	169	

表 6　泰国肉中 DDT 的残留量，1993—1994

农产品	样品数量	不同残留量（mg/kg）范围的样品数量				
		<0.01	0.01~0.05	0.06~0.1	0.11~0.5	0.51~1
牛肉，1993	30	2	23	2	3	
牛肉，1994	123	2	94	16	11	
猪肉，1993	65	1	48	10	6	
猪肉，1994	157	1	129	19	8	

表 7　美国肉中 DDT 的残留量，1991—1994

动物	样品数量	不同残留量（mg/kg）范围的样品数量							
		0.01~0.1	0.11~0.2	0.21~0.3	0.31~0.5	0.51~1.0	1.01~2.5	2.51~5	>5.0
牛，1991	4 650	58	20	8	6	4	2		
绵羊，1991	347	2	1	3					
猪，1991	643	5	1	1		1	1	1	
牛，1992	1 546	67	38	11	3	5	1	1	
绵羊，1992	342	15	11	4	7	4	1		
猪，192	3 604	51	25	16	12	6	2	1	2
牛，1993	4 032	138	82	32	25	10	6		
绵羊，1993	1 107	61	37	15	7	4	2		
猪，1993	1 488	22	12	10	5	2	1		1
		0.04~0.1mg/kg							
牛，1994	3 955	151	66	39	31	7	2	1	1
猪，1994	1 457	57	27	14	8	3	1		1
绵羊和山羊，1994	900	91	55	27	15	18	2		

工作表

计算 DDT 残留量超过 0.1mg/kg、0.5mg/kg、1mg/kg、2mg/kg 或

5mg/kg 样品的百分数。

国家，年份	农产品	样品数量	DDT 残留量超过的样品百分数				
			0.1mg/kg	0.5mg/kg	1mg/kg	2mg/kg	5mg/kg
澳大利亚，1989—1994	牛肉（脂肪）	39 854	3.6		0.073		0.005
澳大利亚，1989—1994	绵羊（脂肪）	29 270					
澳大利亚，1989—1994							
德国，1993							
德国，1993							
新西兰，1990—1994							
新西兰，1990—1994							

练习 10.1 食品加工数据的评估

参见第 10 章。

1. 食品加工数据的评估

2. 目的

此练习的目的是由食品加工试验获得的残留数据估算加工系数。

用加工系数估算加工农产品的 STMR‐P 值。

3. 计算加工系数

农产品	残留量，mg/kg	加工系数
苹果	0.25	
苹果汁	0.15	0.60
苹果	0.02	
苹果汁	<0.01	<0.05

$$加工系数 = \frac{加工产品中的残留量 [mg/kg]}{初级农产品中的残留量 [mg/kg]}$$

4. 加工系数的估算

加工农产品	计算的加工系数	中数或最佳估计值
棉籽	0.15，0.20，0.27，<0.3，0.49	0.27
棉籽精油	<0.02，<0.08，<0.09，<0.20，<0.33[1]	<0.02
番茄酱	0.8，4.1[2]	4.1

[1] 残留量均低于 LOQ。所计算的系数仅反映棉籽中初始浓度。最佳估算是使用最高初始浓度的一个系数。

[2] 有可能是 2 种不同加工工艺。交叉点可能不代表任何一个。

5. 加工农产品的 STMR‑Ps 和 HR‑Ps 估算

- 在大型商业化加工的初级农产品来自很多农场，会出现混合和扩展的情况。

- 因此，其加工因子通常适用于 STMR。

- 对于番茄罐头使用 HR 是合适的，因为每个番茄都要经过加工。[①]

6. 加工农产品的 STMR‑Ps 和 HR‑Ps 估算

初级农产品（RAC）	加工农产品	加工因子（PF）	初级农产品		加工农产品	
			STMR, mg/kg	HR, mg/kg	STMR‑P =STMR×PF, mg/kg	HR‑P =HR×PF, mg/kg
番茄	番茄酱	4.1	0.28		1.1	
	番茄泥	1.8	0.28		0.50	
	番茄汁	0.93	0.28		0.26	
	番茄罐头	0.39	0.28	0.76	0.11	0.30

7. 评估数据

1. 苹果中抗蚜威的残留。
2. 番茄中抗蚜威的残留。
3. 葡萄中肟菌酯的残留。
4. 橙中噻螨酮的残留。

8. 练习

1. 计算每个试验中每种加工农产品的加工因子。

2. 从来自实验数值进行加工因子的最佳评估。

3. 使用加工因子和初级农产品的 STMR，得出加工食品或饲料农产品的 STMR‑P 值。

4. 如需要，得出加工农产品的 HR‑P 值。

9. 练习

- 返回全体会议。

---

① 在其他什么情况下使用 HR 是正确的？

- 你的结果。
- 注释和观察。
- 评估的不确定度。
- 问题？
- 特殊问题。
- 你学到了什么？

农产品加工数据

来自加工试验的数据

表 1　来自意大利和法国试验的苹果及其加工农产品中抗蚜威的残留

苹果	施药		安全间隔期，d	农产品	结果，mg/kg	参考资料
国家，年份（品种）	有效成分，kg/hL	次数				
意大利，2000（红酋长）	0.05	2	7	苹果	0.06	IT20 - 00 - S391
				湿果渣	0.10	
				干果渣	0.33	
				苹果汁	0.03	
意大利，2003（金色）	0.0375	2	7	苹果	0.08	AF/7359/SY/1
				干果渣	0.40	
				苹果汁	0.06	
意大利，2003（金色）	0.0375	2	7	苹果	0.08	AF/7359/SY/2
				干果渣	0.44	
				苹果汁	0.06	
意大利，2003（金色）	0.0375	2	7	苹果	0.05	AF/7359/SY/3
				干果渣	0.38	
				苹果汁	0.05	

表 2　来自意大利和法国试验的番茄及其加工农产品中抗蚜威的残留

番茄	施药		安全间隔期，d	农产品	残留量，mg/kg	参考资料
国家，年份（品种）	有效成分，kg/hL	次数				
意大利，1997（红河）	0.05	2	3	番茄	0.13	IT33 - 97 - E379
				番茄汁	0.08	
				番茄罐头	0.02	
法国，2003（探索）	0.10	2	3	番茄	0.43	AF/7363/SY/1
				番茄汁	0.37	
				番茄罐头	0.39	
法国，2003（探索）	0.10	2	3	番茄	0.37	AF/7363/SY/2
				番茄汁	0.57	
				番茄罐头	0.51	

（续）

番茄	施药		安全间隔期，d	农产品	残留量，mg/kg	参考资料
国家，年份（品种）	有效成分，kg/hL	次数				
法国，2003（探索）	0.10	2	3	番茄	0.47	AF/7363/SY/3
				番茄汁	0.33	
				番茄罐头	0.51	
法国，2003（探索）	0.10	2	3	番茄	0.56	AF/7363/3SY/4
				番茄汁	0.28	
				番茄罐头	0.37	

表 3　来自欧盟试验的葡萄及其加工农产品中肟菌酯的残留

葡萄	施药			安全间隔期，d	农产品	残留量，mg/kg	参考资料
国家，年份（品种）	有效成分，kg/hL	有效成分，kg/hL	次数				
德国，1996	0.35～0.39	0.047～0.094	8	35	浆果	1.01	gr01396
					葡萄酒	＜0.02	
德国，1996	0.34～0.38	0.044～0.075	8	35	浆果	0.37	gr01496
					葡萄酒	＜0.02	
德国，1997	0.19	0.023～0.047	8	36	浆果	0.71	gr45597
					葡萄酒	＜0.02	
德国，1997	0.19	0.023～0.047	8	36	浆果	0.66	gr46597
					葡萄酒	＜0.02	
德国，1995	0.19～0.22	0.023～0.047	8	41	浆果	0.44	CGD03
					葡萄酒	＜0.02	
瑞典，1995	0.19	0.013	8	42	浆果	0.22	2035/95
					葡萄酒	0.05	
瑞典，1995	0.19	0.013	8	42	浆果	0.58	2036/95
					葡萄酒	0.17	
德国，1995	0.19～0.20	0.02	8	41	浆果	1.01	951047008
					葡萄酒	＜0.02	
德国，1996	0.18～0.19	0.024～0.047	8	35	浆果	1.23	gr01196
					葡萄酒	＜0.02	
德国，1996	0.15～0.21	0.022～0.038	8	35	浆果	0.35	gr01296
					葡萄酒	＜0.02	
法国，1996	0.19	0.17～0.19	8	35	浆果	0.64	FRA-DE17
					葡萄酒	0.03	
法国，1996	0.19	0.094	8	36	浆果	0.94	FRA-KJ58
					葡萄酒	0.10	
瑞典，1998	0.20	0.05	4	46	浆果	0.22	SWZ-98-3-211.051
					葡萄酒	＜0.02	
瑞典，1998	0.20	0.05	4	46	浆果	0.15	SWZ-98-3-211.052
					葡萄酒	＜0.02	

（续）

葡萄	施药			安全间隔期，d	农产品	残留量，mg/kg	参考资料
国家，年份（品种）	有效成分，kg/hL	有效成分，kg/hL	次数				
瑞典，1998	0.20	0.02	4	42	浆果 葡萄酒	0.13 <0.02	SWZ-98-3-211.060
瑞典，1998	0.20	0.033	4	50	浆果 葡萄酒	0.25 0.04	SWZ-98-3-211.061
意大利，1996	0.19	0.021	8	35	浆果 葡萄酒	0.16 <0.02	ITA-2084-96
意大利，1996	0.19	0.027	8	35	浆果 葡萄酒	1.36 0.10	ITA-2085-96

表 4　来自美国、意大利和西班牙规范试验中橙及其加工农产品中噻螨酮的残留

橙	施药			安全间隔期，d	农产品	残留量，mg/kg	参考资料
国家，年份（品种）	有效成分，kg/hL	有效成分，kg/hL	次数				
美国（加利福尼亚），2006	1.05	0.056	1	28	全果 果汁 果肉，果干 柑橘油	0.29 <0.02 0.78 60	TCI-06-142
美国（加利福尼亚），2006	1.05	0.056	1	28	全果 果汁 果渣，果干 柑橘油	0.44 <0.02 0.76 32	TCI-06-142-01
意大利，2002	0.8	0.02	2	14	全果 果酱 果汁	0.67 0.18 0.15	A2058 IT2
西班牙，2002	0.8	0.02	2	14	全果 果酱 果汁	0.44 0.06 0.13	A2058 PA2
西班牙，2002	0.8	0.02	2	13	全果 果酱 原汁 果渣，果干 最终果汁	0.85 0.09 0.33 2.4 0.22	A2058 ES2

STMR 和 HR 值

肟菌酯	FB 0269 葡萄	STMR 0.15mg/kg
抗蚜威	FP 0009 仁果类水果	STMR 0.18mg/kg
抗蚜威	VO 0050 果菜类蔬菜，非葫芦科	STMR 0.105mg/kg

抗蚜威	VO 0050 果菜类蔬菜，非葫芦科	HR 0.25mg/kg
噻螨酮	FC 0001 柑橘类水果（可食部位）	STMR 0.077mg/kg
噻螨酮	FC 0001 柑橘类水果（全果）	STMR 0.11mg/kg

MRL 值

肟菌酯	FB 0269 葡萄	3mg/kg
抗蚜威	FP 0009 仁果类水果	1mg/kg
抗蚜威	VO 0050 果菜类蔬菜，非葫芦科	0.5mg/kg
噻螨酮	FC 0001 柑橘类水果	0.5mg/kg

工作表

1. 计算每个试验每个加工农产品的加工因子。

苹果中抗蚜威的残留量

苹果国家， 年份（品种）	农产品	残留量， mg/kg	加工因子	参考资料
意大利，2000 （红香长）	苹果	0.06		IT20‐00‐S391
	湿果	0.10	1.67	
	干果渣	0.33	5.5	
	苹果汁	0.03	0.50	
法国，2003 （金色）	苹果			
	干果渣			
	苹果汁			

番茄中抗蚜威的残留量

番茄 国家，年份（品种）	农产品	残留量， mg/kg	加工因子	参考资料
意大利，1997 （红河）	番茄	0.13		IT33‐97‐E379
	番茄汁	0.08	0.62	
	番茄罐头	0.02	0.15	
法国，2003（探索）	番茄			
	番茄汁			
	番茄罐头			

葡萄中肟菌酯的残留量

葡萄 国家，年份	农产品	残留量， mg/kg	加工因子	参考资料
德国，1996	浆果	1.01		gr01396
	葡萄酒	<0.02	<0.02	

（续）

葡萄 国家，年份	农产品	残留量， mg/kg	加工因子	参考资料
德国，1996	浆果 葡萄酒			

葡萄中噻螨酮的残留量

橙 国家，年份	农产品	残留量， mg/kg	加工因子	参考资料
美国（加利福 尼亚），2006	全果	0.29		TCI‐06‐142
	果汁	<0.02	<0.069	
	果肉，果干	0.78	2.69	
	柑橘油	60	207	

2. 从实验数据得出的加工系数最佳估计

初级农产品	加工农产品	加工系数	中值或最佳估计
抗蚜威			
苹果	苹果渣，苹果干		
	苹果汁		
番茄	番茄汁		
	番茄罐头		
肟菌酯			
葡萄	葡萄酒		
噻螨酮			
橙	橙汁		
	干渣（干果肉）		
	柑橘油		
	果酱		

3. 使用加工系数和初级农产品的 STMR 得出加工食品或饲料农产品的 ST‐MR‐P

初级农产品	STMR	HR	加工农产品	加工系数	STMR‐P	HR‐P
抗蚜威						
苹果	0.18[1]		苹果渣，苹果干			
苹果	0.18[1]		苹果汁			
番茄	0.105[2]		番茄汁			
番茄	0.105[1]	0.25[3]	番茄罐头			

（续）

初级农产品	STMR	HR	加工农产品	加工系数	STMR-P	HR-P
肟菌酯						
葡萄	0.15[4]		葡萄酒			
噻螨酮						
橙	0.11[5]		橙汁			
橙	0.11[5]		果肉，果干			

注：对于柑橘类水果，其 STMR 适用于可食部位（柑橘果肉），但是加工系数来源于初级农产品（RAC）。因此，从初级农产品的中值计算柑橘加工农产品的 STMR-P，并非 STMR。

[1] 抗蚜威　FP 0009 仁果类水果　STMR 0.18mg/kg。
[2] 抗蚜威　VO 0050 果菜类蔬菜，非葫芦科　STMR 0.105mg/kg。
[3] 抗蚜威　VO 0050 果菜类蔬菜，非葫芦科　STMR 0.25mg/kg。
[4] 肟菌酯　FB0269 葡萄　STMR 0.15mg/kg。
[5] 噻螨酮　FC 0001 柑橘类水果（全果）　中值 0.11mg/kg。

练习 11.1　家畜膳食负荷计算

参见第 11 章。

1. 家畜膳食负荷的计算

2. 目标

- 该练习的目的是说明如何使用膳食负荷自动计算器的电子数据表。
- 该练习包括：

动物饲料农产品残留数据的选择。

从残留数据和标准的家畜膳食数据计算膳食负荷。

3. 饲料中的残留水平

- 从规范试验和食品加工试验的评估中获得此数据。
- 所需的信息：

饲料的 STMRs 和最高残留。

作为饲料的食品项目的 STMRs 和最高残留。

加工农产品的 STMR-Ps。

4. 表示为干重

- 该计算得出的残留表示为干重，即，残留量表达为其全部包含在干物质中。
- 对每个农产品该电子数据表假定标准百分比的干物质。
- 如果农产品的残留已表示为干重，则在电子数据表中干物质的百分比必须修订为 100％。

5. 计算家畜膳食负荷

- 所需的信息：

饲料中残留水平。

家畜膳食结果[1]〔OECD 饲料表，2009（从 FAO 网站中获得：http：//www. fao. org/agriculture/crops/core-themes/theme/pests/pm/jmpr/jmpr-docs/en/）〕。

膳食负荷自动计算器的电子数据表[2]。

注 1. 目前从美国-加拿大、欧盟、澳大利亚和日本获得家畜膳食数据。

注 2. 该计算器电子数据表包含 OECD 饲料表（2009）。

6. 膳食负荷计算执行下列任务

- 选择摄食可导致最高残留负荷的农产品。
- 允许农产品组的限制。
- 产生摘要表。

7. 氯氰菊酯的残留

氯氰菊酯残留数据可用于以下：

食品农产品（例如，谷物）；

动物饲料农产品（例如，秸秆饲料）；

加工农产品（如，葡萄渣）。

8. 残留数据

农产品	农产品组[1]	STMR/STMR-P，mg/kg	最高残留，mg/kg	干物质，%
苜蓿草料	AL	11.5	20	100
苜蓿饲料	AL	3.65	11	
大麦饲料	AS AF	0.39	1.4	
大麦籽粒	GC	0.035	注[2]	

[1]　农产品组，例如：

AL：豆科动物饲料。

AS AF：饲料、秸秆、草料（干）、谷物的干草和其他类似牧草的植物。

GC：谷物。

[2]　对于谷物，最高残留是不需要的，因为来自很多农场的谷物是混合的。

9. 电子数据表步骤

打开 BASIC TAB，输入最高残留值、STMRs 和 STMR-Ps。

打开摘要表，可获得计算结果，即菜牛、乳牛、家禽肉鸡、家禽鸡的最大值和中值。

10. 计算结果

在下表中概括膳食负荷计算结果。

		美国-加拿大	欧盟	澳大利亚	日本
最大值	牛肉				
	牛奶				
	肉鸡				
	蛋鸡				
中值	牛肉				
	牛奶				
	肉鸡				
	蛋鸡				

11. 计算结果

结合家畜饲养试验结果选择膳食负荷。

	最大值	中　值
牛肉，对于组织中的残留		
牛乳，对于牛奶中的残留		
家禽，对于组织中的残留		
家禽，对于蛋中的残留		

12. 问题

家畜膳食负荷的计算

所需的信息

1）饲料中的残留水平。

2）家畜膳食〔OECD 饲料表，2009（在 FAO 网站上可获得：http：//www. fao. org/agriculture/crops/core-themes/theme/pests/pm/jm-pr/jmpr-docs/en/）〕。

3）膳食负荷自动计算器电子数据表（包含 OECD 饲料表数据）。

饲料中氯氰菊酯的残留水平

可获得食品农产品（例如谷物）、动物饲料（例如秸秆和草料）和加工产品（例如葡萄渣）中残留数据。

部分饲料农产品的数据已表示为干重，在表的最后一列中显示为 100% 干物质。

农产品	农产品组	STMR/STMR- P，mg/kg	最高残留，mg/kg	干物质，%
苜蓿草料	AL	11.5	20	100
苜蓿饲料	AL	3.65	11	
大麦饲料	AS AF	0.39	1.4	
大麦粒	GC	0.035		
大麦秸秆	AS AF	3.6	6.9	100
豆科饲料（绿）	AL	0.71	2.1	
豆（干）	VD	0.05		100
糖用甜菜头	AV	1.5	8.3	100
甘蓝	VB	0.02	0.65	
胡萝卜下脚料	VR	0.01	0.01	
葡萄渣，干	AB	0.032		100
玉米	GC	0.01		
玉米草料	AS AF	3.6	6.9	100
玉米饲料	AS AF	0.05	0.1	
燕麦秸秆	AS AF	3.6	6.9	100
燕麦	GC	0.02		
豌豆干草或豌豆草料（干）	AL	0.42	1.1	100
豌豆秸秆	AL	0.42	1.1	100
豌豆藤	AL	0.45	2.1	
豌豆（干）	VD	0.05		100
大米粒	GC	0.57		
水稻秸秆和草料，干	AS AF	3.6	6.9	100
大豆（干）	VD	0.05		
糖用甜菜叶或头	AV	1.5	8.3	100
小麦	GC	0.01		
小麦饲料	AS AF	0.38	1.4	
小麦粉（糠）	CM	0.024		
小麦秸秆和草料，干	AS AF	3.6	6.9	100

任务是：

1. 将数据输入至膳食负荷自动计算器电子数据表中。

2. 对四种家畜膳食，总结肉牛、奶牛、肉鸡和蛋鸡的负荷最大值和中值的结果。

3. 结合家畜饲喂试验结果，为接下来的评估程序选择最高的负荷最大值和中值。

2011 年 JMPR 使用的自动膳食负荷电子数据表（2011Animal_burden_09.26.xls）。

程序

——打开 BASIC_TAB ，对所需的农产品输入最高的残留值、STMR

和 STMR‐P。

——打开 Summary Sheet ，立即获得肉牛、奶牛、肉鸡和蛋鸡的最大值和中值。

结果总结在下表。

膳食负荷计算摘要

		美国-加拿大	欧盟	澳大利亚	日本
最大值	肉牛				
	奶牛				
	肉鸡				
	蛋鸡				
中值	肉牛				
	奶牛				
	肉鸡				
	蛋鸡				

结合家畜饲喂试验结果选择膳食负荷

	最大值	中值
肉牛，组织中的残留量		
奶牛，牛奶中的残留量		
家禽，组织中的残留量		
家禽，蛋中的残留量		

本练习缩写和缩略词

AB 食品法典农产品组，用于动物饲养目的的来自水果和蔬菜加工过程中的副产品

AF 食品法典农产品组，谷物饲料和牧草

AL 食品法典农产品组，豆科的动物饲料

AS 食品法典农产品组，谷物的秸秆、草料（干）和干草以及类似牧草的植物

AV 食品法典农产品组，多种草料和饲料作物（饲料）

CM 食品法典农产品组，研磨后的谷物

FAO	联合国粮食及农业组织
GC	食品法典农产品组，谷物
HR	最高残留量
MRL	最大残留限量
OECD	经济合作与发展组织
STMR	残留中值
STMR‐P	加工试验的残留中值，由初级农产品的 STMR 乘上相应加工系数而得
VB	食品法典农产品组，芸薹属蔬菜（油菜或甘蓝），结球甘蓝，头状花序甘蓝
VD	食品法典农产品组，豆类植物
VR	食品法典农产品组，根茎类蔬菜

练习 11.2 家畜饲喂试验的评估

参见第 11 章。

1. 家畜饲喂试验的评估

2. 目的

- 该练习的目的是对家畜饲喂试验的解释进行说明，结合饲喂试验结合和膳食负荷得出动物性农产品的 STMRs、HRs 和 MRLs。

3. 练习包括

总结饲喂试验，找到残留水平（组织和牛奶中）和给药剂量水平之间关系。

估算当家畜消费残留水平与膳食负荷相同时的组织和牛奶中残留水平。这些估算的残留水平转化为 STMRs、HRs 和 MRLs。

4. 可利用的信息 1

联苯菊酯

- 代谢试验结果。
- 残留定义（用于遵循 MRLs 和膳食评估的植物性和动物性农产品）：联苯菊酯（异构体之和）。
- 残留是脂溶性的。

5. 可利用的信息 2

联苯菊酯的膳食负荷

	家畜膳食负荷，以每千克干物质膳食中多少毫克表示	
	最大值	中值
肉牛	8.26	3.35
奶牛	7.41	3.21

6. 可利用的信息 3

来自泌乳奶牛饲喂试验的残留数据（单个动物）

- 分别以联苯菊酯在膳食（干重）中的浓度为 5mg/kg、15mg/kg、50mg/kg 饲喂荷尔斯坦因种泌乳奶牛 28d 时，组织中联苯菊酯的残留。
- 分别以联苯菊酯在膳食（干重）中的浓度为 5mg/kg、15mg/kg、50mg/kg 饲喂荷尔斯坦因种泌乳奶牛 28d 时，牛奶中联苯菊酯的残留。
- 分别以联苯菊酯在膳食（干重）中的浓度为 5mg/kg、15mg/kg、50mg/kg 饲喂荷尔斯坦因种泌乳奶牛 28d 时，乳脂中联苯菊酯的残留。

7. 评估步骤

步骤 1：哪些饲喂试验数据是有效和完整地被基本信息支持？

步骤 2：何时牛奶和乳脂中的残留量达到一个稳定水平？

步骤 3：组织中的残留和饲喂水平之间的关系是什么？

步骤 4：当牛消费残留水平与膳食负荷相等的食物时，预期的牛组织、牛奶、乳脂中残留水平是多少？

步骤 5：估算动物性农产品的 STMRs、HRs 和 MRLs。

8. 步骤 1：被有效和完整地支持的数据

哪些饲喂试验数据是有效和完整地被基本信息支持？

清单：

国家；

动物饲养；

每个饲养组的动物数量；

试验期间动物的体重及其变化；

饲料消费，表示为干重；

饲喂期间和方式，例如，每天以胶囊方式经口饲喂 28d；

牛奶的收集和时间，牛奶生产；

对于脂溶性化合物，机械地分离乳脂并分析；

9. 步骤 1：清单（继续）

组织的采集和时间；

分析的农产品；

以残留定义表示的残留量；

分析方法；

回收率，%；

来自对照组样品中的残留量；

样品在冷藏室或冷藏条件下时间间隔，是否满足要求？

10. 步骤 2：牛奶中残留量的时间变化

大约饲喂 3～5d 后，牛奶中残留水平（组平均）似乎达到稳定状态。

牛奶中残留平均值可计算为 3～28d 的平均值。

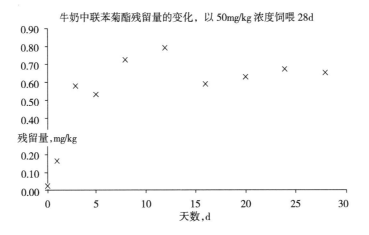

11. 步骤 3：组织中的残留和饲喂水平之间的关系

绘制不同饲喂水平条件下的组织中残留（组的平均值和最高值）的图对解释是有用的。

随着饲喂水平的不同，残留是否一致？

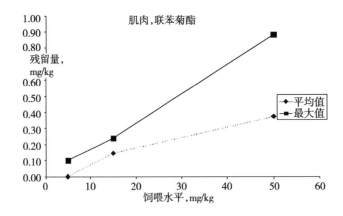

12. 步骤 4：膳食负荷水平并入到饲喂试验的关系中

- 组织
  - 结合膳食负荷最大值与饲喂组中单个动物组织中残留量的最大

值，估算 HR 和 MRL。

　　　　○ 膳食负荷平均值与饲喂组中的动物组织中残留平均值结合，估算 STMR。

　　• 牛奶

　　　　○ 最大膳食负荷与饲喂组牛奶中残留平均值结合，估算 MRL。

　　　　○ 膳食负荷平均值与饲喂组牛奶中残留平均值结合，估算 STMR。

13. 步骤 4：插入法估算残留水平

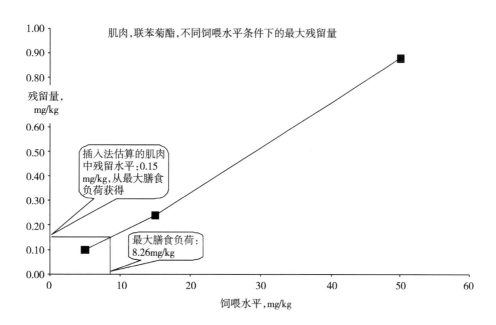

14. "<LOQ" 值的解释

是接近 LOQ，还是本质上为零？

有时前后背景可帮助解释

例 1

	5mg/kg 饲喂水平	15mg/kg 饲喂水平	50mg/kg 饲喂水平
肝脏	<0.1　<0.1	<0.1　<0.1	<0.1　<0.1

饲喂水平时，残留低于 LOQ。因此，饲喂水平为 5mg/kg 和 15mg/kg 时，认为其残留量接近零，并非接近 LOQ。

15. "<LOQ" 值的解释 2

例 2

	5mg/kg 饲喂水平	15mg/kg 饲喂水平	50mg/kg 饲喂水平
肌肉，内收肌	<0.1　<0.1	<0.1　<0.1	0.11　0.23
肌肉，胸肌	<0.1　<0.1	0.15　0.24	0.33　0.88

（续）

	5mg/kg 饲喂水平	15mg/kg 饲喂水平	50mg/kg 饲喂水平
肌肉	<0.1 <0.1	0.11 0.17	0.27 0.41

不同动物和同一动物不同部位肌肉中的残留量明显不同。

这表明在 5mg/kg 的饲喂水平时，其残留中值很有可能小于 LOQ。

在这种情况下，参照 15mg/kg 饲喂水平评价 3mg/kg 的膳食负荷是更合适的。

16. 步骤 5：估算动物性农产品的 STMRs、HRs 和 MRLs

推荐表

CCN	农产品	推荐的 MRL	STMR，mg/kg	HR，mg/kg
	肉			
	内脏			
	乳			
	乳脂			

17. 问题？

奶牛饲喂试验——残留数据

表 1 分别以联苯菊酯在膳食（干重）中的浓度为 **5mg/kg、15mg/kg、50mg/kg** 饲喂荷尔斯坦因种泌乳奶牛 **28d** 时，组织中联苯菊酯的残留，可获得每个饲喂组有 **2** 个动物的数据

组 织	联苯菊酯的残留量，mg/kg		
	5mg/kg 饲喂水平	15mg/kg 饲喂水平	50mg/kg 饲喂水平
肌肉，内收肌	<0.1 <0.1	<0.1 <0.1	0.11 0.23
肌肉，胸肌	<0.1 <0.1	0.15 0.24	0.33 0.88
肌肉，	<0.1 <0.1	0.11 0.17	0.27 0.41
肝脏	<0.1 <0.1	<0.1 <0.1	<0.1 <0.1
肾	<0.1 <0.1	0.18 0.19	0.44 0.49
脂肪，皮下	0.25 0.74	0.68 0.92	2.0 2.7
脂肪，腹膜	0.77 1.7	1.5 2.2	3.3 5.8

表 2　**分别以联苯菊酯在膳食（干重）中的浓度为 5mg/kg、15mg/kg、50mg/kg
饲喂荷尔斯坦因种泌乳奶牛 28d 时，牛奶中联苯菊酯的残留，可获得每个
饲喂组有 2 个动物的数据**（与表 1 同一试验）

牛　奶	联苯菊酯的残留，mg/kg								
试验日期	5mg/kg 饲喂水平			15mg/kg 饲喂水平			50mg/kg 饲喂水平		
0	<0.01 (3)			<0.02 (3)			0.02	0.02	0.03
1	0.03	0.04	0.09				0.12	0.030	0.34
3	0.05	0.05	0.13	0.08	0.11	0.15	0.48	0.59	0.68
5	0.06	0.08	0.16				0.47	0.49	0.63
8				0.16	0.22	0.14	0.62	0.75	0.80
12	0.04	0.04	0.10				0.55	0.83	1.00
16				0.11	0.15	0.16	0.43	0.66	0.68
20	0.07	0.07	0.14				0.44	0.70	0.75
24				0.14	0.16	0.24	0.54	0.73	0.74
28	0.05	0.07	0.12				0.53	0.63	0.80

表 3　**分别以联苯菊酯在膳食（干重）中的浓度为 5mg/kg、50mg/kg 饲喂荷尔斯坦
因种泌乳奶牛 28d 时，乳脂中联苯菊酯的残留，可获得每个饲喂组有
3 个动物的数据**（与表 1 和表 2 不同试验）

乳　脂	联苯菊酯的残留，mg/kg					
试验日期	5mg/kg 饲喂水平			50mg/kg 饲喂水平		
0	<0.2 (3)			<0.2 (3)		
3	0.72	0.78	0.97	7.8	8.8	9.6
8	0.64	0.67	1.6	7.8	8.9	10.2
16	0.54	0.62	1.2	8.0	8.2	10.1
24	0.35	0.70	1.1	7.4	8.6	9.4
28	0.48	0.50	0.61	8.0	9.4	10

数据有效性

清单：

- 国家；
- 动物饲养；
- 每个饲养组的动物数量；
- 试验期间动物的体重及其变化；
- 饲料消费，表示为干重；
- 饲喂期间和方式，例如，每天以胶囊方式经口饲喂 28d；

- 牛奶的收集和时间，牛奶生产；
- 对于脂溶性化合物，机械地分离乳脂并分析；
- 组织的采集和时间；
- 分析的农产品；
- 以残留定义表示的残留量；
- 分析方法；
- 回收率，%；
- 来自对照组样品中的残留量；
- 样品在冷藏室或冷藏条件下时间间隔，是否满足要求？

为该练习的目的，接受数据有效性和支持信息的充分性。

残留定义

植物性和动物性农产品（用于监测 MRLs 和膳食评估）：联苯菊酯（异构体之和）。

残留是脂溶性的。

联苯菊酯的牛膳食负荷

| | 家畜膳食负荷，以干物质表示，mg/kg | |
	最大值	平均值
肉牛	8.26[1]	3.35[2]
乳牛	7.41[3]	3.21[4]

[1] 在估算哺乳动物肉的 MRL 是，最高的肉牛和乳牛负荷的最大值是适合的。
[2] 在估算哺乳动物肉的 STMR 是，最高的肉牛和乳牛负荷的平均值是适合的。
[3] 在估算乳的 MRL 时，最高的乳牛负荷的最大值是适合的
[4] 在估算乳的 STMR 时，最高的乳牛负荷的平均值是适合的。

估算相关膳食负荷的组织和乳中的残留水平工作表——插入法

| 饲喂试验数据 | | 善食负荷最大值以干重饲料中的浓度表示，mg/kg | 插入法计算膳食负荷相应的残留，mg/kg | |
剂量，以干重饲料中的浓度表示，mg/kg	最高残留，mg/kg			
肌肉组织				
5	<0.1 [①]	8.26	0.146	肌肉的 HR
15	0.24			
肾脏组织				
肝脏组织				
脂肪组织				

---

① 5mg/kg 剂量水平时，组织中的残留量为<0.01mg/kg。因此，认为最高的残留量为 0.1mg/kg。

用插入法计算组织中最高残留的例子

$$残留值＝残留值1+\frac{（负担值D－剂量1）（残留值2－残留值1）}{（剂量2－剂量1）}$$

$$0.146=0.1+\frac{(8.26－5)(0.24－0.1)}{(15－5)}$$

饲喂试验数据		膳食负荷平均值	插入法计算
剂量，以干重饲料中的浓度表示，mg/kg	残留平均值，mg/kg	以干重饲料中的浓度表示，mg/kg	膳食负荷相应的残留，mg/kg
肌肉组织			
肾脏组织			
肝脏组织			
脂肪组织			
			脂肪的 STMR

饲喂试验		膳食负荷	插入法计算	
剂量，以干重饲料中的浓度表示，mg/kg	残留平均值，mg/kg	以干重饲料中的浓度表示，mg/kg	膳食负荷相应的残留，mg/kg	
乳				
5	0.083	7.41	0.100	支持牛奶的
15	0.152	最大值		MRL
乳				
		3.21 平均值		
乳脂		7.41 最大值		
乳脂		3.21 平均值		

推荐表

MRL、STMR 和 HR 的估算值见下表。

CCN	农产品	推荐的 MRL，mg/kg	STMR，mg/kg	HR，mg/kg
MM 0095	肉（来自哺乳动物，非海洋哺乳动物）	MRL（脂肪）	STMR 脂肪 STMR 肌肉	HR 脂肪 HR 肌肉
MO 0105	可食的内脏（哺乳动物）	STMR	STMR	HR
ML 0106	乳	MRL	STMR	
FM 0183	乳脂	MRL	STMR	

本练习缩写和缩略词

CCN   食品法典农产品序号
HR   最高残留值
LOQ   定量限
MRL   最大残留限量
STMR   残留中值

练习 13.1 膳食摄入 IEDI 和 IESTI 的计算

同见第 13 章。

1. 膳食摄入计算

2. 目的

该练习的目的是获得使用 IEDI 和 IESTI 电子数据表的实践经验。估算食物中农药残留的长期和短期暴露（摄入）是评估过程中的一个重要部分。

3. IEDI 电子数据表

IEDI _ calculation14 _ FAO. xlt

- 打开电子数据表
- 启用宏——是
- 保存为 Compound～IEDI _ calculation14 _ FAO. xls"
- 打开"GEMS _ Food _ diet"

4. IEDI 电子数据表

输入数据

- 化合物名称和国际食品法典序号
- ADI
- STMR 值，来自规范试验
- STMR‐P 值，来自 STMR 值和加工系数

VC 0424：为了找到正确的农产品，查询国际食品法典农产品编号较为方便，例如，VC 0424

5. 加工农产品

对于葡萄可获得 3 种加工农产品的膳食数据，因此有 8 种可能性：

葡萄（包括葡萄干、葡萄汁、葡萄酒）；

葡萄（不包括葡萄干、葡萄汁、葡萄酒）；

葡萄（不包括葡萄干和葡萄汁，包括葡萄酒）；

葡萄（不包括葡萄干，包括葡萄汁和葡萄酒）；

葡萄（不包括葡萄干和葡萄酒，包括葡萄汁）；

葡萄（包括葡萄干，不包括葡萄汁和葡萄酒）；

葡萄（包括葡萄干和葡萄汁，不包括葡萄酒）；

葡萄（包括葡萄干和葡萄酒，不包括葡萄汁）；

注1：如果可获得葡萄酒的加工数据，但无葡萄干和葡萄汁的加工数据，那么对于葡萄的 STMR 选择此项，应在葡萄酒中输入 STMR‐P。

6. IEDI 计算

- 完成数据输入
- 转到‘Tools’，‘Macro’，‘Calculate’
- IEDI 电子数据表生成一个包含 13 个膳食区的结果表"Final＿table"

7. IESTI 电子数据表

IESTI＿calculation11＿FAO. xlt
- 打开电子数据表
- 启用宏——是
- 保存为"Compound～IESTI＿calculation11＿FAO. xls"
- 打开"General＿population"表，输入数据

8. IESTI 电子数据表

数据输入
- 化合物名称和国际食品法典编号
- ARfD
- HR 值，来自规范试验
- STMR‐P 值，来自 STMR 值和加工系数
- HR‐P 值，如果加工不引起膨胀和混合

9. IESTI 电子数据表

数据输入
- 用单一食物农产品代替推荐的农产品组
- 对于柠檬、油桃和柚子，需要输入柑橘类水果的 HR

10. IESTI 电子数据表

数据输入

- 为覆盖可能的范围，需要多重输入

- 对于桃，为了包含对法国、日本、英国、美国、瑞典和比利时单位重量数据的计算，需要输入 6 次。

11. IESTI 计算

- 当完成数据输入

- 转到 'Tools'，'Macro'，'Calculation'

- IESTI 电子数据表生成 2 个表，计算 IESTI 值和每种食物占 ARfD 的百分数
    - 普通居民，Final _ table _ gen _ pop
    - 小孩，Final _ table _ children

12. 练习

- 每组完成一个 IEDI 和 IESTI 电子数据表

- 回到全体大会
    - 注释和观察
    - 结果的不确定度？
    - 问题？
    - 特定问题
    - 从中学到什么？

膳食摄入计算

该练习的目的是获得使用 IEDI 和 IESTI 电子数据表的实践经验。

估算食物中农药残留的长期和短期暴露（摄入）是评估过程中的一个重要部分。

IEDI 计算

电子数据表：　　　　IEDI _ calculation14 _ FAO. xlt

输入的数据：

化合物：　　　名称和食品法典编号

ADI：　　　　［单位必须为 mg/kg（体重）］

残留数据：　　STMRs，来自推荐表

结果：　　　　　　　　　摄入＝对 13 个膳食区域，××％至××％

IESTI 计算

电子数据表：IESTI _ calculation11 _ FAO. xlt

输入的数据：

化合物：　　　　　　　名称和国际食品法典编号

ARfD：　　　　　　　［单位必须为 mg/kg（体重）］

残留数据：　　　　　　HRs 和 STMRs，来自推荐表

结果：　　　　　　　　摄入＝对于成人，××××％；对于小孩，××××％

建议的练习组分配方法

	长期摄入	短期摄入
组 1	联苯肼酯	灭蝇胺
组 2	双炔酰菌胺	氟啶酰菌胺
组 3	螺螨酯	联苯菊酯

练习

1. 完成一个 IEDI 电子数据表。

2. 13 个膳食区的长期膳食摄入与 ADI 的比较结果是什么？

3. 完成一个 IESTI 电子数据表。

4. 制作短期摄入超过 ARfD 的食物农产品清单。

5. 从这些实例得出的建议是什么？

评价数据

联苯肼酯（219）

ADI：0～0.01mg/kg（体重）

ARfD：不必要

残留定义（用于监测 MRLs 和膳食摄入评估的植物性和动物性农产品）：联苯肼酯和联苯肼酯二氮烯之和，以联苯肼酯表示。残留是脂溶性的。

联苯肼酯

CCN	农 产 品	MRL，mg/kg	STMR/ STMR‑P，mg/kg
AM 0660	杏仁	10	5.0
SO 0691	棉籽	0.3	0.01
DF 0269	干葡萄（＝无核小葡萄干，葡萄干，无籽红葡萄干）	2	0.59

（续）

CCN	农产品	MRL，mg/kg	STMR/ STMR－P，mg/kg
MO 0105	可食的内脏	0.01[1]	0.01
PE 0112	蛋类	0.01[1]	0
VC 0045	水果类蔬菜，葫芦科	0.5	0.04
FB 0269	葡萄	0.7	0.185
DH 1100	啤酒花，干	20	7.8
MM 0095	肉（来自哺乳动物，除海洋哺乳动物）	0.05（脂肪）	0.01（肌肉） 0.01（脂肪）
FM 0813	乳脂	0.05	0.01
ML 0106	乳	0.01[1]	0.01
HH 0738	薄荷	40	12.9
VO 0444	红辣椒	3	1.1
VO 0445	甜椒（包括西班牙甘椒或红甜椒）	2	0.235
FP 0009	仁果类水果	0.7	0.175
PM 0110	家畜肉	0.01[1]（脂肪）	0（肌肉） 0（脂肪）
PO 0111	家畜可食内脏	0.01[1]	0
FS 0012	核果类水果	2	0.34
FB 0275	草莓	2	0.63
VO 0448	番茄	0.5	0.095
TN 0085	坚果	0.2	0.03
JF 0226	苹果汁		0.030
	苹果渣，湿		0.32
	棉籽壳		0.002 3
	棉籽酚		0.000 04
OR 0691	棉籽精油		0.000 04
DF 0014	李子，干（西梅干）		0.02
JF 0269	葡萄汁		0.020
	番茄酱		0.13
	番茄泥		0.53

[1] 定量限上或定量限附近。

双炔酰菌胺（231）

ADI：0 ～ 0.2mg/kg（体重）

ARfD：不必要的

残留定义（用于监测

双炔酰菌胺

MRLs 和膳食摄入评估的植物性和动物性农产品）：双炔酰菌胺。

CCN	农产品	MRL, mg/kg	STMR/STMR‑P, mg/kg
VB 0400	西兰花	2	0.435
VB 0041	结球甘蓝	3	0.01
VS 0624	芹菜	20	2.70
HS 0444	红辣椒（干）	10	0.84
VC 0424	黄瓜	0.2	0.02
FB 0269	葡萄	2	0.51
DF 0269	干葡萄（＝无核小葡萄干，葡萄干，无籽红葡萄干）	5	1.68
	葡萄酒		0.366
JF 0269	葡萄汁		0.14
VL 0053	叶菜类蔬菜	25	5.65
VC 0046	甜瓜（除西瓜）	0.5	0.115
VA 0385	洋葱头	0.1	0.01
VO 0051	辣椒	1	0.12
VR 0589	马铃薯	0.01[1]	0.01
VA 0389	葱	7	0.48
VC 0431	南瓜	0.2	0.04
VO 0448	番茄	0.3	0.06
JF 0448	番茄汁		0.059
	番茄泥		0.068
	番茄罐头		0.022

[1] 定量限上或定量限附近。

螺螨酯（237）

ADI：0～0.01mg/kg（体重）

ARfD：不必要的

残留定义（用于监测 MRL 和膳食摄入评估的植物性农产品）：螺螨酯。

用于监测 MRL 的动物性农产品的残留定义：螺螨酯。

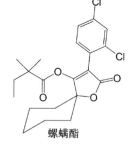

螺螨酯

用于膳食摄入评估的动物性农产品的残留定义：螺螨酯取代醇之和，以螺螨酯表示。

残留是脂溶性的。

CCN	农 产 品	MRL, mg/kg	STMR/ STMR‐P, mg/kg
AM 0660	杏仁	15	3.5
AB 0226	苹果渣，干	4	3.4
FC 0001	柑橘类水果	0.4	0.13[3] 0.02[4]
SB 0716	咖啡豆	0.03[1]	0.03
VC 0424	黄瓜	0.07	0.03
FB 0021	黑醋栗，红醋栗，白醋栗	1	0.040
DF 0269	干葡萄（＝无核小葡萄干，葡萄干，无籽红葡萄干）	0.3[2]	0.13
MO 0105	可食的内脏（哺乳动物）	0.05[1]	0
FB 0269	葡萄	0.2	0.059
VC 0425	小黄瓜	0.07	0.03
DH 1100	啤酒花，干	40	11
ML 0106	乳	0.004[1]	0
MM 0095	肉（来自哺乳动物，除海洋哺乳动物）	0.01[1]（脂肪）	0
FI 0350	番木瓜	0.03[1]	0.03
VO 0445	甜椒（包括西班牙甘椒和红甜椒）	0.2	0.08
DF 0014	李子，干（西梅干）		0.79
FP 0009	仁果类水果	0.8	0.20
FS 0012	核果类水果	2	0.315
FB 0275	草莓	2	0.061 5
VO 0448	番茄	0.5	0.08
TN 0085	坚果	0.05	0.015 5
JC 0001	柑橘汁		0.006 5
JF 0226	苹果汁		0.004
DF 0226	苹果，干		0.018
JF 0269	葡萄汁		0.000 51
DF 0014	李子，干（西梅干）		0.79
—	葡萄酒		0.018
	啤酒（来自啤酒花）		0.011

[1] 定量限上或定量限附近。

[2] 基于干重。

[3] 全果。

[4] 可食部位。

联苯菊酯（178）

ADI：0.01mg/kg（体重）

ARfD：0.01mg/kg（体重）

植物性和动物性农产品的残留定

联苯菊酯

义（用于监测 MRL 和膳食摄入评估）：联苯菊酯（异构体之和）。

残留是脂溶性的。

CCN	农 产 品	MRL, mg/kg	STMR/ STMR-P, mg/kg	HR/HR-P, mg/kg
FI 0327	香蕉	0.1	0.01	0.01
FB 0264	黑莓	1	0.29	0.51
VB 0040	芸薹属蔬菜	0.4	0.115	0.19
FC 0001	柑橘类水果	0.05	0.05	0.05
VO 0440	茄子	0.3	0.05	0.10
MM 0095	肉（来自哺乳动物，除海洋哺乳动物）	3（脂肪）	0.59（脂肪） 0.07（肌肉）	1.9（脂肪） 0.104（肌肉）
ML 0106	牛奶	0.2	0.053	
VL 0485	绿芥末	4	1.16	2.1
VO 0051	辣椒	0.5	0.14	0.31
	红辣椒，干	5	1.4	
VD 0070	豆类	0.3	0.05	
FB 0272	悬钩子，红，黑	1	0.29	0.51
VR 0075	根茎类蔬菜	0.05	0.05	0.05
FB 0275	草莓	3	0.46	2.3
DT 1114	茶，绿，黑（黑，发酵和干燥）	30	5.2	
VO 0448	番茄	0.3	0.06	0.15
TN 0085	坚果	0.05	0.05	0.05

灭蝇胺（169）

ADI：0～0.06mg/kg（体重）

ARfD：0.1mg/kg（体重）

用于监测 MRL 和膳食摄入评估的植物性和动物性农产品的残留定义：灭蝇胺。

灭蝇胺

CCN	农 产 品	MRL, mg/kg	STMR/ STMR-P, mg/kg	HR/HR-P, mg/kg
VS 0620	朝鲜蓟	3	1.0	1.3
VD 0071	豆（干）	3	1.0	
VB 0400	西兰花	1	0.15	0.51
VB 0041	结球甘蓝	10	0.26	6.1
VS 0624	芹菜	4	0.58	2.3
VC 0424	黄瓜	2	0.48	1.3

（续）

CCN	农　产　品	MRL, mg/kg	STMR/ STMR-P, mg/kg	HR/HR-P, mg/kg
PE 0112	蛋类	0.3	0.07	0.16
VO 0050	果菜类蔬菜（非葫芦科）[1]	1	0.16	0.58
VL 0482	莴苣头	4	0.34	2
VP 0534	利马豆（嫩荚和（或）未成熟的豆）	1	0.23	0.58
MM 0095	肉（来自哺乳动物，除海洋哺乳动物）	0.3	0.01	0.20
VC 0046	甜瓜（除西瓜）	0.5	0.04	0.19
VO 0450	蘑菇	7	2.2	4.2
VL 0485	绿芥末	10	2.7	7.4
VA 0385	洋葱头	0.1	0.05	0.07
PO 0111	可食的家畜	0.2	0.065	0.08
VL 0502	菠菜	10	2.0	6.1
VA 0389	葱	3	0.345	1.7
JF 0448	番茄汁		0.12	

[1] 除蘑菇和甜玉米棒。

氟啶酰菌胺（235）

ADI：0～0.08mg/kg（体重）

ARfD：0.6mg/kg（体重）（分娩期的女人）

ARfD：对于其他组居民不必要的

用于植物性和动物性农产品监测 MRL 的残留

定义：氟啶酰菌胺；用于植物性和动物性农产品

氟啶酰菌胺

膳食摄入评估的残留定义：氟啶酰菌胺和 2,6-二氯苯甲酰胺，分别测定。

残留是脂溶性的。

CCN	农　产　品	MRL, mg/kg	STMR/ STMR-P, mg/kg	HR/HR-P, mg/kg
VB 0402	抱子甘蓝	0.2	0.04	0.13
VB 0041	结球甘蓝	7	1.2	4
VS 0624	芹菜	20	1.4	14
HS 0444	红辣椒，干	7	0.91	7
PE 0112	蛋类	0.01[1]	0	0
VB 0042	头状花序（包括西兰花，芥蓝，花椰菜）	2	0.385	0.69
VC 0045	果菜类蔬菜，葫芦科	0.5	0.07，	0.3

（续）

CCN	农 产 品	MRL，mg/kg	STMR/STMR-P，mg/kg	HR/HR-P，mg/kg
VO 0050	果菜类蔬菜，非葫芦科（除蘑菇和甜玉米）	1	0.16	0.58
FB 0269	葡萄	2	0.38	1.2
DF 0269	干葡萄（无核小葡萄干，葡萄干，无籽红葡萄干）	10	2.47	7.8
VL 0053	叶菜类蔬菜	30	8.6	17
MM 0095	肉（来自哺乳动物，除海洋哺乳动物）	0.01[1]（脂肪）	0	0
VA 0385	洋葱头	1	0.07	0.58
VA 0387	葱	10	2.1	4.5
JF 0448	番茄汁		0.048	
	白葡萄酒		0.16	
	红葡萄酒		0.12	

[1] 定量限或定量限附近。

工作表

IEDI 计算摘要

残留：　　　　　　　　　　　　　　　　　　　　　　　　　ADI＝

残留定义：

膳　　　食	A	B	C	D	E	F
总摄入（μg/人）＝						
每个区域的平均个人体重（kg）＝						
ADI（μg/人）＝						
％ADI＝						
取整的％ADI＝						
膳　　　食	G	H	I	J	K	L	M
总摄入（μg/人）＝							
每个区域的平均个人体重（kg）＝							
ADI（μg/人）＝							
％ADI＝							
取整的％ADI＝							

IESTI 计算的摘要

残留：　　　　　　　　　　　　　　　　　　　　　　　　　ARfD＝

残留定义：

残留	群体	ARfD 百分数表示的 IESTI		
		范围	IESTI 大于 100％ARfD 的名单	
			食物	以 ARfD 百分数表示的 IESTI
灭蝇胺	普通群体			
灭蝇胺	0～6 岁的小孩			

残留定义：

第三部分 解决方案

解决方案 2.1 鉴定和理化性质

鉴定

1. α-氯氰菊酯

国际标准化通用名：α-氯氰菊酯

化学名称：

（IUPAC）：外消旋体由（R）-α-氰基-3-苯氧基苄基（1S，3S）-3-（2，2-二氯乙烯基）-2，2-二甲基环丙烷羧酸酯和（S）-α-氰基-3-苯氧基苄基（1R，3R）-3-（2，2-二氯乙烯基）-2，2-二甲基环丙烷羧酸酯组成。或者说是外消旋体由（R）-α-氰基-3-苯氧基苄基（1S）-顺式-3-（2，2-二氯乙烯基）-2，2-二甲基环丙烷羧酸酯和（S）-α-氰基-3-苯氧基苄基（1R）-顺式-3-（2，2-二氯乙烯基）-2，2-二甲基环丙烷羧酸酯组成。

（化学文摘）：（R）-氰基（3-氧基苯基）甲基（1S，3S）-rel-3-（2，2-二氯乙烯基）-2，2-二甲基环丙烷羧酸酯

α-氯氰菊酯

CAS 登记号：67375-30-8

CIPAC 号：454

同义词：高效氯氰菊酯（不合格的通用名），氯氰菊酯

化学结构式：

分子式 $C_{22}H_{19}Cl_2NO_3$

分子量：416

2. 嘧菌酯

国际标准化通用名：嘧菌酯

化学名称：

(IUPAC)：(2E)- 2 -{2 -[6 -(2 -氰基苯氧基) 嘧啶- 4 -基氧]苯基}- 3 -甲氧基丙烯酸甲酯。

（化学文摘）：（αE） - 2 - {2 - [6 - （2 -氰基苯氧基） 嘧啶- 4 -基氧] 苯基} - 3 -甲氧基丙烯酸甲酯。

CAS 登记号：131860 - 33 - 8

CIPAC 号：571

同义词：

化学结构式：

分子式：$C_{22}H_{17}N_3NO_5$

分子量：403

嘧菌酯

3. 百菌清

国际标准化通用名：百菌清

化学名称：

（国际纯粹与应用化学联合会）：四氯二氰基苯

（化学文摘）：2，4，5，6 -四氯- 1，3 -苯二甲酸甲氰

CAS 登记号：1897 - 45 - 6

CIPAC 号：288

同义词：TPN（JMAF）

化学结构式：

分子式：$C_8Cl_4N_2$

分子量：266

百菌清

理化性质

氰戊菊酯水解率（JMPR，2000）

水解率是用大约浓度为 $50\mu g/L$ [^{14}C] 标记的氰戊菊酯在 25℃黑暗条件下在无菌水缓冲液的 pH 5，7，9 条件下测定的。在 pH 9 时估算的半衰期

为 80d。

根据时间所做的 ln（C）图如下：

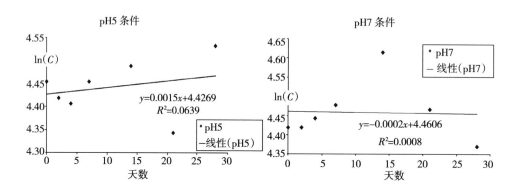

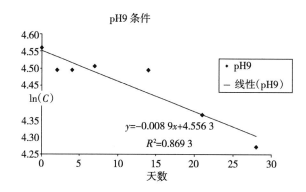

在 pH 为 5 和 7 时，数据变化性太大，在 28d 内，水解率太慢而不容易观察到。

pH 为 9 时，速率常数 k＝0.0089d^{-1}。

$$半衰期＝\frac{\ln（0.5）}{-0.0089}＝\frac{-0.6931}{-0.0089}＝78d$$

依据不确定性来解释这样的结果。

在 pH 为 5 和 7 时，很难确定水解是否发生了。然而，如果发生了水解，数据的可变性将妨碍这种小的变化的觉察。

pH 为 9 时，计算出来的半衰期为 78d，本质上和先前记录的 80d 是一样的。

当我们在 28d 以同样的测试浓度通过计算值±5％误差（可能的分析误差）来估量时，我们可能对不确定性有一些新的看法。72％±5％的范围是 68.4％～75.6％。从那一点±5％计算出来的半衰期是 68～91d。这表明 78d 这样的数值太精确了。"大约 80d"是对半衰期的一个很好的表述。

从 25℃到一个更高的温度对蒸气压测定的外推法

对固体农药，蒸气压的测定温度范围是 80～170℃，而液体农药则是在 25℃时测定的。

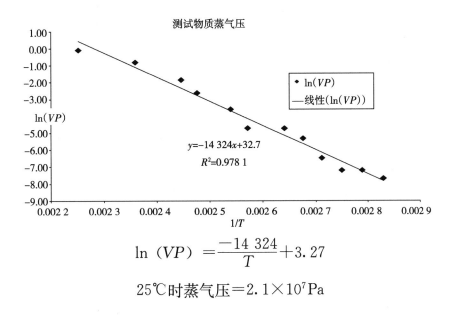

$$\ln\,(VP) = \frac{-14\ 324}{T} + 3.27$$

25℃时蒸气压＝2.1×10⁷Pa

解决方案 3.1 F64 在山羊中的代谢概要

该部分的总结内容应该以代谢研究的讲稿中所给出的试验清单中的必要信息为依据。

对用标记的化合物进行的所有研究的综述

1. 选择 ^{14}C 或者其他同位素的标记位置，并用该化合物的化学名字对该位置进行清楚的描述。

由于保密处理的协议，报告内容里关于该部分的信息没有在练习中给出，然而在最初的报告里是给出的。

2. 对检测进行系统的描述（动物编号，测试化合物的管理）并以干饲料或者日常饲料消费中目标物的浓度（mg/kg）来进行剂量水平的表述。

检测系统，动物代谢

——动物编号

——管理——口服或外用处理，胶囊或混进饲料里，n 天的日剂量。

——剂量——以每千克体重含多少毫克和每千克干饲料中含多少毫克表示。

这包含在报告的前两段里。

3. 取样类型和取样天数，取样和分析之间的间隔天数。

第一段

——应该对取样和分析之间的间隔天数进行检查，并检验其是否对残留物的稳定性有影响，除非有疑问的时候，这种信息不应该包含在评估里。由于这些背景资料，评估会变得太杂乱。

——这些资料没有包括在内。

4. 当储藏间隔期超过 2 个月的时候，储藏稳定性试验结果还有效吗？

——见上面的评论。

——是的，但是样品是在 3 个月之内进行分析的，并没有储藏稳定性的信息。

5. 动物代谢。

——放射性和物料平衡的恢复。

第四段

6. 可提取放射性的部分包括可食组织里面（也可以是用于代谢研究的牛奶和鸡蛋）和潜在的饲料增加剂（植物代谢），以占总放射性残留的百分比（TRR）和当量（每千克样品材料中含多少毫克母体化合物）表示。

——是的。

7. 不可提取放射性的部分包括可食组织里面（也可以是用于代谢研究的牛奶和鸡蛋）和潜在的饲料增加剂（植物代谢），以占 TRR 的百分比表示。

——见表格。

8. 在可食组织和潜在的饲料增加剂里用于性质鉴定但不用于放射性鉴定的部分。

9. 代谢物的鉴定（>10% TRR 或>0.05mg/kg）

——被识别的代谢物。所有的代谢物（>10% TRR 或>0.05mg/kg）都要鉴定吗？

——是的。

——≥10%代谢物的代谢物不需要鉴定吗？

——不是。

——所有鉴定的代谢物要以他们的系统化学名称进行描述。

由于保密处理的协议，报告内容里关于该部分的信息没有在联系中给出，然而在最初的报告里是给出的。

10. 对代谢物（<10% TRR，0.01～0.05mg/kg）进行描述。

——是的。

11. 以共轭形式存在的代谢物，共轭代谢物的萃取率。

——是的。

12. 主要代谢反应的描述，由母体化合物到各种代谢物的转化，以及模拟的代谢途径。

对代谢反应进行了描述，由于报告内容的保密处理的协议，代谢途径没有给出，但是在最初的报告里给出了。

13. 注意：对主要代谢反应的描述应该在报告中简要给出。代谢途径是为了评估，而不是为了报告。

要依据这样的要求进行总结。

14. 在试验动物上鉴定的代谢物的质量比较（饲以毒药的老鼠的代谢研

究），家畜（典型的是哺乳期的山羊和产卵时期的母鸡），存在于植物或家畜中但不存在于试验老鼠体内的代谢物的鉴定。

——不是。

动物代谢研究

1. 粪便，尿液和笼子清洗液的放射性占施用的放射性的百分比。

2. 可食组织的放射性占施用的放射性的百分比以及当量的 mg/kg 的母体化合物。

3. 母体化合物和被识别的主要代谢物（＞10％TRR）的存在以占总放射性的百分比或酌情以牛奶，肌肉，肝肾，脂肪和鸡蛋中的含量（mg/kg）。

上述信息已经给出。总结报告只有 4 页，因此该报告是简明的和有益的。

解决方案 3.2　F64 在山羊体内代谢机理总结报告的准备工作

　　总结报告的内容和措辞取决于作者。一个好的总结报告也许应该在内容的准备上有些许的不同。因此不提供解决方法。

　　但是，内容是重要的。其他参与者的评论或者培训的服务商可以给予指导进行改进。

解决方案 3.3　山羊体内代谢产物 F64M1 的确证

任务：

（a）验证研究条件包括：

- 研究材料，检测系统，研究材料的适用条件，取样和分析等。
- 代谢物的鉴定与分离。
- 研究总结里提供信息的完整性。

（b）主要的残留成分的鉴别用于残留的定义。

（c）对代谢研究的结果和活性物质（F64）和它的主要预计代谢物（F64M1）进行比较。

用关于代谢的讲稿中给出的清单作为一个向导：

总结报告中提供的信息在清单中以下划线标出。

（a）研究确认

一般针对所有具有标记化合物的研究

1. 选择^{14}C 或者其他同位素的标记位置，并用该化合物的化学名字对该位置进行清楚的描述。

由于保密处理的协议，报告内容里关于该部分的信息没有在练习中给出，然而在最初的报告里是给出的。

2. 对检测系统的描述（动物编号，测试化合物的管理）并以干饲料或者日常饲料消费中目标物的浓度以 mg/kg 来进行剂量水平的表述。

包含在报告的前两段里。

3. 取样类型和取样天数，取样和分析之间的间隔天数。

第一段

——应该对取样和分析之间的间隔天数进行检查，并检验其是否对残留物的稳定性有影响，除非有疑问的时候，这中信息不应该包含在评估里。由于这些背景资料，评估变得太杂乱。

没有包括在内。

4. 当储藏间隔期超过两个月的时候，储藏稳定性实验结果还有效吗？

——见上面的评论。

——是的，但是样品是在 3 个月之内进行分析的，并没有储藏稳定性的信息。

5. 放射性和物料平衡的恢复。

6. 可食组织里面（也可以是用于代谢研究的牛奶和鸡蛋）可提取放射性的部分占总放射性残留的百分比（TRR）和当量（每千克样品材料含多少毫克母体化合物）。

——是的。

7. 不可提取放射性的部分包括可食组织里面（也可以是用于代谢研究的牛奶和鸡蛋）和潜在的饲料增加剂（植物代谢），以占 TRR 的百分比表示。

——见表格。

8. 在可食组织和潜在的饲料增加剂里用于性质鉴定但不用于放射性鉴定的部分。

——见表格。

9. 代谢物的鉴定（>10％ TRR 或>0.05mg/kg）

——被识别的代谢物。所有的代谢物（>10％ TRR 或>0.05mg/kg）都要鉴定吗？

——是的。

——≥10％代谢物的代谢物不需要鉴定吗？

——不是。

——所有鉴定的代谢物要以他们的系统化学名称进行描述。

由于保密处理的协议，报告内容里关于该部分的信息没有在练习中给出，然而在最初的报告里是给出的。

10. 对代谢物（<10％ TRR，0.01~0.05mg/kg）进行描述。

——是的。

11. 以共轭形式存在的代谢物，这些共轭代谢物是可萃取的。

——是的。

12. 主要代谢反应的描述，由母体化合物到各种代谢物的转化，以及模拟的代谢途径。

对代谢反应进行描述，由于报告内容的保密处理的协议，代谢途径没有给出，但是在最初的报告里给出了。

13. 注意：对主要代谢反应的描述应该在报告中简要给出。代谢途径是为了评估，而不是为了报告。

要依据这样的要求进行总结。

14. 在试验动物上鉴定的代谢物的质量比较（饲以毒药的老鼠的代谢研究），家畜（典型的是哺乳期的山羊和产卵时期的母鸡），存在于植物或家畜中但不存在于试验老鼠体内的代谢物的鉴定。

——不是。

动物代谢研究特性

1. 粪便，尿液和笼子清洗液的放射性占施用的放射性的百分比。

——不是。

2. 可食组织的放射性占施用的放射性的百分比以及当量的 mg/kg 的母体化合物。

——是。

3. 母体化合物和被识别的主要代谢物（>10% TRR）的存在以占总放射性的百分比或酌情以牛奶，肌肉，肝肾，脂肪和鸡蛋中的含量（mg/kg）表示。

——是。

上述信息已经给出。总结报告只有 4 页，因此该报告是简明的和有益的。尽管几个重要的数据没有包含其中，这些信息已经足够用于评价代谢行为或者 F64 的主要代谢物。

（b）可以用于残留定义的主要残留成分是：

大多数含有一个或两个羟基的代谢物都是以共轭的形式存在的。

F64M2 和 F64M3 以自由形态存在于牛奶和肌肉中。

F64M1 以自由形态存在于肝脏、肾脏和脂肪中，以更低的浓度存在于肌肉中。但是在牛奶中没有检测到。

（c）施用活性物质 F64 以后，F64M1 和其他一些代谢物也存在于山羊组织和牛奶中，但是大多数代谢物是在施用 F64 以后形成的，F64M1 在定性和定量上都是不同于 F64 的。

解决方案 5.1 提取效率的校验

平均提取效率的计算

基　质	结果，mg/kg		提取效率		
	代谢分析	标准分析	重复测量值		平均值
梨	0.2	0.15～0.18	0.75	0.90	0.825
玉米饲料	0.047	0.02～0.03	0.43	0.64	0.535
黄瓜	0.1	0.04～0.05	0.40	0.50	0.450
黄瓜	0.044	0.02～0.04	0.45	0.91	0.680
山羊肉	1	0.56～0.79	0.56	0.79	0.675
羊奶	0.37	0.06～0.09	0.16	0.24	0.200

结论：

1. 结果表明如果采用非常相似的提取程序分析来自于检测试验的样品，该种方法很不容易被接受用于分析高含水量的植物商品（平均效率是 62%）。

2. 仅仅依靠测定的残留物是不可能完全对结果进行评价的。收集关于分析条件的可用信息，并且也需要样品的历史记录。

（a）用标准方法和代谢物方法处理样品和分析的重现性。

（b）新近添加的样品的回收率是什么；报道的值是否要经分析的回收率进行校正。

（c）代谢研究范围内进行的分析和样品的重新分析之间的时间间隔。

（d）样品的储藏条件。

3. 如果步骤 2 里收集的信息证实结果是可靠的，并且在监督试验条件下更严格的萃取过程将不切实际，那么这种方法可以用作强制执行的目的，因为这也能得到和监督试验相似的结果。

4. 然而，在评估消费者的膳食暴露的时候，要考虑到残留水平的低估这种情况。

解决方案 5.2 木瓜上监督试验的评估

任务

考虑到取样样品处理和所运用的分析验证程序的基本要求。

解决方案

取样

水果要从每行的两边用手采摘，水果要从 14 棵树里面的高、低、里面、外面、暴露的和掩蔽的区域采摘，并避免采摘每排尽头的两棵树。每个样本至少要包括 12 个水果并且重量至少为 1.8 千克。

应用的程序要写得足够详细，并且这和一般的取样要求基本一致。水果要从果树的不同部位进行采摘。水果样品的数量和总重量要满足最低要求。

然而，在把样品放入运送带之前水果样品要用四分法进行缩分。缩分后的水果要冷冻（温度未指明）并且取样和样品冷冻之间的时间为 3h 15min。

样品的分析在很短时间内用合适的验证方法来开展。方法的性能通过一定的回收率来进行证实。

注意分析方法的确证可能会是一个问题。关于检出限和定量限的声明与附表中的数据无关。让人迷惑的是在这种情况下，两种化合物的定量限怎么会不同。

第二页："在该研究中，对于每一个分析物，方法确证的最低水平是 0.01mg/kg。

基于方法验证最低水平的样品添加的回收率，计算出有效成分的检出限和定量限分别为 0.12mg/kg 和 0.37mg/kg。对那些以有效成分的代谢物添加的，计算出检出限和定量限分别为 0.001 2mg/kg 和 0.003 7mg/kg。"

结论

由于样品的交叉污染以及果皮与果肉接触导致残留水平的实质性改变，

这种程序是不允许的并且清晰地包含在取样协议里［见联合国粮食及农业组织关于农药残留取样的 GI 和索引标准（CXG‑033e［1］）］。

因此在这些试验中获取的残留数据是不可靠的，不能用于最大残留限量的评估。

解决方案 6.1　Happyplant（F64）残留的定义

通常在这种情况下，有几种可能性来总结必要的信息，并且不同的专家可能得出不同的结论。残留的定义是农药残留联席会议的一个主题，在这个会议上，联合国粮农组织座谈小组的成员经过长期的讨论和争论才达成共识。

最近农药残留联席会议报告可以为残留定义这一块的内容提供一些附加的例子。

下面的总结就是一个例子：

残留定义

Happyplant（通用名为 F64）可以广泛地进行代谢，并且主要的代谢途径一般是在小麦、花生和甜菜上进行的。经过喷雾、种子处理和作为一种轮作作物处理后发现在小麦上的残留结果是相似的。

Happyplant 在植物上的主要代谢途径是羟基化。大多数代谢物是 F64M1 的单一羟基化脱硫衍生物的简单多重异构体，并且他们相互共轭（糖苷和丙二酰糖苷，以及 F64 的二羟基烯烃和它们的共轭体）。氧化羟基化导致 F64 的二羟基双键和它的共轭物的同分异构体。尽管在单一的作物基质中，这些化合物和他们共轭体的总量占 TRR 的百分比高达 42%，然而在植物体基质中，这些共轭体和/或羟基化衍生物单独地占 TRR 百分比小于 10%。

牛奶和山羊可食组织和器官的代谢指标表明在所有组织和器官中母体 F64 是一个主要的化合物（占 TRR 的百分比大于 10%），但是在牛奶中仅有很少的量（占 TRR 的百分比小于 1%～3%）。在用苯基标记的 F64M1 的研究中，在所有基质中检测到的化合物是 F64M1（除了牛奶），并且羟基化 F64M1、二羟基化 F64M1、羟基-甲氧基化 F64M1 进行共轭。此外，施用三唑标记的 F64，唯一鉴别到被标记的代谢物是硫氰酸盐：牛奶中占 TRR 的 41.1%，肌肉中 29.6%，脂肪中 12.4%，肾脏中 9%，肝脏中 2%。在检测条件下，在任何一种山羊基质里，浓度在 0.01mg/kg 以上的三唑类衍生物或自由的 1，2，4-苯三唑都没有检测到。而在产卵期的母鸡的所有基质里均检测到自由态的苯三唑和 F64-三唑基-乙醇，自由态的苯三唑不超过 0.04mg/kg 残留水平。

最丰富的代谢物是 F64-S-葡萄糖甘酸。F64M1 也存在于所有样品材料中，但是其浓度远远低于 F64-S-葡萄糖甘酸。例外的是在母鸡和山羊的脂肪里（16.1%），特别是在蛋里，F64M1 是主要的。在鸡蛋和母鸡的所有可食组织，代谢物 F64-S-甲基也被检测到。动物饲养研究表明肉的脂肪和牛奶奶油里的残留并没有浓缩。因为总残留量是由几种羟基衍生物和他们的共轭体组成，会议得出结论：F64 的残留不是脂溶性的。

有很多种仪器组合来分析检测 F64 的残留。一种 GC/MS 多残留方法已通过验证来检测 F64M1，一种 LC-MS/MS 总残留检测方法通过转换 F64 以及它的代谢物和轭合物成为 F64 磺酸和 F64M1 的混合物。另一种方法适合于检测 F64M1、3-OH-F64M1 和 4-OH-F64M1 以及其轭合物，该方法是通过 HPLC-MS/MS 使其轭合物转化在动物器官的基质中经过加酸水解成这些化合物中的一种。用这种方法可以很好地提取 TRR 中的主要部分（58%～84%）。

监督试验表明残留检测的 F-64 磺酸和脱硫 F-64 的总量高于单一的脱硫 F-64。

会议提及 1，2，4-苯三唑、三唑基乙酸和三唑基丙氨酸可能由几种来源衍生而来。在美国进行的田间试验表明轭合物三唑基丙氨酸和三唑基乙酸在大麦和小麦粒上的总残留量分别高达 0.92mg/kg 和 1.76mg/kg，菜籽油上是 0.66mg/kg，花生仁上为 3.39mg/kg。自由态的 1，2，4-苯三唑在上述样品中没有检测到高于定量限（0.01mg/kg 或 0.02mg/kg）。这些发现和代谢研究中获得的信息是一致的。因为这些化合物可能存在于不同来源的食品中，不适合于强制的目的。食品中相对低浓度的轭合物残留以及三唑基乙酸和三唑基丙氨酸的低毒性（最大日允许摄入量为 1mg/kg）使得他们并没有包含在膳食风险评估中。

解决方案6.2　包括残留定义和残留值舍入的残留总结表达

1. 乙酰甲胺磷残留的排列顺序是：＜0.025mg/kg、0.036mg/kg、0.04mg/kg、0.042mg/kg、0.065mg/kg、0.09mg/kg、0.1mg/kg和0.69mg/kg。

甲胺磷残留的排列顺序是：＜0.01mg/kg、0.021mg/kg、＜0.025mg/kg、＜0.025mg/kg、0.046mg/kg、＜0.05mg/kg、0.05mg/kg和0.38mg/kg。

由于甲胺磷本身是一种农药，所以乙酰甲胺磷的最大残留限量仅仅以它的母体化合物来表示。

对于甲胺磷，其最大残留限量不仅要考虑来源于乙酰甲胺磷的残留，还要考虑来自于甲胺磷使用的残留，因此较大的最大值将用作最大残留限量值。

2.

乙酰甲胺磷	甲胺磷	总结1	总结2
0.036	＜0.05	0.411	0.536
0.065	＜0.01	0.14	0.165
0.69	0.38	3.54	4.49
0.09	0.05	0.465	0.59
0.04	0.021	0.197 5	0.25
0.1	0.046	0.445	0.56
0.042	＜0.025	0.229 5	0.292
＜0.025	＜0.025	0.212 5	0.275

注意：

总结1是针对长期的风险评估。

总结2是针对短期的风险评估。

3. 以乙酰甲胺磷的当量来表示残留

对于长期的风险评估，残留是：0.14mg/kg、0.20mg/kg、0.21mg/kg、0.23mg/kg、0.41mg/kg、0.45mg/kg、0.47mg/kg和3.54mg/kg。

对于短期的风险评估，残留是：0.17mg/kg、0.25mg/kg、0.28mg/kg、0.29mg/kg、0.54mg/kg、0.56mg/kg、0.59mg/kg和4.49mg/kg。

4. 乙酰甲胺磷的中值：0.053 5mg/kg；甲胺磷的中值：0.035mg/kg。

对于长期的膳食风险评估，乙酰甲胺磷的中值当量是0.320mg/kg。

牢记：

（a）评估中残留值的报告不要四舍五入（因为原始报告里给出的残留值最多保留三个有效数字）。

（b）在需要的地方进行该种运算，并且在评估中报告残留值得时候至少要保留两位有效数字。

（c）用未四舍五入的数字来计算中值。

（d）用未四舍五入的残留中位数的值进行深入地运算（例如在加工产品中的STMR‐P）。

（e）只有是最后一步运算的时候才对残留中位数值进行四舍五入并且报道值要保留有两位有效数字。

注意：上述原则将用于所有情况（例如，把残留值录入OECD计算器，计算加工因子和动物负荷）。

解决方案 7.1 良好农业操作规范（GAP）信息总结

GAP 总结表——叶面喷施

国家	作物	剂型		最大使用剂量或最大喷洒浓度	最大剂量（有效成分），kg/hm²	喷施浓度	施药次数	间隔	安全间隔期，d
澳大利亚	苹果	WG	100g/kg	35g/hL	—	0.003 5	6	7～10[1] 14～21[2]	28
比利时	苹果	EC	250g/L	150ml/hm²	0.037 5			10	14
巴西	苹果	EC	250g/L	14mL/hL		0.003 5	8		5
法国	苹果	EC	250g/L	0.015L/hL		0.003 75	3	10	30
意大利	苹果	EC	250g/L	15mL/hL		0.003 75	4		14
波兰	苹果	EC	250g/L	0.2L/hm²	0.05		3	7～14	14
西班牙	苹果	EC	250g/L	20mL/hL		0.005	3～5	7～10 12～18[3]	14
法国	杏	EC	250g/L	0.02L/hL		0.005	3	12～14	14 GS[4]
比利时	芦笋	EC	250g/L	0.5L/hm²	0.125				GS[5]
西班牙	芦笋	EC	250g/L	0.5L/hm²	0.125		3	14～21	30
巴西	鳄梨	EC	250g/L	20mL/hL		0.005	4	14	14 GS[6]
澳大利亚	香蕉	EC	250g/L	400mL/hm²[7] ✈[8]	0.10		6		1
巴西	香蕉	EC	250g/L	0.4L/hm² ✈[8]	0.1		5	14～21	7
美国中部	香蕉	EC	250g/L	0.4L/hm² ✈[8]	0.1		8	15～20	0
巴西	大豆	EC	250g/L	0.3L/hm²	0.075		3	14～15	25
比利时	甜菜根	EC	250g/L	0.5L/hm²	0.125				21
比利时	西兰花	EC	250g/L	0.5L/hm²	0.125		2		14
德国	西兰花	EC	250g/L	0.4L/hm²	0.1		3	14～21	21
英国	西兰花	EC	250g/L	0.3L/hm²	0.075		注[9]	14	21
比利时	抱子甘蓝	EC	250g/L	0.5L/hm²	0.125		2		21
法国	抱子甘蓝	EC	250g/L	0.5L/hm²	0.125		3		21
德国	抱子甘蓝	EC	250g/L	0.4L/hm²	0.1		3	14～21	21
英国	抱子甘蓝	EC	250g/L	0.3L/hm²	0.075		注[9]		21

（续）

国家	作物	剂型		最大使用剂量或最大喷洒浓度	最大剂量（有效成分），kg/hm²	喷施浓度	施药次数	间隔	安全间隔期，d
德国	鳞茎类蔬菜	EC	250g/L	0.4L/hm²	0.1		3	7～14	21
比利时	甘蓝	EC	250g/L	0.5L/hm²	0.125		2		21
法国	甘蓝	EC	250g/L	0.5L/hm²	0.125		3		21
英国	甘蓝	EC	250g/L	0.3L/hm²	0.075		注[9]		21
德国	结球甘蓝	EC	250g/L	0.4L/hm²	0.1		3	14～21	21
德国	皱叶甘蓝	EC	250g/L	0.4L/hm²	0.1		3	14～21	21
澳大利亚	胡萝卜	EC	250g/L	500mL/hm²	0.125	—	6	10～14	7
比利时	胡萝卜	EC	250g/L	0.5L/hm²	0.125		3		14
巴西	胡萝卜	EC	250g/L	0.60L/hm²	0.15		8	7	15
法国	胡萝卜	EC	250g/L	0.5L/hm²	0.125		3		14
德国	胡萝卜	EC	250g/L	0.4L/hm²	0.1		3	14～21	21
意大利	胡萝卜	EC	250g/L	0.5L/hm²	0.125		3～4	7～14	7
比利时	花椰菜	EC	250g/L	0.5L/hm²	0.125		2		14
巴西	花椰菜	EC	250g/L	20mL/hL		0.005	5	7	14
法国	花椰菜	EC	250g/L	0.5L/hm²	0.125		3		14
德国	花椰菜	EC	250g/L	0.4L/hm²	0.1		3	14～21	21
意大利	花椰菜	EC	250g/L	0.5L/hm²	0.125		3～4	7～14	14
英国	花椰菜	EC	250g/L	0.3L/hm²	0.075		注[9]	14	21
比利时	芹菜	EC	250g/L	0.5L/hm²	0.125		3	14	14
法国	芹菜	EC	250g/L	0.5L/hm²	0.125		3		14
意大利	芹菜	EC	250g/L	0.5L/hm²	0.125		3～4	7～14	21
西班牙	芹菜	EC	250g/L	20mL/hL		0.005	4	7～14	14
比利时	大白菜	EC	250g/L	0.5L/hm²	0.125		2	14	14
巴西	黄瓜	EC	250g/L	10mL/hL		0.002 5	5	10	1
意大利	黄瓜	EC	250g/L	0.5L/hm²	0.125		3～4	7～14	7
德国	黄瓜（温室）	EC	250g/L	0.8L/hm²	0.2		3	5～14	3
德国	黄瓜（露地）	EC	250g/L	0.4L/hm²	0.1		3	5～14	3
美国	瓜类蔬菜[10]	WG	200g/kg	0.56kg/hm²	0.112		3		3
巴西	茄子	EC	250g/L	30mL/hm²		0.007 5	6	7	3
德国	饲用芜菁	EC	250g/L	0.4L/hm²	0.1		2		28
美国	果类蔬菜[11][12]	WG	200g/kg	0.67kg/hm²	0.134		2		3
巴西	大蒜	EC	250g/L	0.5L/hm²	0.125		6	7	14
西班牙	大蒜	EC	250g/L	0.5L/hm²	0.125		3～4	7～14	30
比利时	葡萄	EC	250g/L	0.12L/hm²	0.03				
巴西	葡萄	EC	250g/L	12mL/hm²		0.003	6	14	21
美国	葡萄	WG	200g/kg	0.84kg/hm²	0.168		1		14

（续）

国家	作物	剂型		最大使用剂量或最大喷洒浓度	最大剂量（有效成分），kg/hm²	喷施浓度	施药次数	间隔	安全间隔期，d
法国	葡萄（葡萄树）	EC	250g/L	0.12L/hm²	0.03		3	14	
美国	啤酒花	WG	200g/kg	1.68kg/hm²	0.336		1		14
法国	日本梨	EC	250g/L	0.015L/hL		0.003 75	3	10	30
西班牙	莴苣	EC	250g/L	0.5L/hm²	0.125		3	10～14	14
西班牙	枇杷	EC	250g/L	20mL/hL		0.005	5	14～21	14
澳大利亚	澳洲坚果	EC	250g/L	50mL/hL	—	0.012 5	6	21～28	GS[13]
巴西	芒果	EC	250g/L	50mL/hL		0.012 5	3	14	7 GS[14]
美国	油桃	WG	200g/kg	1.12kg/hm²	0.224		3		5
瑞士	油菜	SC	62.5g/L	2L/hm²	0.125		1		GS[15]
英国	油菜	EC	250g/L	0.5L/hm²	0.125		注[16]		GS[17]
西班牙	橄榄	EC	250g/L	60mL/hL		0.015	1～2	14～21	14
比利时	番木瓜	EC	250g/L	0.5L/hm²	0.125		2	14	14
巴西	木瓜	EC	250g/L	30mL/hL		0.007 5	4	7～10	14
法国	桃	EC	250g/L	0.02L/hL		0.005	3	12～14	14 GS[4]
意大利	桃	EC	250g/L	30mL/hL		0.007 5	2～3 1～2 GS[18]		7
美国	桃	WG	200g/kg	1.12kg/hm²	0.224		3		5
澳大利亚	梨	WG	100g/kg	35g/hL	—	0.003 5	6	7～10[1] 14～21[2]	28
比利时	梨	EC	250g/L	150mL/hm²	0.037 5			10	14
法国	梨	EC	250g/L	0.015L/hL		0.003 75	3	10	30
意大利	梨	EC	250g/L	15mL/hL		0.003 75	4		14
波兰	梨	EC	250g/L	0.2L/hm²	0.05		3		14
西班牙	梨	EC	250g/L	20mL/hL		0.005	3～5	7～10 12～18[3]	14
美国	李子	WG	200g/kg	1.12kg/hm²	0.224		3		5
美国	梨果类水果[19]	WG	200g/kg	1.12kg/hm²	0.224		2		7
澳大利亚	马铃薯	EC	250g/L	500mL/hm²	0.125	—	6	10～14	7
巴西	马铃薯	EC	250g/L	0.3L/hm²	0.075		4		7
意大利	马铃薯	EC	250g/L	0.5L/hm²	0.125		3～4	7～14	14
巴西	马铃薯	EC	250g/L	0.8L/hm²	0.2		3～4	12	30
美国	梅干	WG	200g/kg	1.12kg/hm²	0.224		3		5
法国	榅桲	EC	250g/L	0.015L/hL		0.003 75	3	10	30
巴西	水稻	EC	250g/L	0.3L/hm² ✈[20]	0.075		1		45

（续）

国家	作物	剂型		最大使用剂量或最大喷洒浓度	最大剂量（有效成分），kg/hm²	喷施浓度	施药次数	间隔	安全间隔期，d
瑞士	黑麦	EC	250g/L	0.5L/hm²	0.125		1		GS[21]
巴西	草莓	EC	250g/L	40mL/hL		0.010	6	14	7
德国	糖用甜菜	EC	250g/L	0.4L/hm²	0.1		2		28
意大利	糖用甜菜	EC	250g/L	0.3L/hm²	0.075		3	14～21	21
西班牙	糖用甜菜	EC	250g/L	0.5L/hm²	0.125		1～3	21～28	30
瑞士	糖用甜菜	EC	250g/L	0.4L/hm²	0.1		1～2		
巴西	西葫芦	EC	250g/L	14mL/hL		0.003 5	4	10	3
瑞士	向日葵	SC	62.5g/L	2L/hm²	0.125		1		GS[22]
澳大利亚	番茄	EC	250g/L	500mL/hm²	0.125	—	6	10	3
巴西	番茄	EC	250g/L	50mL/hL		0.012 5	3	7	14
法国	番茄	EC	250g/L	0.5L/hm²	0.125		3		20
澳大利亚	番茄	EC	250g/L	0.5L/hm²	0.125		3～4	7～14	7
巴西	番茄	EC	250g/L	64mL/hL		0.016	2～4	7～10	7
巴西	番茄	EC	250g/L	0.8L/hm²	0.2		2～4	7～10	7
瑞士	小麦	EC	250g/L	0.5L/hm²	0.125		1		GS[23]
英国	小麦	EC	250g/L	0.3L/hm²	0.075		注[24]		GS[25]

[1] 落花前。

[2] 落花后。

[3] 隔 7～10d 直到水果的直径为 1cm，然后间隔 12～18d。

[4] 生长阶段：果核形成的阶段。

[5] 生长阶段：喷雾收获后。

[6] 生长阶段：水果直径约 5cm。

[7] 适用于水混溶油。

[8] 空中施药。

[9] 每季总剂量为 0.9L/hm²。

[10] 瓜类蔬菜：南瓜、冬瓜、香橼瓜、可食用黄瓜、小黄瓜、甜瓜、南瓜、西葫芦、笋瓜、西瓜。

[11] 果类蔬菜：茄子、樱桃、黄瓜、辣椒（干辣椒、柿子椒、烹饪、甜椒）、青椒、番茄。

[12] 限制在番茄上使用。在直径为 2.54cm 的番茄果实上施用。

[13] 生长阶段：坚果形成初期持续到 12 月末。

[14] 生长阶段：一直使用，直到小水果形成。

[15] 生长阶段：在初花期和盛花期。

[16] 每季施药、制剂量为 1.0L/hm²。

[17] 生长阶段：败花期。

[18] 生长阶段：出芽期 2～3 次处理，收获前 1～2 次处理。

[19] 梨果类水果作物：苹果、梨、海棠、木瓜、枇杷、复花山楂、东方梨。

[20] 环境指数。

[21] 生长阶段从 BBCH39 到 61 只施药 1 次。

[22] 生长阶段：初花期第 1 次施药。

[23] 生长阶段：从 BBCH31 到 61 之间一次施药。

[24] 0.3L/hm²。

[25] 生长阶段：从抽穗期到籽粒期（GS 59 - 71）。

GAP 总结表—happychloronid 种子处理

作物	国家	配方		每 100g 种子使用的最大量	最大使用剂量（有效成分），mg/kg	使用方法与注意事项
大麦	澳大利亚	FS	120g/L	280mL	33.6	对水稀释，采用泥浆处理设备
小麦	澳大利亚	FS	120g/L	280mL	33.6	对水稀释，采用泥浆处理设备

解决方案 7.2　相近试验评估

　　试验结果显示了相近的残留水平，还须用统计方法进一步证实。要有 4 个点以上的数据，才可用线性回归方程。

　　具体步骤如下：

　　1. 通过计算平均残留量来准确评估在作物上的残留。

平均残留量 SL	平均残留量 WG
0.355	0.465
0.01	0.02
0.395	0.33
0.03	0.025

　　2. 选择一个数据集作为独立的变量（例如试验的平均残留），输入数据分析工具中。在 MS Excel 数据处理中将 SL 制剂田间试验得到的残留值输入 "X" 值，将 WG 制剂田间试验残留数据输入到 "Y" 值中，选择输出范围并单击确定。

　　3. 进行计算，给出了以下的输出结果：

　　输出值

回　归　统　计	
多研究	0.946 018
平方的	0.894 95
R^2	0.842 424
标准偏差	0.088 688
观测值	4

ANOVA

	df	SS	MS	F	*Significance F*
回归	1	0.134 019	0.134 019	17.038 48	0.053 982
残留	2	0.015 731	0.007 866		
总计	3	0.149 75			

	系数	标准偏差	T检验	P值	低于95%	高于95%	低于95.0%	高于95.0%
截距	0.007	0.066	0.108	0.924	−0.278	0.292	−0.278	0.292
X变量1	1.027	0.249	4.128	0.054	−0.044	2.098	−0.044	2.098

4. 如果95%置信区间的截距为0，斜率也接近1（变量X接近1），那么两个数据集是一样的。强调的数据在输出表格中做了重点标注。

5. 图表数据如下所示：

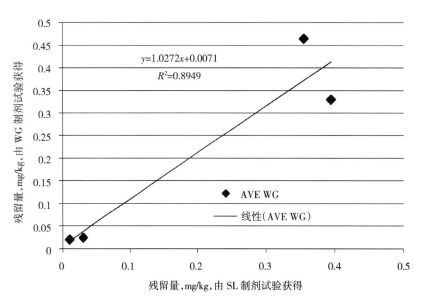

结论：

水分散粒剂与可溶性液剂配方的农药残留水平没有显著差异。因此，只有将每对相近试验的高值用于STMR和最大残留限量的评估。

那就是说，从这四对邻近试验中应选择的评估残留量为0.465mg/kg、0.02mg/kg、0.395mg/kg和0.03mg/kg。

解决方案 7.3　嘧菌酯在核果类水果上农药残留评估

会议通过，根据美国的良好农业操作规范所获得的樱桃、李、桃上的数据，从统计学上来说是基本相同的，它们可以代表"核果类"水果来推荐最大残留限量值。

根据桃的残留量（包含了最高残留值的大量残留数据），会议评估了嘧菌酯在核果类水果上的最大残留限量为 2mg/kg，规范残留试验中值（ST-MR）为 0.74mg/kg。没必要提供最高残留值（HR），因为嘧菌酯暂没有 ARfD 值。

解决方案 7.4　三唑磷在水稻上规范试验报告检验

该报告由政府部门提供，它的模板由 FAO 编写、用于政府组织提供规范实验数据。

因此，这种简写的报告形式是可以接受的。

该报告给出了模板所需要的大部分重要的信息。

缺失和不明确的地方：

样本采集的描述：作物采样部位和样本采样个数。

从采样到到达实验室这 3 天样本的储藏条件。

样本的制作：20g 的稻谷籽粒（GC0649）是怎样由 2kg 的样本制备的。

总结

准确描述样本的采集、样品的制备和样本分析过程是评价农药最大残留限量、规范残留试验中值、最大残留量必不可少的基本信息。

虽然简明的格式是可以接受的，但是，报告缺少必要信息，因此不能被采纳。

经验表明，简明格式的报告通常会漏掉重要信息。例如，如果怀疑出现喷雾设备校准，但是没有细节可追溯。

解决方案7.5　荔枝规范试验的评价

以下是2004年美国荔枝（500 WP）规范试验的残留数据表：

作物/地点，	施　药					安全间隔期，d	残留量，mg/kg		试验编号
	kg/hm² (有效成分)	L/hm² (有效成分)	kg/hL (有效成分)	No.	RTI				
US GAP：500 WP/ 480 SC，0.40～0.56kg/hm²（有效成分）［0.09～0.12kg/hL（有效成分）］，试验次数1，PHI 1d									
Mauritius Homestead，FL	0.56 0.57	1 188	0.05	2	20	1	1.998 1.946	2.9[1] 2.8[1]	PR 08268 04 - FL33
Mauritius Homestead，FL	0.57 0.57	1 193	0.05	2	21	1	2.594 2.553	3.6[1] 3.7[1]	PR 08268 04 - FL34
Mauritius Homestead，FL	0.57 0.57	1 193	0.05	2	21	1	2.291 1.545	3.3[1] 2.2[1]	PR 08268 04 - FL35

RTI：重复处理的间隔。

[1] 由于储藏期间残留的降解，对报告中数据进行了修正。

评价

根据美国GAP，使用最大剂量0.56kg/hm²（有效成分）施药1次，安全间隔期1d。

3个试验在同一地点进行，其中2个使用最大GAP剂量，但是其中一个推迟20～21d进行，即在一段较短时间内的不同天开始试验。

残留的范围为1.545～2.594mg/kg，04 - FL34样本中残留量最高（2.553～2.594mg/kg），最高平均残留量为2.574mg/kg。

荔枝中的平均残留，经储藏期间的残留量降解修正后，距离第2次施药后一天样品残留为2.85mg/kg、3.25mg/kg、3.65mg/kg。

试验条件的描述：

试验的进行和报告都是合理的，喷雾器进行了校准，实际应用农药量与计算的剂量接近。

试验的数量符合美国对于小作物的最低要求。

试验用两种处理代替了标签上规定的一种（GAP表中），处理一比处理二提前了20d进行，另外，考虑到果实的生长速度，在GAP中应记录处理条件的不同。

样品采集、前处理和分析都是正确的。

储藏的样品在 1 周内残留降解率约 33%，之后会保持一致（相对标准偏差为 9.1%）。这表明，尽管样本进行了低温处理，但是还是会有残留降解。然而，基于单一的试验无法估计校正因子，此外，我们估计在储藏过程中发生了类似的降解而去校正残留量是不对的。

本试验不能被视为独立的试验，因为它们在相同的试验地点、同一试验作物品种，同时使用相同的喷雾器，并且是在很短的时间间隔下进行的。

总结：这些规范试验所得到的结果不能作为估计最大值和残留水平的指标。

解决方案 7.6　番木瓜规范试验条件的评估

任务

综合考虑采样、样品制备与分析的基本要求，以评估在木瓜上的规范试验。

- 验证研究条件（研究材料、测试系统、与 GAP 的符合程度、施药环境）
- 确证独立试验。
- 残留数据用表格表示
- 筛选合适的残留数据用来评估最大残留限量。

解决方案

样品制备：参照 5.2 的解决方法。

试验遵循美国 GAP。

测试系统运行正常。

对测试材料进行了详细的描述。

试验田做了很好的维护，农药和化肥使用都做了详细记录。

样品分析在较短的时间内完成，分析方法需要添加回收率试验进行验证。

需要在不同的试验点进行试验，而且是相互独立的。

2003 年 acar（500 WP）在美国木瓜上规范实验的残留结果表。

作物品种，位置	使 用					安全间隔期，d	残留量，mg/kg	参考文献地址
	kg/hm²（有效成分）	L/hm²	kg/hL（有效成分）	No.	RTI			
美国 GAP：500 WP/ 480 SC，施药剂量 0.40~0.56kg/hm²（有效成分），施药次数 1，PHI 1d								
Red Lady Homestead, FL	0.57	1 393	0.04	2	21	1	0.11 0.14	PR 08270 03 - FL19
Gold Haleiwa, HI	0.57	477	0.12	2	21	1	0.62 1.9	PR 08270 03 - HI01

（续）

作物品种，位置	使用					安全间隔期，d	残留量，mg/kg	参考文献地址
	kg/hm²（有效成分）	L/hm²	kg/hL（有效成分）	No.	RTI			
Kapoho	0.58	963	0.06	2	22	1	0.81	PR 08270
Keaau，HI							0.76	03 - HI02

RTI：重复处理的间隔。

所有采收样品需在田间切成（1/8～1/2）小块，进行样品缩分，装入封口袋，放入到低温冰箱中保存直到样品分析。注意：这种做法未遵循食品法典的良好实验室操作规范（ftp：//ftp.fao.org/codex/alinorm03/al03_41e）。

总结

试验顺利进行和试验记录。

然而，必须要考虑样品在田间缩分时的不确定度以及残留数据不适用于计算最大残留限量的情况。

此外，试验点数量达不到食品法典评价最大残留限量的要求。

解决方案 8.1 规范残留试验和加工试验的数据评估——最大残留水平的评估

Zappacarb 在仁果类水果上的残留评估已完成的工作表

规范田间试验，确证表格

试验	供试作物	试验设计	是否采用标准化喷施	小区面积是否合理	田间样品尺寸是否合适	用于分析的部分	作物是否与国际食品法典委员会的分析部分相一致	分析方法特性	方法是否合适于该作物	回收率标准	对照小区样本中的残留	可否冷冻储藏	试验是否有效
试验 C107	苹果	√	√	√	√	全果	√	HPLC7	√	74～111 (n=27)		238d√	是
试验 J107	苹果	√	√	√	√	全果	√	HPLC7	√	74～111 (n=27)		239d√	是
试验 L 104	苹果	√	√	√	？	全果	√	HPLC7	√	72～120 (n=46)		165d√	是
试验 5	苹果	√	√	√	√	全果	√	HPLC7	√	72～120 (n=46)	c=0.01	152d	是
试验 12	苹果	√	√	√	√	全果	√	HPLC7	√	72～120 (n=46)		162d√	是
试验 105	苹果	√	√	√	？	全果	√	HPLC7	√	72～120 (n=46)		197d√	是
试验 97	苹果	√	√	√	？	全果	√	HPLC7	√	72～120 (n=46)	c=0.019	133d√	是
试验 98	苹果	√	√	√	？	全果	√	HPLC7	√	72～120 (n=46)		133d√	是
试验 101	苹果	√	√	√	√	全果	√	HPLC7	√	72～120 (n=46)	c=0.068？	139d√	？ 否
试验 S105	苹果	√	√	√	？	全果	√	HPLC7	√	72～120 (n=46)		137d√	是
试验 J102	苹果	√	√	√	√	全果	√	HPLC7	√	72～120 (n=46)		167d√	是
试验 J103	苹果	√	√	√	√	全果	√	HPLC7	√	72～120 (n=46)		135d√	是
试验 4	苹果	√	√	√	？	全果	√	HPLC7	√	72～120 (n=46)	c=0.01	144d√	是

（续）

试验	供试作物	试验设计	是否采用标准化喷施	小区面积是否合理	田间样品尺寸是否合适	用于分析的部分	作物是否与国际食品法典委员会的分析部分相一致	分析方法特性	方法是否合适于该作物	回收率标准	对照小区样本中的残留	可否冷冻储藏	试验是否有效
试验 20	苹果	√	√	√	?	全果	√	HPLC7	√	72～120（n=46）		137d√	是
试验 103	苹果	√	√	√	?	全果	√	HPLC7	√	72～120（n=46）		190d√	是
试验 S105	苹果	√	√	√	√	全果	√	HPLC7	√	72～120（n=46）		162d√	是
报告 6A	苹果	√	√	√	√	全果	√	?	?	?		?	否
报告 6NO	苹果	√	√	√	√	全果	√	?	?	?		?	否
报告 24IE	苹果	√	√	√	√	全果	√	√	√	√		√	是
报告 24	苹果	√	√	√	√	全果	√	√	√	√		√	是
试验 L8	梨	√	√	√	√	全果	√	HPLC7	√	102～123		475d?	? 是
试验 L13	梨	√	√	√	√	全果	√	HPLC7	√	102～123		500d?	? 是
试验 P106	梨	√	√	√	√	全果	√	HPLC7	√	102～123		494d?	? 是
试验 P107	梨	√	√	√	√	全果	√	HPLC7	√	102～123		473d?	? 是
试验 J108	梨	√	√	√	√	全果	√	HPLC7	√	102～123	c=0.014	479d?	? 是
试验 J109	梨	√	√	√	√	全果	√	HPLC7	√	102～123	c=0.01	470d?	? 是
试验 J110	梨	√	√	√	√	全果	√	HPLC7	√	102～123	c=0.01	481d?	? 是
试验 121	梨	√	√	√	√	全果	√	HPLC7	√	102～123		474 d?	? 是
报告 7NAGANO	梨	√	√	√	√	全果	√	HPLC6	√	√		√	是
报告 P7	梨	√	√	√	√	全果	√	HPLC6	√	√		√	是
报告 P14N1	梨	√	√	√	√	全果	√	HPLC6	√	√		√	是
报告 P14N2	梨	√	√	√	√	全果	√	HPLC6	√	√		√	是

（续）

试验	供试作物	试验设计	是否采用标准化喷施	小区面积是否合理	田间样品尺寸是否合适	用于分析的部分	作物是否与国际食品法典委员会的分析部分相一致	分析方法特性	方法是否合适于该作物	回收率标准	对照小区样本中的残留	可否冷冻储藏	试验是否有效
报告 P19F	梨	√	√	√	√	全果	√	HPLC6	√	√		?	否
报告 P19S	梨	√	√	√	√	全果	√	HPLC6	√	√		?	否
报告 P19I	梨	√	√	√	√	全果	√	HPLC6	√	√		?	否
报告 P19T	梨	√	√	√	√	全果	√	HPLC6	√	√		?	否

残留量释义表格

下表为 zappacarb 在苹果上的残留量释义表格。对比 GAP 和试验条件，以确认用于 MRL 和 STMR 评估的数据的有效性。

作物	国家	剂型	用　　　法				试验	残留量，mg/kg
			kg/hm²（有效成分）	kg/hL（有效成分）	施用次数	安全间隔期，d		
仁果类水果	美国 GAP	可湿性粉剂	0.56		1	7		
苹果	美国试验	可湿性粉剂	0.56	0.12	1	7	试验 104	0.058
苹果	美国试验	可湿性粉剂	0.56	0.12	1	7	试验 5	0.58
苹果	美国试验	可湿性粉剂	0.56	0.12	1	7	试验 12	0.20 (0.13)[1]
苹果	美国试验	可湿性粉剂	0.55	0.12	1	7	试验 105	0.16
苹果	美国试验	可湿性粉剂	0.56	0.12	1	7	试验 97	0.15
苹果	美国试验	可湿性粉剂	0.56	0.12	1	7	试验 98	0.22
苹果	美国试验	可湿性粉剂	0.58	0.12	1	7	试验 105	0.18
苹果	美国试验	可湿性粉剂	0.55	0.12	1	7	试验 J102	0.18
苹果	美国试验	可湿性粉剂	0.56	0.12	1	7	试验 J103	0.37
苹果	美国试验	可湿性粉剂	0.54	0.12	1	7	试验 4	0.17
苹果	美国试验	可湿性粉剂	0.55	0.12	1	7	试验 20	0.049
苹果	美国试验	可湿性粉剂	0.56	0.12	1	7	试验 103	0.19
苹果	美国试验	可湿性粉剂	0.56	0.12	1	7	试验 8105	0.38
苹果	日本 GAP	悬浮剂	1.4		1	7		
苹果	日本试验	悬浮剂	1.2	0.02	1	7	号码 24Ie	0.24
苹果	日本试验	悬浮剂	1.0	0.02	1	7	号码 24	0.26

[1]　第 14d 时的残留量（0.20mg/kg）大于第 7d 时的残留量（0.13mg/kg）。

下表为 zappacarb 在梨上的残留量释义表格。对比 GAP 和试验条件，以确认用于 MRL 和 STMR 评估的数据的有效性。

作物	国家	剂型	用　　法				试验	残留量，mg/kg
			kg/hm²（有效成分）	kg/hL（有效成分）	施用次数	安全间隔期，d		
梨果类水果	美国 GAP	可湿性粉剂	0.56		1	7		
梨	美国试验	可湿性粉剂	0.55	0.12	1	7	试验 L8	0.10
梨	美国试验	可湿性粉剂	0.56	0.12	1	7	试验 L13	0.24
梨	美国试验	可湿性粉剂	0.55	0.13	1	7	试验 P106	0.14
梨	美国试验	可湿性粉剂	0.56	0.12	1	7	试验 P107	0.13(0.076)[1]
梨	美国试验	可湿性粉剂	0.54	0.12	1	7	试验 J108	0.16
梨	美国试验	可湿性粉剂	0.55	0.12	1	7	试验 J109	0.094
梨	美国试验	可湿性粉剂	0.55	0.12	1	7	试验 J110	0.097
梨	美国试验	可湿性粉剂	0.53	0.12	1	7	试验 121	0.29
梨	日本 GAP	悬浮剂	1.4		1	1		
梨	日本试验	悬浮剂	1.2	0.02	1	1	P14N1	0.42
梨	日本试验	悬浮剂	1.2	0.02	1	1	P14N2	0.90 (0.82)[2]

[1] 第 14 天时的残留量（0.13 mg/kg）大于第 7 天时的残留量（0.076 mg/kg）。

[2] 第 3 天时的残留量（0.90mg/kg）大于第 1 天时的残留量（0.82mg/kg）。

对所选残留数据中的 STMR、HR 和最大残留水平评估值总结如下（排序，中值标记下划线）：

苹果：0.049mg/kg、0.058mg/kg、0.15mg/kg、0.16mg/kg、0.17mg/kg、0.18mg/kg、0.18mg/kg、0.19mg/kg、0.20mg/kg、0.22mg/kg、0.37mg/kg、0.38mg/kg、0.58mg/kg。

梨：0.094mg/kg、0.097mg/kg、0.10mg/kg、0.13mg/kg、0.14mg/kg、0.16mg/kg、0.24mg/kg、0.29mg/kg。

梨果类水果：0.049mg/kg、0.058mg/kg、0.094mg/kg、0.097mg/kg、0.10mg/kg、0.13mg/kg、0.14mg/kg、0.15mg/kg、0.16mg/kg、0.16mg/kg、0.17mg/kg、0.18mg/kg、0.18mg/kg、0.19mg/kg、0.20mg/kg、0.22mg/kg、0.24mg/kg、0.29mg/kg、0.37mg/kg、0.38mg/kg、0.58mg/kg。

推荐规范

食品法典作物编号	作　　物	最大残留水平，mg/kg	STMR，mg/kg	HR，mg/kg
FP 0226	苹果	0.7	0.18	0.58
FP 0230	梨	0.5	0.135	0.29
FP 0009	梨果类水果	0.7	0.17	0.58

此评估基于的良好农业操作规范为：美国梨果类水果良好农业操作规范：0.56kg/hm² （有效成分），安全间隔期7d。

农产品加工

初级农产品 （RAC）	加工农产品	计算加工因子＝加工农产品残留量 ÷初级农产品残留量	中值或最佳评估值
苹果 0.89mg/kg 2.1mg/kg	清洗后苹果 0.63 1.8	0.71，0.86	0.8
苹果 0.89mg/kg 2.1mg/kg	湿苹果渣 1.6 3.6	1.8，1.7	1.8
苹果 0.89mg/kg 2.1mg/kg	苹果汁 0.20 0.22	0.22，0.10	0.16

初级农产品 （RAC）	加工农产品	加工因子 （PF）	初级农产品		加工农产品	
			STMR	HR	STMR-P＝ STMR×RF	HR-P＝ HR×PF
苹果	湿苹果渣	1.8	0.17		0.31	
	苹果	0.16	0.17		0.027	

加工后最大残留量的计算仅适用于农产品在加工过程中始终保持其完整性的情况。

推荐规范

食品法典 作物编号	作　物	最大残留水平， mg/kg	STMR-P， mg/kg	HR-P， mg/kg
JF 0226	苹果汁		0.027	

解决方案8.2 规范残留试验和加工试验的数据评估——饮食摄入量的评估

Happyfos 在番茄上的残留评估已完成的工作表

规范田间试验，确证表格

田间试验代号	供试作物	试验设计	是否采用标准化喷施	小区面积是否合理	田间样品尺寸是否合适	用于分析的部分	作物是否与国际食品法典委员会的分析部分相一致	分析方法特性	方法是否合适于该作物	回收率标准	对照小区样本中的残留	可否冷冻储藏	试验是否有效
R110991	番茄	✓	✓	✓	✓	全果	✓	B5150	✓	71%～99% n＝14	＜LOQ	112d ✓	是
R81099I	番茄	✓	✓	✓	✓	全果	✓	B5150	✓	71%～99% n＝14	＜LOQ	193 d ✓	是
4841 - T	番茄	✓	✓	✓	✓	全果	✓	B5150	✓	87%～102% n＝10	＜LOQ	163 d ✓	是
10PS4510	番茄	✓	✓	✓	✓	全果	✓	B5150	✓	87%～102% n＝10	＜LOQ	164 d ✓	是
R63099S	番茄	✓	✓	✓	✓	全果	✓	B5150	✓	82%～105% n＝10	＜LOQ	181 d ✓	是
R74099S	番茄	✓	✓	✓	✓	全果	✓	B5150	✓	82%～105% n＝10	＜LOQ	183 d ✓	是
4260 - TMN	番茄	✓	✓	✓	✓	全果	✓	B5150	✓	72%～102% n＝17	＜LOQ	103 d ✓	是
5361—CY	番茄	✓	✓	✓	✓	全果	✓	B5150	✓	72%～102% n＝17	＜LOQ	194 d ✓	是
1521 - TA37	番茄	✓	✓	✓	✓	全果	✓	B5150	✓	82%～105% n＝10	＜LOQ	118 d ✓	是
2117 - T37P	番茄	✓	✓	✓	✓	全果	✓	B5150	✓	72%～106% n＝12	＜LOQ	63 d ✓	是
D2760 - NMT	番茄	✓	✓	✓	✓	全果	✓	B5150	✓	78%～122% n＝23	干燥残渣 0.05 mg/kg	73 d ✓	是

残留量释义表格

下为 Happyfos 在番茄上的残留量释义表格。比较良好农业操作规范和试验条件，评估 MRLs，STMRs 和 HRs。

作物	国家	剂型	用　　法					残留量，mg/kg		
			kg/hm² (有效成分)	kg/hL (有效成分)	施用次数	安全间隔期，d	研究	happyfos	happyfos oxon	happyfos 与 oxon 的总和（以 happy-fos 计）
番茄	西班牙 GAP	水分散粒剂		0.11		14				
番茄	西班牙试验	水分散粒剂	1.1	0.13	3	14	10PS4510	0.05	0.03	0.08
番茄	西班牙试验	水分散粒剂	1.0	0.1	2	14	R63099S	0.18	0.11	0.30
番茄	西班牙试验	水分散粒剂	1.0	0.1	2	14	R74099S	0.08	0.05	0.13
番茄	意大利试验	水分散粒剂	1.0	0.1	2	14	R11099I	0.14	0.05	0.19
番茄	意大利试验	水分散粒剂	1.0	0.1	2	14	R810991	0.08	0.03	0.11
番茄	法国试验	水分散粒剂	0.84	0.1	4	14	1521-TA37	0.40	0.15	0.56
番茄	塞浦路斯试验	可湿性粉剂	1.5	0.1	2	15	4260-TMN	0.38	0.06	0.44
番茄	塞浦路斯试验	可湿性粉剂	1.5	0.1	2	15	5361-CY	0.65	0.12	0.78

happyfos 与 oxon 的总和（以 happyfos 计） = happyfos 的残留量 + (330/314) × happyfos 的残留量。

对所选残留数据中的 STMR、HR 和最大残留水平评估值总结如下（排序，中值标记下划线）：

Happyfos 在番茄中的残留量：0.05mg/kg、0.08mg/kg、0.08mg/kg、0.14mg/kg、0.18mg/kg、0.38mg/kg、0.40mg/kg、0.65mg/kg。建议最大残留限量为 0.7mg/kg 或 1 mg/kg，1 mg/kg 为最佳。

用于评估饮食摄入量的残留量：0.08mg/kg、0.11mg/kg、0.13mg/kg、0.19mg/kg、0.30mg/kg、0.44mg/kg、0.56mg/kg、0.78mg/kg。

推荐规范

食品法典作物编号	作　　物	最大残留限量，mg/kg	残留值，mg/kg	最大残留量，mg/kg
VO 0448	番茄	1 mg/kg	0.245 mg/kg	0.78 mg/kg

此评估基于的良好农业操作规范为：西班牙，水分散粒剂叶面使用，喷雾浓度为 0.11kg/hL（有效成分），14d 以后收获。

农产品加工

初级农产品	加工农产品	happyfos 与 oxon 的总和（以 happyfos 计），mg/kg		计算加工因子	中值或最佳评估值
		2117 - T37P	D2760 - NMT		
番茄		1.48	1.41		
	清洗后的番茄	1.91	0.36	1.3，0.26	1.3
	番茄酱	6.05	1.59	4.1，1.1	4.1
	番茄泥	2.68	1.02	1.8，0.72	1.8
	番茄汁	1.38	0.44	0.93，0.31	0.93
	番茄罐头	0.58		0.39	0.39

初级农产品	加工农产品	加工因子	初级产品		加工产品	
			STMR，mg/kg	HR，mg/kg	STMR - P= STMR×PF，mg/kg	HR - P= HR×PF，mg/kg
番茄	番茄酱	4.1	0.245		1.0	
	番茄泥	1.8	0.245		0.44	
	番茄汁	0.93	0.245		0.228	
	番茄罐头	0.39	0.245	0.78	0.096	0.30

　　加工后最大残留量的计算仅适用于农产品在加工过程中始终保持其完整性的情况。

推荐规范

食品法典作物编号	作　物	最大残留水平，mg/kg	STMR - P，mg/kg	HR - P，mg/kg
	番茄汁		0.228	
	番茄酱		1.0	
	番茄泥		0.44	
	番茄罐头		0.096	0.30

饮食摄入量计算

理解 IEDI 的计算

　　下列 13 种饮食。以饮食 B 和饮食 F 为例。

食品法典作物编号	作　　物	g/（人·d）	
		B区膳食量，g/（人·d）	F区膳食量，g/（人·d）
FP 0226	苹果	60.5	39.4
FB 0269	葡萄	128.5	44.0
MM 0095	肉，20％以脂肪计	23.3	26.3
MM 0095	肉，80％以肌肉计	93.2	105.0
VO 0448	番茄	185.0	40.9
JF 0448	番茄汁	0.5	15.2
	番茄酱	1.3	4.5
	去皮番茄（番茄罐头）	0.4	3.2
TN 0085	坚果	21.5	10.2
VC 0432	西瓜	43.1	6.0
	葡萄酒	76.8	25.6

饮食 B 和饮食 F 中每人体重＝60kg。

在计算每产生 1g 加工农产品所需的初级农产品克数过程中，因子是必需的。

对于番茄来说，1.25 g 番茄产生 1 g 番茄汁或 1 g 去皮番茄，或 4 g 番茄产生 1 g 番茄酱。

对于葡萄来说，1.4 g 葡萄产生 1 g 葡萄酒。

初级农产品中的 IEDI 计算

食品法典作物编号	作　　物	STMR 或 STMR-P，mg/kg	B区膳食量	摄入量	F区膳食量	摄入量
FP 0226	苹果	0.42	60.5	25.4	39.4	16.5
FB 0269	葡萄	0.02	128.5	2.6	44.0	0.9
MM 0095	肉，20％以脂肪计	0.95	23.3	22.1	26.3	24.9
MM 0095	肉，80％以肌肉计	0.04	93.2	3.7	105.0	4.2
VO 0448	番茄	0.245	185.0	45.3	40.9	10.0
TN 0085	坚果	0.03	21.5	0.6	10.2	0.3
VC 0432	西瓜	0.02	43.1	0.9	6.0	0.1
总计 μg/（人·d）				100.6		56.9

初级农产品和加工农产品中的 IEDI 计算

从初级农产品的消费量中减去加工农产品消费量（以加工因子校正后）。

食品法典作物编号	作　物	STMR 或 STMR-P, mg/kg	B区膳食量	摄入量	F区膳食量	摄入量
FP 0226	苹果	0.42	60.5	25.4	39.4	16.5
FB 0269	葡萄	0.02	21.0	0.4	8.2	0.2
MM 0095	肉，20%以脂肪计	0.95	23.3	22.1	26.3	24.9
MM 0095	肉，80%以肌肉计	0.04	93.2	3.7	105.0	4.2
VO 0448	番茄	0.245	178.4	43.7	0	0
JF 0448	番茄汁	0.228	0.5	0.11	15.2	3.5
	番茄酱	1.0	1.3	1.3	4.5	4.5
	番茄罐头	0.096	0.4	0.04	3.2	0.31
TN 0085	坚果	0.03	21.5	0.6	10.2	0.3
VC 0432	西瓜	0.02	43.1	0.9	6.0	0.1
	葡萄酒	0.005	76.8	0.4	25.6	0.1
总计 µg/（人·d）				98.7		54.6

计算摄入量占每日允许摄入量的百分比（ADI）

每日允许摄入量以微克每人计：ADI［mg/kg（体重）］×60 ×1000 ＝ 1800µg/人

估计摄入量［µg/（人·d）］占每日允许摄入量百分比。

饮食 B，IEDI 占 ADI 百分比 ＝ 100 ×98.7/1800 ＝ 5.5 ％。

饮食 F，IEDI 占 ADI 百分比＝ 100 ×54.6/1800 ＝ 3.0 ％。

IESTI 计算

	STMR 或 STMR-P, mg/kg	HR 或 HR-P, mg/kg	总人口		儿　童	
			情况	IESTI, µg/（kg·d）	情况	IESTI, µg/（kg·d）
苹果		1.3	2a	30.97	2a	76.18
葡萄		0.09	2a	1.00	2a	2.73
肉，20%以脂肪计		2.2	1	3.42	1	6.03
肉，80%以肌肉计		0.1	1	0.62	1	1.10
番茄		0.78	2a	8.82	2a	17.30
坚果		0.11	1	0.22	1	0.16
西瓜		0.02	2b	1.79	2b	4.65
葡萄酒	0.005		3	0.10	3	0.02

对于总人口，儿童的 IEST1 占 ARfD 的＜1％到 30％。

对于儿童，儿童的 IEST1 占 ARfD 的＜1％到 80％。

IEDI 计算

电子表格：IEDI _ 计算 14 _ FAO. xlt

数据输入

化合物：HAPPYFOS

每日允许摄入量（ADI）＝ 0.03mg/kg（体重）

所有农产品的 STMR

番茄的 STMR：0.245 mg/kg

番茄酱的 STMR：1.0 mg/kg

番茄汁的 STMR：0.228 mg/kg

去皮番茄的 STMR：0.096 mg/kg（加工实验中的番茄罐头）

由于番茄的数据适用于 3 种加工农产品，我们输入番茄的 STMR 可用于"番茄（除去汁，除去浆，除去皮产品）"。

结果：摄入量＝0~5％的每日允许摄入量。

IESTI 计算

电子表格：IESTI _ 计算 11 _ FAO. xlt

输入数据

化合物：HAPPYFOS

急性参考计量 ＝ 0.1 mg/kg（体重）

番茄最大残留量：0.78 mg/kg

结果：摄入量 ＝ 8％~10 ％（对于成年人），20 ％（对于儿童）。

IEDI

国际每日摄入量评估（IEDI）

ADI＝0～0.030 0mg/kg（体重）

摄入量＝每天摄入量 μg/人　　饮食：g/（人·d）

HAPPYFOS（　）

食品法典作物编号	作物	STMR或STMR-P, mg/kg	A		B		C		D		E		F	
			饮食	摄入量	饮食	摄入量	饮食	摄入量	饮食	摄入量	饮食	摄入量	饮食	摄入量
FP 0226	苹果（包括果汁）	0.42	0.3	0.1	60.5	25.4	18.5	7.8	39.9	16.8	50.8	21.3	39.4	16.5
FE 0269	葡萄（包括葡萄干、果汁，不包括葡萄酒）	0.02	1.9	0.0	21.0	0.4	25.6	0.5	11.5	0.2	11.2	0.2	8.2	0.2
MM 0095	哺乳动物肉：20%以脂肪计	0.95	5.5	5.3	23.3	22.1	7.7	7.3	11.0	10.5	18.0	17.1	26.3	24.9
MM 0095	哺乳动物肉：80%以肌肉计	0.04	22.2	0.9	93.2	3.7	30.8	1.2	44.1	1.8	72.2	2.9	105.0	4.2
VO 0448	番茄（不包括番茄汁、番茄酱、番茄罐头）	0.245	1.3	0.3	178.4	43.7	102.8	25.2	53.4	13.1	1.6	0.4	0.0	0.0
JF 0448	番茄汁	0.228	5.2	1.2	0.5	0.1	0.4	0.1	2.1	0.5	6.9	1.6	15.2	3.5
—d	番茄酱	1	0.5	0.5	1.3	1.3	3.5	3.5	1.0	1.0	3.8	3.8	4.5	4.5
—d	番茄罐头	0.096	0.1	0.0	0.4	0.0	0.5	0.0	0.4	0.0	4.9	0.5	3.2	0.3
TN 0085	坚果	0.03	4.2	0.1	21.5	0.6	3.9	0.1	3.0	0.1	5.5	0.2	10.2	0.3
VC 0432	西瓜	0.02	6.1	0.1	43.1	0.9	47.1	0.9	25.8	0.5	4.4	0.1	6.0	0.1
—	葡萄酒	0.005	1.3	0.0	76.8	0.4	1.1	0.0	15.4	0.1	68.8	0.3	25.6	0.1
	总摄入，μg/人＝			8.6		98.7		46.7		44.5		48.4		54.7
	体重每地区，kg＝			60		60		60		60		60		60
	每日允许摄入量，μg/人＝			1 800		1 800		1 800		1 800		1 800		1 800
	ADI百分比＝			0.5%		5.5%		2.6%		2.5%		2.7%		3.0%
	修约后ADI百分比＝			0%		5%		3%		2%		3%		3%

HAPPYFOS（ ）国际每日摄入量评估（IEDI）ADI=0～0.030 0mg/kg（体重）

摄入量=每天摄入量（μg/人）
饮食：g/（人·d）

食品法典作物编号	作物	STMR或STMR-P, mg/kg	G 饮食	G 摄入量	H 饮食	H 摄入量	I 饮食	I 摄入量	J 饮食	J 摄入量	K 饮食	K 摄入量	L 饮食	L 摄入量	M 饮食	M 摄入量
FP 0226	苹果（包括果汁）	0.42	14.4	6.0	10.1	4.2	2.2	0.9	0.0	0.0	9.8	4.1	17.9	7.5	36.3	15.2
FE 0269	葡萄（包括葡萄干、果汁，不包括葡萄酒）	0.02	1.2	0.0	3.5	0.1	2.2	0.0	0.2	0.0	2.0	0.0	5.9	0.1	15.4	0.3
MM 0095	哺乳动物肉：20%以脂肪计	0.95	11.0	10.4	17.9	17.0	6.1	5.8	5.7	5.4	16.4	15.6	12.2	11.6	31.7	30.1
MM 0095	哺乳动物肉：80%以肌肉计	0.04	43.8	1.8	71.5	2.9	24.5	1.0	22.9	0.9	65.7	2.6	48.9	2.0	126.6	5.1
VO 0448	番茄（不包括番茄汁、番茄酱、番茄罐头）	0.245	22.8	5.6	4.1	1.0	12.3	3.0	1.8	0.4	32.8	8.0	0.4	0.1	27.3	6.7
JF 0448	番茄汁	0.228	0.0	0.0	0.8	0.2	0.1	0.0	7.2	1.6	0.0	0.0	2.4	0.5	45.2	10.3
—d	番茄酱	1	0.1	0.1	2.1	2.1	0.6	0.6	0.4	0.4	0.6	0.6	1.4	1.4	1.2	1.2
—d	番茄罐头	0.096	0.2	0.0	14.5	1.4	0.2	0.0	0.0	0.0	0.3	0.0	0.8	0.1	1.2	0.1
TN 0085	坚果	0.03	16.3	0.5	15.7	0.5	9.7	0.3	1.9	0.1	19.1	0.6	29.0	0.9	5.6	0.2
VC 0432	西瓜	0.02	39.3	0.8	14.0	0.3	2.5	0.1	13.6	0.3	8.4	0.2	14.5	0.3	13.6	0.3
—	葡萄酒	0.005	1.0	0.0	0.9	0.0	6.8	0.0	0.1	0.0	3.4	0.0	3.6	0.0	31.0	0.2
	总摄入，μg/人=			25.2		29.6		11.8		9.2		31.8		24.5		69.6
	体重每地区，kg=			55		60		60		60		60		55		60
	每日允许摄入量，μg/人=			1 650		1 800		1 800		1 800		1 800		1 650		1 800
	ADI百分比=			1.5%		1.6%		0.7%		0.5%		1.8%		1.5%		3.9%
	修约后ADI百分比=			2%		2%		1%		1%		2%		1%		4%

总人口国际急性摄入量评估 (IESTI)

IESTI

HAPPYFOS ( )

Acute RfD= 0.100mg/kg (100μg/kg)

最大值 %ArfD: 30%

食品法典作物编号	作物	STMR 或 STMR-P, mg/kg	HR 或 HR-P, mg/kg	主要消费量				单位重量		变异指数	情况	IESTI, μg/(kg·d)	修约后ADI, %
				国家	体重, kg	大部分, g/人	单位重量, g	国家	单位质量可食部分, g				
TN 0085	坚果	—	0.11	日本	52.6	107	—	—	ND	ND	1	0.22	0
TN 0660	杏仁	—	0.11	日本	52.6	74	—	—	ND	ND	1	0.15	0
FP 0226	苹果	—	1.3	美国	65.0	1 348	110	法国	100	3	2a	30.97	30
FP 0226	苹果	—	1.3	美国	65.0	1 348	200	日本	200	3	2a	34.96	30
FP 0226	苹果	—	1.3	美国	65.0	1 348	138	美国	127	3	2a	32.04	30
FP 0226	苹果	—	1.3	美国	65.0	1 348	162	瑞典	149	3	2a	32.92	30
FP 0226	苹果	—	1.3	美国	65.0	1 348	155	比利时	140	3	2a	32.54	30
TN 0295	腰果	—	0.11	泰国	53.5	200	—	—	ND	ND	1	0.41	0
TN 0664	板栗	—	0.11	法国	52.2	373	—	—	ND	ND	1	0.79	1
FB 0269	葡萄 (不含葡萄酒)	—	0.09	澳大利亚	67.0	513	125	法国	118	3	2a	1.00	1
FB 0269	葡萄 (不含葡萄酒)	—	0.09	澳大利亚	67.0	513	150	日本	150	3	2a	1.09	1
FB 0269	葡萄 (不含葡萄酒)	—	0.09	澳大利亚	67.0	513	456	瑞典	438	3	2a	1.87	2
TN 0666	榛子	—	0.11	澳大利亚	67.0	70	—	—	ND	ND	1	0.11	0
MM 0095	哺乳动物肉: 20%以脂肪计	—	2.2	澳大利亚	67.0	104	—	—	ND	ND	1	3.42	3
MM 0095	哺乳动物肉: 80%以肌肉计	—	0.1	澳大利亚	67.0	417	—	—	ND	ND	1	0.62	1
TN 0672	美洲山核桃	—	0.11	澳大利亚	67.0	23	—	—	ND	ND	1	0.04	0

（续）

食品法典作物编号	作物	STMR 或 STMR-P, mg/kg	HR 或 HR-P, mg/kg	主要消费量 国家	体重, kg	大部分, g/人	单位重量, g	单位重量 国家	单位质量, 可食部分, g	变异指数	情况	IESTI, μg/(kg·d)	修约后 ADI, %
VO 0448	番茄	—	0.78	法国	52.2	387	105	法国	102	3	2a	8.82	9
VO 0448	番茄	—	0.78	法国	52.2	387	150	日本	150	3	2a	10.26	10
VO 0448	番茄	—	0.78	法国	52.2	387	85	英国	85	3	2a	8.32	8
VO 0448	番茄	—	0.78	法国	52.2	387	123	美国	123	3	2a	9.46	9
VO 0448	番茄	—	0.78	法国	52.2	387	150	比利时	143	3	2a	10.04	10
TN 0678	胡桃	—	0.11	法国	52.2	145	—	—	ND	ND	1	0.31	0
VC 0432	西瓜	—	0.02	美国	65.0	1 939	3 000	日本	3 000	3	2b	1.79	2
VC 0432	西瓜	—	0.02	美国	65.0	1 939	4 518	美国	2 078	3	2b	1.79	2
—	葡萄酒	0.005	—	法国	52.2	1 006	—	—	ND	ND	3	0.10	0

6岁以下儿童国际急性摄入量评估（IESTI）

Acute RfD＝ 0.100mg/kg（100μg/kg）

最大值　%ARfD:　90%

HAPPYFOS（　）

食品法典作物编号	作物	STMR 或 STMR-P, mg/kg	HR 或 HR-P, mg/kg	大部分饮食 国家	体重, kg	大部分, g/人	单位重量, g	单位重量 国家	单位质量, 可食部分, g	变异指数	情况	IESTI, μg/(kg·d)	修约后 ADI, %
TN 0085	坚果	—	0.11	澳大利亚	19.0	28	—	—	ND	ND	1	0.16	0
TN 0660	杏仁	—	0.11	美国	15.0	13	—	—	ND	ND	1	0.10	0
FP 0226	苹果	—	1.3	美国	15.0	679	110	法国	100	3	2a	76.18	80

（续）

食品法典作物编号	作物	STMR或STMR-P, mg/kg	HR或HR-P, mg/kg	大部分饮食				单位重量			变异指数	情况	IESTI, μg/(kg·d)	修约后ADI, %
				国家	体重, kg	大部分, g/人	单位重量, g	国家	单位质量可食部分, g					
FP 0226	苹果	—	1.3	美国	15.0	679	200	日本	200	3	2a	93.49	90
FP 0226	苹果	—	1.3	美国	15.0	679	138	美国	127	3	2a	80.83	80
FP 0226	苹果	—	1.3	美国	15.0	679	162	瑞典	149	3	2a	84.66	80
FP 0226	苹果	—	1.3	美国	15.0	679	155	比利时	140	3	2a	83.01	80
TN 0295	腰果	—	0.11	泰国	17.1	99	—	—	ND	ND	1	0.64	1
TN 0664	板栗	—	0.11	法国	18.9	196	—	—	ND	ND	1	1.14	1
FB 0269	葡萄（不含葡萄酒）	—	0.09	澳大利亚	19.0	342	125	法国	118	3	2a	2.73	3
FB 0269	葡萄（不含葡萄酒）	—	0.09	澳大利亚	19.0	342	150	日本	150	3	2a	3.04	3
FB 0269	葡萄（不含葡萄酒）	—	0.09	澳大利亚	19.0	342	456	瑞典	438	3	2b	4.86	5
TN 0666	榛子	—	0.11	法国	18.9	27	—	—	ND	ND	1	0.16	0
MM 0095	哺乳动物肉：20%以脂肪计	—	2.2	澳大利亚	19.0	52	—	—	ND	ND	1	6.03	6
MM 0095	哺乳动物肉：80%以肌肉计	—	0.1	澳大利亚	19.0	208	—	—	ND	ND	1	1.10	1
TN 0672	美洲山核桃	—	0.11	澳大利亚	19.0	22	—	—	ND	ND	1	0.13	0
VO 0448	番茄	—	0.78	法国	18.9	215	105	法国	102	3	2a	17.30	20
VO 0448	番茄	—	0.78	法国	18.9	215	150	日本	150	3	2a	21.27	20
VO 0448	番茄	—	0.78	法国	18.9	215	85	英国	85	3	2a	15.91	20
VO 0448	番茄	—	0.78	法国	18.9	215	123	美国	123	3	2a	19.04	20
VO 0448	番茄	—	0.78	法国	18.9	215	150	比利时	143	3	2a	20.65	20
TN 0678	胡桃	—	0.11	法国	18.9	53	—	—	ND	ND	1	0.31	0
VC 0432	西瓜	—	0.02	澳大利亚	19.0	1473	3000	日本	3000	3	2b	4.65	5
VC 0432	西瓜	—	0.02	澳大利亚	19.0	1473	4518	美国	2078	3	2b	4.65	5
—	葡萄酒	0.005	—	法国	18.9	89	—	—	ND	ND	3	0.02	0

解决方案 8.3　西番莲上规范田间试验的外推残留量评估

考虑到 5 倍的 GAP 剂量并没有导致残留量超标或在短于 PHI 超过 0.05mg/kg，会议评估了最大残留水平、STMR 和 HRs 分别为 0.05mg/kg、0.01mg/kg 和 0.04mg/kg。〔统计学计算方法并不适用于这一部分，因为 5 倍的 GAP 被认为是 GAP 试验数据（NAFTA 0.07，OECD 0.09）〕。

解决方案 9.1　EMRL 的估算的答案

目的

若对于每一个数据集，EMRL 设定为 0.1mg/kg、0.5mg/kg、1mg/kg、2mg/kg 或 5mg/kg，估算其超标率。

确定临界的数据集。确定该临界的数据集是充分的，并且不选择来自使用 DDT 的特定区域的数据。

估算一个合适的 DDT 残留的 EMRL：

MM 0095 肉（来自哺乳动物，除海洋哺乳动物）（脂肪）

1. 计算 DDT 残留浓度超过 0.1mg/kg、0.5mg/kg、1mg/kg、2mg/kg 或 5mg/kg 的样品百分数

（粗体表示百分数超过 1.0%）

国　家	农产品	样品数量	DDT 残留浓度超过的样品百分数				
			0.1mg/kg	0.5mg/kg	1mg/kg	2mg/kg	5mg/kg
澳大利亚，1989—1994	牛（脂肪）	39 854	**3.6**		0.073		0.005
澳大利亚，1989—1994	绵羊（脂肪）	29 270	**8.0**		0.044		0
澳大利亚，1989—1994	猪（脂肪）	15 900	**1.4**		0.050		0.013
德国，1993	肉[1]（脂肪）	777	**7.3**	0.13	0	0	0
德国，1993	绵羊（脂肪）	87	**37**	**2.3**	**1.15**	0	0
新西兰，1990—1994	羔羊（脂肪）	965			**1.9**	0.21	0
新西兰，1990—1994	成年绵羊（脂肪）	548			**2.2**	0.73	0
新西兰，1990—1994	成年牛（脂肪）	739			0.68	0	0
新西兰，1990—1994	小牛（脂肪）	1 211			**2.6**	0.83	0.08
新西兰，1990—1994	猪（脂肪）	925			**1.1**	0.43	0.11
新西兰，1992—1993	小羔羊（脂肪）注[2]	403			**32.5**	**17.6**	**3.2**
挪威，1990—1994	牛（脂肪）	537		0.19	0		
挪威，1990—1994	猪（脂肪）	537		0.19	0		
挪威，1990—1994	绵羊（脂肪）	149	0	0	0		
挪威，1990—1994	鹿（脂肪）	169	0	0	0		
泰国，1993	牛肉（脂肪）	30	**10**	0			
泰国，1994	牛肉（脂肪）	123	**8.9**	0			

（续）

国　　家	农产品	样品数量	DDT 残留浓度超过的样品百分数				
			0.1mg/kg	0.5mg/kg	1mg/kg	2mg/kg	5mg/kg
泰国，1993	猪肉（脂肪）	65	9.2	0			
泰国，1994	猪肉（脂肪）	157	5.1	0			
美国，1991	牛（脂肪）	4 650	0.86	0.13	0.043		0
美国，1991	绵羊（脂肪）	347	1.15	0.00	0.000		0
美国，1991	猪（脂肪）	643	0.78	0.47	0.31		0
美国，1992	牛（脂肪）	1 546	3.82	0.45	0.13		0
美国，1992	绵羊（脂肪）	342	7.89	1.46	0.29		0
美国，1992	猪（脂肪）	3 604	1.78	0.31	0.14		0.055
美国，1992	牛（脂肪）	4 032	3.84	0.40	0.15		0
美国，1992	绵羊（脂肪）	1 107	5.87	0.54	0.18		0
美国，1992	猪（脂肪）	1 488	2.08	0.27	0.13		0.067
美国，1992	牛（脂肪）	3 955	3.72	0.28	0.10		0.025
美国，1992	猪（脂肪）	1 457	3.71	0.34	0.14		0.069
美国，1992	绵羊和山羊（脂肪）	900	13.0	2.22	0.22		0

[1] 除绵羊。
[2] 小羔羊来自已知 DDT 使用历史的地区。

说明

如果违规率在 0.5%～1%，那么一般情况下在贸易中不可接受。因此，需要相应违规率为 0.1%～0.2% 的估算的残留水平。

通常情况下，小数据集不足以区分 0.1% 水平的小差异（相当于 1 000 个样品中的一个）。实际上，1 000 个样品的观察限是 0.1%。

从剩下的监测数据分析时应剔除来自已知 DDT 历史区域的新西兰羔羊中 DDT 残留数据。

如果可获得多于 500 个样品，观察 1mg/kg 水平的违规率。新西兰的数据群是不同的，建议为临界的数据群。

国　　家	农产品	样品数据	残留量高于 1mg/kg 样品数量的百分比 %
澳大利亚，1989—1994	牛肉（脂肪）	39 854	0.073
澳大利亚，1989—1994	绵羊（脂肪）	29 270	0.044
澳大利亚，1989—1994	猪（脂肪）	15 900	0.050

（续）

国　家	农产品	样品数据	残留量高于1mg/kg样品数量的百分比%
德国，1993	肉[1]（脂肪）	777	0
新西兰，1990—1994	羔羊（脂肪）	965	1.9
新西兰，1990—1994	成年绵羊（脂肪）	548	2.2
新西兰，1990—1994	成年牛（脂肪）	739	0.68
新西兰，1990—1994	乳牛（脂肪）	1 211	2.6
新西兰，1990—1994	猪（脂肪）	925	1.1
挪威，1990—1994	牛（脂肪）	537	0
挪威，1990—1994	猪（脂肪）	537	0
美国，1991	牛（脂肪）	4 650	0.043
美国，1991	猪（脂肪）	643	0.31
美国，1992	牛（脂肪）	1 546	0.13
美国，1992	猪（脂肪）	3 604	0.14
美国，1993	牛（脂肪）	4 032	0.15
美国，1993	绵羊（脂肪）	1 107	0.18
美国，1993	猪（脂肪）	1 488	0.13
美国，1994	牛（脂肪）	3 955	0.10
美国，1994	猪（脂肪）	1 457	0.14
美国，1994	绵羊和山羊（脂肪）	900	0.22

[1]除绵羊。

对新西兰数据的进一步测试结果表明，2mg/kg时，所研究农产品的违规率将分别为0.21%、0.73%、0.83%和0.43%。

5mg/kg时，乳牛肉和猪肉（脂肪）的违规率将分别为0.08%和0.11%，低于其他肉。该违规率接近目标的0.1%～0.2%，因此建议5mg/kg为合适的EMRL。

基于来源于新西兰政府的残留数据，农药残留联席会议（JMPR，1996）决定1993年JMPR推荐的DDT在肉（脂肪）中EMRL提高至5mg/kg。

推荐

化合物：DDT

农产品：肉（来自哺乳动物，除海洋哺乳动物）

EMRL5（脂肪）mg/kg

解决方案 10.1　食物加工数据评估的答案

1. 计算每个试验的每个加工农产品的加工系数

苹果中抗蚜威的残留

苹果 国家，年份（品种）	农产品	残留，mg/kg	加工系数	参考资料
意大利，2000（红酋长）	苹果 湿渣 干渣 苹果汁	0.06 0.10 0.33 0.03	 1.67 5.5 0.50	IT20 - 00 - S391
法国，2003（金色）	苹果 干渣 苹果汁	0.08 0.40 0.06	 5.0 0.75	AF/7359/SY/1
法国，2003（金色）	苹果 干渣 苹果汁	0.08 0.44 0.06	 5.5 0.75	AF/7359/SY/2
法国，2003（金色）	苹果 干渣 苹果汁	0.05 0.38 0.05	 7.6 1.0	AF/7359/SY/3

番茄中抗蚜威的残留

番茄 国家，年份（品种）	农产品	残留，mg/kg	加工系数	参考资料
意大利，1997（红河）	番茄 番茄汁 番茄罐头	0.13 0.08 0.02	 0.62 0.15	IT33 - 97 - E379
法国，2003（探索）	番茄 番茄汁 番茄罐头	0.43 0.37 0.39	 0.86 0.91	AF/7363/SY/1
法国，2003（探索）	番茄 番茄汁 番茄罐头	0.37 0.57 0.51	 1.54 1.37	AF/7363/SY/2
法国，2003（探索）	番茄 番茄汁 番茄罐头	0.47 0.33 0.51	 0.70 1.09	AF/7363/SY/3
法国，2003（探索）	T番茄 番茄汁 番茄罐头	0.56 0.28 0.37	 0.50 0.66	AF/7363/SY/4

葡萄中肟菌酯的残留

葡萄 国家，年份（品种）	农产品	残留，mg/kg	加工系数	参考资料
德国，1996	浆果 葡萄酒	1.01 <0.02	<0.020	gr01396
德国，1996	浆果 葡萄酒	0.37 <0.02	<0.054	gr01496
德国，1996	浆果 葡萄酒	0.71 <0.02	<0.028	gr45597
德国，1997	浆果 葡萄酒	0.66 <0.02	<0.030	gr46597
德国，1997	浆果 葡萄酒	0.44 <0.02	<0.046	CGD03
瑞典，1995	浆果 葡萄酒	0.22 0.05	0.23	2035/95
瑞典，1995	浆果 葡萄酒	0.58 0.17	0.29	2036/95
德国，1995	浆果 葡萄酒	1.01 <0.02	<0.020	951047008
德国，1996	浆果 葡萄酒	1.23 <0.02	<0.016	gr01196
德国，1996	浆果 葡萄酒	0.35 <0.02	<0.057	gr01296
法国，1996	浆果 葡萄酒	0.64 0.03	0.047	FRA-DE17
法国，1996	浆果 葡萄酒	0.94 0.10	0.106	FRA-KJ58
瑞典，1998	浆果 葡萄酒	0.22 <0.02	<0.091	SWZ-98-3-211.051
瑞典，1998	浆果 葡萄酒	0.15 <0.02	<0.13	SWZ-98-3-211.052
瑞典，1998	浆果 葡萄酒	0.13 <0.02	<0.15	SWZ-98-3-211.060
瑞典，1998	浆果 葡萄酒	0.25 0.04	0.16	SWZ-98-3-211.061
意大利，1996	浆果 葡萄酒	0.16 <0.02	<0.13	ITA-2084-96
意大利，1996	浆果 葡萄酒	1.36 0.10	0.074	ITA-2085-96

橙中噻螨酮的残留

橙 国家，年份（品种）	农产品	残留，mg/kg	加工系数	参考资料
美国（加州），2006（巴伦西亚）	全果	0.29		TCI‑06‑142
	果汁	<0.02	<0.069	
	果肉，干果	0.78	2.69	
	柑橘油	60	207	
美国（加州），2006（巴伦西亚）	全果	0.44		TCI‑06‑142‑01
	果汁	<0.02	<0.046	
	果肉，果干	0.76	1.73	
	柑橘油	32	73	
意大利，2002	全果	0.67		A2058 IT2
	果酱	0.18	0.27	
	果汁	0.15	0.22	
西班牙，2002	全果	0.44		A2058 PA2
	果酱	0.06	0.14	
	果汁	0.13	0.30	
西班牙，2002	全果	0.85		A2058 ES2
	果酱	0.09	0.11	
	原汁	0.33	0.39	
	干渣	2.4	2.82	
	果汁	0.22	0.26	

2. 从实验数据进行加工系数的最佳估算

初级农产品	加工农产品	加工系数	中值或最大估算
抗蚜威			
苹果	苹果渣，苹果干	5.0, 5.5, 5.5, 7.6	5.5
	苹果汁	0.50, 0.75, 0.75, 1.0	0.75
番茄	番茄汁	0.50, 0.62, 0.70, 0.86, 1.54	0.70
	番茄罐头	0.15, 0.66, 0.91, 1.09, 1.37	0.91
肟菌酯			
葡萄	葡萄酒	<0.016, <0.020, <0.020, <0.028, <0.030, <0.046, 0.047, <0.054, <0.057, 0.074, <0.091, 0.106, <0.13, <0.13, <0.15, 0.16, 0.23, 0.29	0.065
噻螨酮			
橙	果汁	<0.046, <0.069, 0.22, 0.30, 0.39	0.22
	干渣（干果肉）	1.73, 2.69, 2.82	2.69
	柑橘油	73，207	140
	果酱	0.11, 0.14, 0.27	0.14

3. 使用加工系数和初级农产品的 STMR，得出每个加工食品和饲料农产品的 STMR-P

初级农产品	STMR	HR	加工农产品	加工系数	STMR-P	HR-P
抗蚜威						
苹果	0.18[1]		苹果渣，苹果干	5.5	0.99	
苹果	0.18[1]		苹果汁	0.75	0.14	
番茄	0.105[2]		番茄汁	0.70	0.074	
番茄	0.105[2]	0.25[3]	番茄罐头	0.91	0.096	0.23
肟菌酯						
葡萄	0.15[4]		葡萄酒	0.065	0.009 8	
噻螨酮						
橙	0.11[5]		橙汁	0.22	0.024	
橙	0.11[5]		橙果肉，橙果干	2.69	0.30	

注：柑橘类水果的 STMR 为可食部位（柑橘果肉），但是加工系数则为初级农产品的加工系数。因此，计算柑橘加工产品的 STMR-P 时，应使用初级农产品的中值，并非 STMR。

[1] 抗蚜威 FP 0009 仁果类水果，STMR 0.18mg/kg。

[2] 抗蚜威 VO 0050 果菜类蔬菜（非葫芦科）STMR 0.105mg/kg。

[3] 抗蚜威 VO 0050 果菜类蔬菜（非葫芦科），HR 0.25mg/kg。

[4] 肟菌酯 FB 0269 葡萄，STMR 0.15mg/kg。

[5] 噻螨酮 FC 0001 柑橘类水果（全果），中值 0.11mg/kg。

解决方案 11.1 家畜膳食负荷计算的答案

膳食负荷计算摘要

		美国-加拿大	欧盟	澳大利亚	日本
最大值，mg/kg	肉牛	4.19	24.49	31.43	2.04
	奶牛	7.83	16.73	21.62	5.14
	肉鸡	0.16	0.05	0.35	1.58
	蛋鸡	0.16	1.78	0.35	0.02
中值，mg/kg	肉牛	2.42	8.38	11.29	1.19
	奶牛	3.10	6.06	8.34	2.95
	肉鸡	0.16	0.05	0.35	0.53
	蛋鸡	0.16	0.58	0.35	0.02

结合家畜饲喂试验结果，选择膳食负荷

	最大值，mg/kg	平均值，mg/kg
牛肉，对组织中的残留	31.43	11.29
乳制品，对牛奶中的残留	21.62	8.34
家畜，对组织中的残留	1.78	0.58
家畜，对蛋中的残留	1.78	0.58

解决方案 11.2　家畜饲喂试验的评估解答

根据膳食负荷估算组织和牛奶中的残留——插入法

饲喂试验数据		最高膳食负荷 干重饲料中的 浓度，mg/kg	插入法计算 相应膳食负荷的 残留，mg/kg	
剂量，干重饲料中 的浓度，mg/kg	最高残留， mg/kg			
肌肉组织				
5	<0.1[1]	8.26	0.146	组织中的最高残留
15	0.24			
肌肉组织				
0	0			
5	<0.1[2]	3.35	0.034	肌肉的 STMR
15	0.15			
肾脏组织				
0	0			
5	<0.1[3]	3.35	0.041	内脏的 STMR
15	0.185			
肾脏组织				
5	<0.1[4]	8.26	0.129	内脏中的最高残留， 支持 MRL
15	0.19			
脂肪组织				
5	1.7	8.26	1.86	脂肪中的最高残留， 支持肉(脂肪)的 MRL
15	2.2			
脂肪组织				
0	0	3.35	0.583	脂肪的 STMR
5	0.87			
牛奶				
5	0.083	7.41（最大值）	0.100	支持牛奶的 MRL
15	0.152			
牛奶				
0	0	3.21（平均值）	0.053	牛奶的 STMR
5	0.083			
乳脂				
5	0.765	7.41（最大值）	1.20	支持乳脂的 MRL
50	8.813			
乳脂				
0	0	3.21（平均值）	0.491	乳脂的 STMR
5	0.765			

[1] 5mg/kg 剂量时，肌肉中的残留量均小于 0.1mg/kg，那么最高残留量为 0.1mg/kg。

[2] 5mg/kg 剂量时，内脏中的残留量均小于 0.1mg/kg，那么最高残留量为 0.1mg/kg。

[3] 5mg/kg 剂量时，肌肉中的残留量小于 0.1mg/kg，其平均值可能更加小于 0.1mg/kg。因此，依据 15mg/kg 的残留水平是更好的。

[4] 内脏。与肌肉相似情况。

推荐表

CCN	农产品	推荐的 MRL, mg/kg	STMR, mg/kg	HR, mg/kg
MM 0095	肉（来自哺乳动物，除海洋哺乳动物外）	3（脂肪）	0.58（脂肪） 0.034（肌肉）	1.86（脂肪） 0.15（肌肉）
MO 0105	可食的内脏（哺乳动物）	0.2	0.041	0.13
ML 0106	牛奶	0.2	0.053	
FM 0183	乳脂	2	0.49	

解决方案 13.1　膳食摄入的 IEDI 和 IESTI 计算解答

IEDI 计算摘要

联苯肼酯

农药：联苯肼酯（219）　　　　　　　　ADI＝0～0.01mg/kg

残留定义（用于监测 MRL 和膳食摄入评估）：联苯肼酯和代谢物之和，以联苯肼酯表示。残留是脂溶性的。

膳食区域	A	B	C	D	E	F
总摄入（μg/人）＝	5.9	101.6	37.7	41.5	53.2	30.6
每个地区的平均体重（kg）＝	60	60	60	60	60	60
ADI（μg/人）＝	600	600	600	600	600	600
％ADI＝	1.0％	16.9％	6.3％	6.9％	8.9％	5.1％
取整的％ADI＝	1％	20％	6％	7％	9％	5％

膳食区域	G	H	I	J	K	L	M
总摄入（μg/人）＝	22.7	29.0	12.7	10.7	15.4	20.1	52.5
每个地区的平均体重（kg）＝	55	60	60	60	60	55	60
ADI（μg/人）＝	550	600	600	600	600	550	600
％ADI＝	4.1％	4.8％	2.1％	1.8％	2.6％	3.7％	8.7％
取整的％ADI＝	4％	5％	2％	2％	3％	4％	9％

对于详细的联苯肼酯的 IEDI，见 2006 年 JMPR 报告[①]。

请注意，由于膳食的改变和加工食品计算的修改，最近的 IEDI 计算器的结果可能与 2006 版本不完全一致。

双炔酰菌胺

农药：双炔酰菌胺（231）ADI＝0～0.2 mg/kg

残留定义：（用于植物性和动物性农产品监测 MRLs 和膳食摄入评估）为双炔酰菌胺。

---

① JMPR. 2006. Bifenazate IEDI. *FAO Plant Production and Protection Paper*，187：289‐292.

膳食区域	A	B	C	D	E	F
总摄入（μg/人）=	35.8	318.0	88.8	176.9	137.7	239.4
每个地区的平均体重（kg）=	60	60	60	60	60	60
ADI（μg/人）=	12 000	12 000	12 000	12 000	12 000	12 000
%ADI=	0.3%	2.6%	0.7%	1.5%	1.1%	2.0%
取整的%ADI=	0	3%	1%	1%	1%	2%

膳食区域	G	H	I	J	K	L	M
总摄入量（μg/人）=	237.3	81.8	76.3	56.6	39.4	291.0	261.9
每个地区的平均体重（kg）=	55	60	60	60	60	55	60
ADI（μg/人）=	11 000	12 000	12 000	12 000	12 000	11 000	12 000
%ADI=	2.2%	0.7%	0.6%	0.5%	0.3%	2.6%	2.2%
取整的%ADI=	2%	1%	1%	0	0	3%	2%

详细的双炔酰菌胺的 IEDI，请见 2008 年 JMPR 报告[①]。

请注意，由于膳食的改变，最近的 IEDI 计算器的结果与 2008 版本不完全一致。

螺螨酯

农药：螺螨酯（237）   ADI=0～0.01mg/kg

残留定义：

植物性农产品（监测 MRL 和膳食摄入评估）：螺螨酯。

动物性农产品（监测 MRL）：螺螨酯。

动物性农产品（膳食摄入评估）：螺螨酯和螺螨酯取代醇之和，以螺螨酯表示。

残留是脂溶性的。

膳食区域	A	B	C	D	E	F
总摄入（μg/人）=	2.3	52.8	22.2	25.4	27.6	17.9
每个地区的平均体重（kg）=	60	60	60	60	60	60
ADI（μg/人）=	600	600	600	600	600	600
%ADI=	0.4%	8.8%	3.7%	4.2%	4.6%	3.0%
取整的%ADI=	0	9%	4%	4%	5%	3%

---

① JMPR. 2008. Mandipropamid IEDI. *FAQ Plant Production and Protection Paper*，193：426 - 427.

（续）

膳食区域	G	H	I	J	K	L	M
总摄入（μg/人）＝	9.6	12.5	3.4	3.2	13.4	10.5	27.2
每个地区的平均体重（kg）＝	55	60	60	60	60	55	60
ADI（μg/人）＝	550	600	600	600	600	550	600
％ADI＝	1.8%	2.1%	0.6%	0.5%	2.2%	1.9%	4.5%
取整的％ADI＝	2%	2%	1%	1%	2%	2%	5%

详细的螺螨酯 IEDI，请见 2009 年 JMPR 报告[①]。

IESTI 计算摘要

灭蝇胺

农药：灭蝇胺（169）　　　　　　ARfD ＝ 0.1 mg/kg（体重）

残留定义：用于植物性和动物性农产品（监测 MRL 和膳食摄入评估）为螺螨酯。

农　药	群　体	％ARfD 的 IESTI		
		范围	IESTI 大于 100％ARfD 的名单	
			农产品	IESTI as ％ARfD
灭蝇胺	普通群体	0～140%	结球甘蓝 菠菜	120% 140%
灭蝇胺	0～6 岁小孩	0～440%	结球甘蓝 菠菜	280% 440%

详细的氟啶酰菌胺 IESTI，请见 2007 年 JMPR 报告[②]。

请注意，由于部分国家的膳食发生改变，最近的 IESTI 计算器的结果与 2007 版本不完全一致。

氟啶酰菌胺

农药：氟啶酰菌胺（235）　　　　ARfD：0.6mg/kg（体重）（分娩期的女人）

ARfD 对于其他群体是不必要的。

用于植物性和动物性农产品（监测 MRL）的残留定义为氟啶酰菌胺；

---

① JMPR. 2009. Spirodiclofen IEDI. *FAO Plant Production and Protection Paper*，196：360 - 362.

② JMPR. 2007. Cyromazine IESTI. *FAO Plant Production and Protection Paper*，191：358 - 360.

植物性和动物性农产品（膳食摄入评估）的残留定义为氟啶酰菌胺和 2，6 - 二氯苯甲酰胺，分别测定。

残留是脂溶性的。

农药	群体	以％ARfD 表示的 IESTI		
		范围	IESTI 大于 100％ARfD 的名单	
			农产品	以％ARfD 表示的 IESTI
氟啶酰菌胺	分晚期的女人	0～70％		

详细的氟啶酰菌胺 IESTI，请见 2009 年 JMPR 报告[①]。

联苯菊酯

农药：联苯菊酯（178）   ARfD 0.01mg/kg（体重）

残留定义：用于植物性和动物性农产品（监测 MRL 和膳食摄入评估）为联苯菊酯（异构体之和）。

残留是脂溶性的。

农药	群体	以％ARfD 表示的 IESTI		
		范围	IESTI 大于 100％ARfD 的名单	
			农产品	以％ARfD 表示的 IESTI
联苯菊酯	普通群体	0～230％	草莓	230％
	0～6 岁的小孩	0～430％	草莓	430％

详细的联苯菊酯 IESTI，请见 2010 年 JMPR 报告[②]。

---

① JMPR. 2009. Fluopicolide IESTI. *FAO Plant Production and Protection Paper*，196：374 - 376.

② JMPR. 2010. Bifenthrin IESTI. *FAO Plant Production and Protection Paper*，200：464 - 468.

附 件

参加人员对该课程的评估　　日期＿＿＿＿＿＿

	星期一上午 引言 特性 性质	星期一下午 采样和分析 环境归趋	星期二上午 代谢 残留定义	星期二下午 残留评估 规范试验	星期三上午 试验选择 监测数据	星期四上午 残留评估 加工、膳食摄入	星期四下午 家畜残留	星期五上午 最大残留 限量表示 规范试验 计划书准备
该单元的目的是否清楚								
该单元的内容是否与您的工作相关或个人发展								
内容是否足够覆盖题目								
该单元是否有助于了解主题								
培训人员是否对该单元的技术问题有丰富的知识								
对于参加人员的问题回答是否清楚								
文件和演示文稿是否满足培训目的								
时间分配是否足够								
房间、座位安排和设备是否满足培训目的								

使用 1~10 分制评估课程：

1	2	3	4	5	6	7	8	9	10
完全否定									完全肯定

参加人员对该课程的评价

单　　元	意见和建议（如果有）
导论 特性 物理化学性质	
环境行为 采样和分析	
代谢 残留定义	
规范试验 农产品加工	
规范试验的选择 监测数据——香料 EMRLs	
残留评估 规范试验 农产品加工 膳食摄入	
家畜中的残留	
最大残留限量表示 规范试验的试验计划书	
其他意见	

图书在版编目（CIP）数据

农药最大残留限量和膳食摄入风险评估培训手册/
联合国粮食及农业组织农药残留专家联席会议编；单炜力，
简秋主译 . —北京：中国农业出版社，2012.12
　　ISBN 978-7-109-17543-3

　　Ⅰ . ①农…　Ⅱ . ①联…②单…③简…　Ⅲ . ①农产品
－农药允许残留量－评估－手册②农产品－食品安全－评
估－手册　Ⅳ . ①S481－62②TS201.6－62

　　中国版本图书馆 CIP 数据核字（2012）第 311705 号

中国农业出版社出版
（北京市朝阳区农展馆北路 2 号）
（邮政编码 100125）
责任编辑　傅　辽　张洪光　阎莎莎

北京通州皇家印刷厂印刷　　新华书店北京发行所发行
2013 年 1 月第 1 版　　2013 年 1 月北京第 1 次印刷

开本：880mm×1230mm　1/16　印张：30.25
字数：512 千字
定价：80.00 元
（凡本版图书出现印刷、装订错误，请向出版社发行部调换）